新世纪高职高专公共基础类课程规划教材
国家级精品课程配套教材

U0727310

职业基本素养教程

ZHIYE JIBEN SUYANG JIAOCHENG

刘兰明　李向明　高海霞　孙丽萍　张金磊　著

大连理工大学出版社

内容简介

本书是应当今社会对职场人才的外在诉求创新所得的,也是应高职院校学生自身可持续发展的内在需求应运而生的。

本书归纳提炼出"10个学会"的基本内容,它们能较好地满足学习者以下4个方面的结合:一是现在学习与将来工作的结合;二是个别需要与一般需要的结合;三是情商发展与智商发展的结合;四是一时需要与一世需要的结合。

本书层次分明、条理清楚、体例新颖、特色鲜明、勇于创新、可读性强,较好地做到了理论与实践的结合、学习与应用的统一,实现了本书源于实践、高于实践、指导实践的宗旨。希望以此书为依托,通过养成教育,让学生能立足现在、把握未来,使职业基本素养伴随并成就千千万万高职学生的一生,成为他们的安身立命之本!

本书具有个体的普适性、专业的普适性、岗位的普适性、时间的普适性。因此,本书可作为高职院校等学校的教学用书,职场工作的培训指导书,还可作为相关教育机构的管理和研究参考资料。

图书在版编目(CIP)数据

职业基本素养教程 / 刘兰明等著. — 大连 :大连理工大学出版社,2011.5(2016.1重印)

新世纪高职高专公共基础类课程规划教材

ISBN 978-7-5611-6223-1

Ⅰ. ①职… Ⅱ. ①刘… Ⅲ. ①职业道德－高等职业教育－教材 Ⅳ. ①B822.9

中国版本图书馆 CIP 数据核字(2011)第 085726 号

大连理工大学出版社出版

地址:大连市软件园路 80 号　邮政编码:116023

发行:0411-84708842　邮购:0411-84703636　传真:0411-84701466

E-mail:dutp@dutp.cn　URL:http://www.dutp.cn

大连美跃彩色印刷有限公司印刷　　大连理工大学出版社发行

幅面尺寸:185mm×260mm　　印张:12.5　　字数:274 千字

2011 年 5 月第 1 版　　2016 年 1 月第 9 次印刷

责任编辑:张剑宇　　　　　　　责任校对:刘　文

封面设计:张　莹

ISBN 978-7-5611-6223-1　　　　定　价:28.00 元

关注职业基本素养　打造安身立命之本
（代序）

　　每每提起高等职业教育，人们常常会自然而然说起能力本位的培养目标，常常会说起培养学生一技之长的重要性，常常会说起生产建设管理服务一线如何缺乏技能型人才。似乎作为高职院校，使学生能习得一些专业技能就可以"万事大吉"?! 每当遇到有人把"高职"与"职高"混为一谈、认为"高职"与"中职"不分伯仲、将"高职"与"高校"人为割裂时，作为高职教育工作者，会感到发自内心的心痛! 我常常会经历高职教育的大发展，但现实的"拷问"也使我扪心自问：在埋怨别人对高职教育的不理解时，我们自己是否就真正"把握"高职教育了呢? 高职就应成为单纯的培养匠人之地? 高职院校与培训学校的区别在哪? 如何在突出能力本位时做到不越位? 因此，在肯定高职教育取得令人瞩目的辉煌业绩的同时，我衷心希望高职院校管理者能更加全面准确地把握自身内涵，坚持不懈地锐意探索，使高职教育持续健康科学发展，更好更快地办出一些高水平、有特色、世界知名的高职院校。

一、职业基本素养的缘起

　　从教育的功能及价值看，教育应是满足个人发展需要与满足社会发展需要的辩证统一。在满足社会发展需要方面，从社会到政府，从学校到家庭，都可以说认识比较到位、落实比较深入。而在如何更好地满足个人发展需要方面，却相对存在明显的认识及落实不足的问题。

　　在高等教育的人才培养、科学研究、社会服务三大功能中，人才培养的功能显现对多数传统普通高校而言，更多地也是从为社会造就数以千万计的专门人才和一大批拔尖创新人才的满足社会需要的视角展开的，而在多大层面上是从满足个人发展需要的视角实施的呢?!

　　高等职业教育作为高等教育的一种类型，其使命是以立德树人为根本任务的人才培养。全面贯彻党的教育方针，以服务为宗旨，以就业为导向，走产学结合发展的道路，为社会主义现代化建设培养千百万高素质技能型专门人才，为全面建设小康社会、构建社会主义和谐社会做出应有的贡献是高等职业教育的责任。同时，满足个人发展需求也应是高等职业教育的天职!

　　基于以上思考，我认为：作为高职教育工作者，有责任探究（并践行）高职教育如何更好地满足学生个人发展需要，使高职教育人才培养工作能把满足个人发展需要与满足社会发展需要有机结合起来。在千方百计造就一个个实现自己理想、体现自身价值的优秀个体的同时，显现出他们的社会价值，实现个体性与社会性的统一。

那么,如何才能较好地满足学生个人发展的需要呢?最主要是要做到以下四个结合:

一是现在学习与将来工作的结合;

二是个别需要与一般需要的结合;

三是情商发展与智商发展的结合;

四是一时需要与一世需要的结合。

但如何才能实现这四个结合呢?其中面临的最大难题就是:个性化学习与个人的发展需要及其工作生活期望是千差万别的!遍布全国的学生自身状况是参差不齐的!成千上万的不同学校、不同专业的培养目标是相差迥异的!面对这些现实,究竟如何把握人才培养中知识、能力、素质的关系,才能使学生以不变应万变,最大限度地延伸学校的教育作用,使之受益终生呢?

这些疑虑和困惑,也曾多年困扰着我。为此,我们走访了全国典型的用人单位、高职院校、毕业生等与该问题密切相关的单位和个人,经过深入分析,从中归纳出:人的需求是动态的,岗位是动态的,工作、生活环境也是动态的,因此在进行常规教育时,必须让在校学生学会具有个体的普适性、专业的普适性、岗位的普适性、时间的普适性的"本领",才能最大限度地延伸学校教育的效果,最大限度地发挥教育的功能作用,最大限度地成就学生的一生!这个"本领"就是我要说的"职业基本素养"。

二、职业基本素养的内涵、内容及特征

1. 职业基本素养的内涵

职业基本素养源于职业素养。职业素养一般包含以下四个方面的内容:职业道德、职业思想(意识)、职业行为习惯、职业技能。因为职业技能有明显的专业或职业特征,从而导致职业素养也有明显的专业指向和特殊需求。而我们专门界定的"职业基本素养"与一般所讲的职业素养的最大差别就在于它仅包括职业道德、职业思想(意识)和职业行为习惯范畴的内容,没有包含职业技能。所以职业基本素养就有更广泛的普适性。如果把职业技能称为显性素养的话,职业基本素养就是隐性素养。显性素养和隐性素养的总和就构成了一个人所具备的全部职业素养。就如同冰山有八分之七存在于水底一样,正是这八分之七的隐性素养部分支撑了一个人的显性素养部分!所以一个人的隐性素养对一个人未来的职业发展至关重要。

在美国,有人曾对 800 名男性青年进行了 30 多年的追踪调查,成就最大者和成就最小者在智力上没有显著的差异,而他们的最大差异在于意志品质、自信心和百折不挠的精神等方面。事实上,在一个人成功的因素中,智商约占 20%、情商约占 80%。我们所说的职业基本素养均包含了意志品质、自信心等情商的要素。也就是说,职业基本素养的高低是决定人们是否成功和成功大小的最根本因素。

2. 职业基本素养的内容

从构成上看,职业基本素养具体体现在学习能力、沟通能力、组织协调能力、意志品质、进取心和求知欲、敬业精神、责任意识、团队意识等方面。这些正是高职教育所要重点关注的,因为它恰恰体现了高等职业教育"职业性"的内涵,而这些往往被忽视了。

职业基本素养涉及面广,覆盖内容较多。其中,最为重要、最为核心的内容,可以概

括为 10 个方面:敬业、诚信、务实、表达、协作、主动、坚持、自控、学习、创新。它们是职业基本素养所涵盖的职业道德、职业态度、职业发展的具体体现。敬业是职场第一美德,诚信则是每个人做人的根本。职业基本素养的养成,必须从学会敬业和学会诚信开始。务实是每个职业人应有的职业态度,而表达、协作、主动和坚持则涵盖了职业基本素养的职业个性、应对能力、沟通协调能力和团队意识等元素。学习是职业发展的前提,自控是职业发展的保证,创新则是职业发展的关键。作为新时代的高职学生,要获得职业的长远、可持续发展,就必须学会学习、学会自控、学会创新。如图 1 所示。

图 1　职业基本素养的内容

3.职业基本素养的特征

第一,普适性。不同的职业对岗位技能的要求不尽相同,但对职业基本素养的需要却是统一的。身在职场,就要敬业、诚信,就要务实、协作,这些是任何职业的基本要求,也是每个人进入职场必备的基本素养。

第二,稳定性。一个人的职业基本素养是在长期的执业时间中日积月累形成的。它一旦形成,便在一定时期内产生相对的稳定性。

第三,内在性。从业人员在长期的职业活动中,经过自身学习、认识和亲身体验,知道怎样做是对的,怎样做是不对的,从而有意识地内化、积淀和升华这一心理品质。即人们常说:"把这件事交给某人去做,有把握,让人放心。"人们之所以放心他,就是因为办事之人内在素养好。

第四,发展性。社会的发展对人们不断提出新的要求;同时,人们为了更好地适应、满足社会的发展的需要,也在不断提高自身的素养。从这一角度来说,职业基本素养具有发展性。

三、职业基本素养的培养途径

学生职业基本素养的培养,应当较好地满足学生多元化的发展需要,应当遵循"四个结合"的原则,即现在学习与将来工作的结合;个别需要与一般需要的结合;情商发展与智商发展的结合;一时需要与一世需要的结合。这需要社会、高校、高职学生共同努力,最终实现"三方共赢"。

1.高职学生树立明确的职业基本素养自我养成意识是前提

学生作为职业基本素养培养的本体,在校期间应该树立自我养成意识。首先要培养职业意识,即学生在校期间通过认识自己的个性特征与个性倾向,认识自己的优势与不足,结合外界环境,确定自己的发展方向与行业选择范围,对自己的未来有意识地做出规划。高职学生要有意识地加强自我修养,在思想、情操、意志、体魄等方面进行自我锻炼。同时,还要培养良好的心理素质,增强应对压力和挫折的能力,善于从逆境中寻找转机。

2.高职院校建立学生职业基本素养的养成系统是关键

高职院校要把职业基本素养的养成工作作为重点,将其纳入学生培养的系统工程,使学生在进入学校大门的那一天起,就明白高职院校与社会的关系、学习与职业的关系、自己与职业的关系,全面培养高职学生的显性职业素养和隐性职业素养。其次,构建理论实践一体化的课程体系,形成以真实工作场景为载体的、课内外实训并举的教学模式,突出实际的应用性;并注意把表扬鼓励与挫折教育相结合,将职业基本素养的培训贯穿于日常教学过程的考核中。再次,成立相关的职能部门帮助高职学生完成职业基本素养的全过程培养。如成立高职学生职业发展中心,开设职业生涯规划管理课程,配合提供相关的社会资源,及时向学生提供职业教育和实际的职业指导。

3.充分利用社会资源强化学生职业基本素养的养成是保障

高职学生职业基本素养的培养除了依托学校与学生本身外,社会资源的参与和支持也很重要。具有"功利性取向"的企业越来越意识到,将毕业生直接投入"使用"的想法,是非常"近视"的。要想获得具有较好职业基本素养的高职毕业生,企业应该参与到学生的培养中来,并可以通过以下方式帮助学生提升自己的职业基本素养:

第一,提供实习实训基地,与学校联合培养高职学生;

第二,企业家、专业人士走进高校,直接提供实践经验、宣传企业文化;

第三,完善社会培训机制,走入高职院校对学生进行专业的入职培训以及职业素质拓展训练等。

结　语

多少年来,在面对形形色色的学生个体和缤纷变换的社会需要,探究能使受教育者步入社会职场后能终身受益的安身立命之本,始终是我们的一个梦想!是众多有良知的教育者的不懈追求!

高职教育是一种以培养适应生产、建设、管理、服务第一线需要的高技能专门人才为目标的高等教育类型。人才培养是高职教育的根本任务,而高等性与职业性是其重要属性,从人才培养的角度来审视,二者共同体现了高职教育建设的文化要求,高职教育培养出的人不仅要"成才",更要"成人"。而职业基本素养的养成无疑能使众多的受教育者以不变应万变,受益终生!真心希望莘莘学子们能最大限度地学以致用、学业有成、事业有成、生活幸福!

——该文发表在《中国高等教育》2010 年第 19 期
刘兰明

目 录

绪 论 成就精彩职业人生 …………… 1
一、职业基本素养——左右职场发展的
    "无形之手" ………………………… 1
二、做好职业化的自己 成就精彩职业人
    生 ……………………………………… 5

职业道德篇

第一单元 学会敬业 从平凡到卓越 …
    …………………………………………… 9
一、职场第一美德 …………………… 9
二、打倒"差不多先生" …………… 10
三、做事情与做事业 ……………… 12
四、这样才敬业 …………………… 15
五、敬业度测试 …………………… 22
知识吧台
    老木匠的最后一座房子 ………… 22
互动空间
    寻找身边的敬业榜样 …………… 23

第二单元 学会诚信 结果就会不一样
    …………………………………………… 24
一、做人的根本 …………………… 24
二、不能总喊"狼来了" …………… 24
三、诚信的人不吃亏 ……………… 25
四、树立你的诚信品牌 …………… 30
五、诚信度测试 …………………… 35
知识吧台
    美国人的"诚信" ………………… 37
互动空间
    诚信大征询 ……………………… 38

职业态度篇

第三单元 学会务实 做今天能做的事
    …………………………………………… 40
一、《杜拉拉升职记》的启示 ……… 40
二、理想与现实 …………………… 41
三、成功的起点 …………………… 42
四、务实讲方法,态度是关键 …… 45
五、务实测试 ……………………… 49
知识吧台
    仰望星空与脚踏实地 …………… 50
互动空间
    宣扬务实 ………………………… 53

第四单元 学会表达 说的要比唱的好
    …………………………………………… 54
一、有想法更要有说法 …………… 54
二、会说话不等于会表达 ………… 55
三、目的表达塑造完美沟通 ……… 57
四、练就一副"铁齿铜牙" ………… 60
五、表达能力测试 ………………… 67
知识吧台
    林肯的谈话原则 ………………… 68
互动空间
    语言游戏 ………………………… 69

第五单元　学会协作　1＋1大于2　…　70
　一、1＋1大于2　……………………　71
　二、不做团队中的"短板"　…………　72
　三、团队是个人成功的源泉　………　75
　四、"达成一致"的要领　……………　77
　五、团队合作测试　…………………　80
　知识吧台
　　钥　匙　………………………………　82
　互动空间
　　"串名"练协作　……………………　82

第六单元　学会主动　给自己创造机会
　　…………………………………………　83
　一、守株待兔与主动出击　…………　83
　二、你离主动有多远　………………　84
　三、"主动"创造机会　………………　85
　四、这样才主动　……………………　87
　五、工作主动性测试　………………　93

知识吧台
　　积极主动的七个步骤　……………　94
　互动空间
　　"你来我往"学主动　………………　97

第七单元　学会坚持　拥有亮丽的人生
　　…………………………………………　98
　一、成功没有秘诀　…………………　98
　二、挖井的启示　……………………　100
　三、坚持就是胜利　…………………　102
　四、怎样坚持到底　…………………　103
　五、坚持必胜信念的测试　…………　108
　知识吧台
　　《肖申克的救赎》与《阿甘正传》：两个
　　关于坚持的故事　…………………　109
　互动空间
　　………………………………………　111

职业发展篇

第八单元　学会学习　才会步步高　……
　…………………………………………　115
　一、学习新观念　……………………　115
　二、学会学习与学会生存　…………　117
　三、"成功方程式"的启示　…………　120
　四、进行一场学习革命　……………　122
　五、学习能力与习惯测试　…………　127
　知识吧台
　　高职院校学生学习心理状况调查　…
　　………………………………………　129
　互动空间
　　阅读感言　…………………………　132

第九单元　学会自控　从学生到职业人转
　　化　……………………………………　133
　一、高职生的自控能力　……………　134
　二、学会控制自己的情绪　…………　138
　三、学会控制自己的行为　…………　141
　四、从学生到职业人转化　…………　144
　五、自我控制能力测试　……………　153
　知识吧台

　　情绪调控小知识　…………………　154
　互动空间
　　自控能力讨论　……………………　156

第十单元　学会创新　拥有核心竞争力
　　…………………………………………　158
　一、没有做不到，只有想不到　……　159
　二、创新的信心和意志　……………　170
　三、发挥你的创新优势　……………　173
　四、培养自己的创新能力　…………　176
　五、创新能力测试　…………………　180
　知识吧台
　　创新小知识　………………………　183
　互动空间
　　寻找你的创新优势　………………　186

附　录　世界500强职商测试题　……　187

参考文献　………………………………　191

后　记　…………………………………　192

绪 论
成就精彩职业人生

你有这样的疑问吗：

为什么有人学历不高，薪酬却令人很羡慕？

为什么有人总是得到领导的赏识和器重？

为什么有人工作总是充满激情和快乐？

这些人到底有哪些出众的"素养"呢？

你有这样的感叹吗：

为何不少企业明确指出不录用应届高职毕业生？

为何我总是无法确立自己的职业竞争力？

为何我总是缺乏成就感，无法投入热情？

为何我总是无法体现出自己的职业竞争力？

为何我总是在人际关系方面遭遇障碍？

这一切问题的核心，都与职业基本素养紧密相关。调查表明：中国绝大部分职业人在工作中只发挥了 10%～30% 的能力，专业技能在逐步提高，而职业基本素养水平提高缓慢。一个人如果缺乏良好的职业基本素养，就不可能取得突出的成就；一个组织如果没有职业基本素养过硬的员工队伍，就不可能在激烈的市场竞争中占据一席之地；一个国家，要是全体国民的职业基本素养达不到世界平均水平，那么这个国家的经济就会停滞不前，处处被动。如今，面对职场上的竞争与压力，职业基本素养前所未有地被重视起来。有专家指出：很多人失败的原因就在于没有搞清楚自己是谁，自己能为这个世界、能为老板提供什么，自己处于职业生涯的什么阶段，未来的职业生涯应该如何规划和管理。而这些正是职业基本素养要解决的重要问题。

职业与人的一生密切相关，是现代人生存以及进行社会活动的根本所在。职业基本素养，对许多人来说是一个全新的概念。在我们的职场中，充斥着有能力却总不能成功的人，整天忙碌却无法创造效益的人，有很好的技能却无法得到赏识的人……一个人职业基本素养的高低，关系到一生的成败。作为即将进入社会的高职学生，如果能够把提升职业基本素养作为第一要务，也就拥有了职场成功的钥匙。

一、职业基本素养——左右职场发展的"无形之手"

从社会的角度来说，由于分工的不断专业化、细致化，不同职业的职业化要求程度也日益提高。相应的,对人的职业基本素养的要求就更为严格以至于苛刻了。作为职业化的社会群体,企业唯有集中具备职业基本素养的人员并对其进行职业化训练,才能实现求得生存与发展的目的。而作为个人,唯有在工作的过程中不断修炼、充实和完善自己,提高自己的职业基本素养,才能拥有稳固的生活保障甚至较为优越的生活条件,进而升华自己的精神境界。

在对 1000 名成功者进行调查研究后发现,导致这些人成功的因素中,积极、主动、努力、毅力、乐观、信心、爱心、责任心——这些态度因素占到了 80% 左右。由此可见,无论选择何种工作,成功的基础都是你的态度、你的素养。一个人对职业的态度,一个人的职业基本素养,决定了他在职业上的成就。职业基本素养是职场的"无形之手",你看不见它,但它却时刻存在着,发挥着关键甚至是决定性的作用。

1965 年,哈瑞在西雅图景岭学校图书馆担任管理员。一天,有同事推荐一个四年级学生来帮忙,并说这个孩子聪颖好学。哈瑞先给他讲了图书分类法,然后让他把放错了的图书归回原处。男孩不遗余力地在书架的迷宫中穿来插去,小休时,已找出三本放错地方的图书。

第二天他来得更早,而且更加不遗余力。干完一天活后,他正式要求担任图书管理员。又过了两个星期,孩子的母亲告诉哈瑞他们要搬家了,而孩子听到要转校却担心:"我走了谁来整理那些书呢?"

没过多久,他又在哈瑞的图书馆出现了,并欣喜地告诉他,那边的图书馆不让学生干,妈妈同意他转回这边来上学,又可以管理图书了。

一个人做事如此坚定,则天下无不可为之事。这个孩子就是后来的微软公司老板比尔·盖茨。

由此可见,成功离不开聪明才智,更离不开优良品质!市场已经向求职者发出明确信号,良好的职业素养已经成为职业准入的一道门槛。因此,只有不断加强职业基本素养的培养,才能立足岗位,服务社会。那么,紧跟这本书,让我们一起来了解和学习吧!

(一)职业基本素养的内涵

我们通常说某某很有职业基本素养,某某太没有职业基本素养了。那么,这个叫"职业基本素养"的东西究竟为何物?我们不妨用著名的冰山理论来解释。

我们把一个职业人的全部才能看作一座冰山,浮在水面上的是他所拥有的资养、知识、和技能,这些就是员工的显性素养;而潜在水面之下的东西,包括职业道德、职业态度,我们称之为隐性素养。显性素养和隐性素养的总和就构成了一个职业人所具备的全部职业基本素养。例如:应届高职毕业生在显性素养方面表现还可以,但在隐性素养方面由于没有得到过培训,所以比较欠缺,这就是很多企业不愿招聘应届毕业生的真正原因。

职业基本素养有大部分是隐性的,就如同冰山有八分之七存在于水底一样,正是这八分之七的隐性素养部分支撑了一个员工的显性素养部分!职业人的职业技能是显性的,即处在水面以上,随时可以调用,是人们一般比较重视的方面。它们相对来说比较容易改变和发展,培训起来也比较容易见成效,但很难从根本上解决员工的综合素质问题。可以说,职业道德和职业态度才是决定一个职业人成就的关键素质。

1. 素养

"素养"一词,在《汉书·李寻传》中有记载:"马不伏枥,不可以趋道;士不素养,不可以重国。"其本义就是修炼涵养。现今,我们对"素养"作这样的理解:把素养看作人的内在品质和质量,是在遗传素质的基础上,受后天环境、教育的影响,通过个体自身的体验认识和实践磨炼,形成的比较稳定的、内在的、长期发生作用的基本品质结构,包括人的思想、道德、知识、能力、心理、体格等。人的素养结构见表0-1。

表 0-1   人的素养结构

层次	类别	内容	形成特征
外层	社会文化素养	科学精神、道德素养、审美素养	后天习性
中层	心理素养	认知素质和才能品质,需要层次与动机品质,气质与性格意志品质,自我意识与个性心理品质	先天生物因素与后天社会因素的结合
深层	自然生理素养	体质、体格、本能、潜能、体能、智能	先天遗传、个别差异、生物程序

2. 职业素养

由"职业"和"素养"构成职业素养。所谓"职业"是指"个人服务社会并从中获得主要生活来源的工作"。由此可见,职业的本质是人们创造物质财富与精神财富的社会活动。人们必须从事一定的工作,而从事一定的工作也必须具备相应的素养。职业素养是职业人对社会职业了解与适应能力的一种综合体现,其主要表现在职业兴趣、职业能力、职业个性及职业情况等方面。影响和制约职业素养的因素很多,主要包括:受教育程度、实践经验、社会环境、工作经历以及自身的一些基本情况。

职业素养是高职学生发展成为职业人所必需的基础,是任何一个职业人都应该具备的。职业素养涵盖职业基本素养和职业技能两个方面,职业素养的培养应该是职业基本素养的教育和职业技能的训练。

3. 职业基本素养

职业基本素养是职业素养的一部分,它排除了职业技能,包含个性、应对能力、人生经验、合作精神、积极态度、心理素质等因素的综合能力,以及通过这些综合能力,对职业发展进行判断的准确性和契合度。虽然涉及面很广,覆盖的内容很多,要提炼出具有代表性和可接受性的语言并非易事,但我们认为职业基本素养中最为重要的、最为核心的内容,可以概括为以下十个方面:敬业、诚信、务实、表达、协作、主动、坚持、学习、自控、创新,本书也因此由十个"学会"展开,见表0-2和图0-1。

图 0-1

表 0-2

序号	职业基本素养	核心要素
1	学会敬业　从平凡到卓越	敬业
2	学会诚信　结果就会不一样	诚信
3	学会务实　做今天能做的事	务实
4	学会表达　说的要比唱的好	表达
5	学会协作　1+1 大于 2	协作
6	学会主动　给自己创造机会	主动
7	学会坚持　拥有亮丽的人生	坚持
8	学会学习　才会步步高	学习
9	学会自控　从学生到职业人转化	自控
10	学会创新　拥有核心竞争力	创新

(二)职业基本素养的特征

1. 职业性

不同的职业对技能的要求不同,但职业基本素养却是统一的。无论是建筑工人还是护士,无论是教师还是列车售票员,虽然职业不同,技能不一,但身在职场,就要敬业、诚信,就要务实、协作,这些是任何职业的基本要求,也是每个人进入职场必备的基本素养。

2. 稳定性

一个人的职业基本素养是在长期执业时间中日积月累形成的,它一旦形成,便会产生相对的稳定性。比如,一位教师,经过三年五载的教学生涯,就逐渐形成了怎样备课、怎样讲课、怎样热爱自己的学生、怎样为人师表等一系列教师基本素养。这种基本素养一旦形成,便保持相对的稳定性。

3. 内在性

职业人在长期的职业活动中,经过自己学习、认识和亲身体验,知道怎样做是对的,怎样做是不对的,从而有意识地内化、积淀和升华这一心理品质,这就是职业基本素养的内在性。我们常说:"把这件事交给小张师傅去做,有把握,请放心。"人们之所以放心他,就是因为他的内在素养好。

4. 整体性

一个从业人员的职业基本素养是与其综合素质有关的。我们说某某同志职业基本素养好,不仅指他的职业品质好,而且还指他的科学文化素质、专业技能素质好,甚至还指他的身体、心理素质好。一个从业人员,虽然职业基本素养好,但科学文化素质、专业技能素质差,就不能说这个人整体素质好。相反,一个从业人员科学文化素质、专业技能素质都不错,但职业基本素养比较差,同样,我们也不能说这个人整体素质好。所以,职业基本素养一个很重要的特点就是整体性。

5. 发展性

一个人的素养是通过教育、自身社会实践和社会影响逐步形成的,它具有相对性和稳定性。但是,随着社会发展对人们不断提出的要求,人们为了更好地适应、满足、促进社会的发展的需要,总是不断地提高自己的素养,所以,职业基本素养具有发展性。

二、做好职业化的自己 成就精彩职业人生

前不久,英国学习与技能网络对 1 137 名雇主进行了调查,了解雇主对毕业生就业技能的态度和期望。调查中有一个问题是:"对于一个刚出校门的应聘者,企业最希望他具有何种技能?"80％的雇主认为是"守时",75％的雇主认为是"热情和责任感"。调查发现,雇主并不要求前来应聘的毕业生是完美的人,特别是对职业技能方面的要求并不高,他们愿意提供培训,但是在员工的基本态度、价值观及行为规范方面却很挑剔,也不愿意花费时间和精力去培训,他们认为这些素养应该依靠个人努力或学校教育获得。

据一项对高职院校的权威调查表明:有 47％的学生认为只要掌握一项技能或技术就够了,不注重职业基本素养的锻炼与提高。从学生自身来看,职业基本素养的缺乏会严重制约其未来的职业发展,它关系着学生择业、就业的竞争能力。用人单位希望毕业生具有敬业和创业精神,有诚信和责任心,有较强的动手能力和实践能力,在一线工作中能独当一面,一专多能,职业基本素养低下的人不受用人单位欢迎。一个初涉职场的人,必须具备相应的职业基本素养。在一个全新的环境中如何能很快地与同事合作,是一个职业人必备的素质。

要养成职业基本素养,在职业生涯中逐步发挥职业基本素养的作用,就必须掌握职场发展的"主旋律",掌握一个基本原理——单位只为你的"使用价值"买单。

某建筑公司部门经理让刚从高职毕业的窦冰复印一堆文件,他手脚非常利索,很快就把复印件交到了经理的面前。经理看后,却皱起了眉头:"你这样就叫复印完了吗? 真是很有水准,学校就是这样教的?"原来,窦冰复印完毕后,并没有把文件整理、装订,而是将一大堆复印件一股脑儿都给了经理,似乎暗示说,复印的任务我完成了,剩下的你自己来做吧。

在这个案例中,窦冰没有准确区分"完成任务"和"追求结果"的不同。在他看来,经理让他复印文件,只要复印完就好了,此时,他的行动逻辑还是校园型的"我要完成任务"。但作为一个职场人,他应该明白,经理不仅是要他复印文件,更是要他在复印完毕后有条理地整理装订,方便审阅。也就是说,整理、装订是复印这个任务的延续,是创造任务结果、提升行动价值的一种必要途径。但他没有意识到这一点,因此便想当然地认为经理"只是"让他复印文件。其实这是高职学生在职业适应期最常犯的毛病——缺乏完整的职业心,缺乏责任感。

美国著名作家威廉·福克纳说过:"不要竭尽全力去和你的同僚竞争,你更应该在乎的是:你要比现在的你更强。"人人都可能拥有阻碍自己发展的长辫子,你只有把它找出来,并把它剪掉,才能有更好的发展。

(一)从适应职场开始

高职学生职业基本素养的培养一定要融入到学生学习生活的方方面面,从第一课堂到第二课堂,从基础课到专业课,从校内实验实训到校外社会实践,构建学院全员培养、全程培养、全方位培养的局面。从高职学生入学开始,就要抓住时机进行职业理想和职业规划教育,不断改革,组织学生了解职场需求,让学生树立诚实守信、团结合作、爱岗敬业、服务奉献、艰苦奋斗、开拓进取等观念。通过教育,使学生明白人生价值主要是通过自己的本职工作来体现,要尊重自己的工作,全身心投入工作,脚踏实地、一点一滴地积累,只有这样不断提升职业基本素养,才能达到更高的目标。现实中的很多事例告诉我们这样的一种情况:同时进入职场的高职学生,在工作几年后,就显现出差距了,有人春风得意,成就突出;有人辛苦到头却一事无成。造成这一现象的根本原因就在于,不同的毕业生在适应社会和职场的要求、快速实现职业角色的转变方面存在差距。

有一位学生毕业后,来到一家企业工作不久,觉得与自己理想中的工作相差太远。例如,每天早上都要打扫卫生,还要帮助其他老员工做很多琐事。常常发牢骚,工作积极性也不高,还没等到她对企业真正有所认识,就被炒了鱿鱼。可是,当她再次在求职大军中奔波,没找到更好的工作时,她知道后悔了,可是也来不及了。很多新人在进入公司后,用学生的眼光看待职场,对现状不满,急于求成,接受不了"规矩",没有耐心去适应。其实,打扫卫生、从基层做起,是每一个新人的必经之路。这时的他们属于"蓝领"阶层,与想当"白领"甚至"金领"的期望和理想有很大的落差,他们认为自己整天都在打杂,碌碌无为,而且谁都可以指使他们,觉得在公司受到了不公平待遇。其实,做的工作越多,就有越多的学习和锻炼自己的机会,同时,也有了更多的表现自己才华和能力的机会。职场人要谨记,当领导不再给你安排工作,你的担子越来越轻的时候,这是一个危险的信号,因为"忙"是好事情,当你不忙的时候,裁员时领导首先想到的可能就是你。从身边事做起、从小事做起、从现在做起,才能从无到有、从小到大。强化职业基本素养的养成,高职学生就能在服务社会的过程中实现又好又快发展。

(二)我一定能飞得更高

在很大程度上,"你想你是什么,你就是什么;你想你能做什么,你就能做什么"。因此,充满自信,勇于实践,你就会变得更有实力。世界 500 强企业富士康公司总裁郭台铭有一句名言:"当你感到有压力的时候,说明你的能力不够。"高职毕业生进入职场后要用"天生我才必有用"的自信激励自己,运用自己的全部技能,利用一切机会,大胆实践,大胆展现自己,在实践中摸索窍门,积累经验,在平凡、枯燥的工作中,寻找乐趣,努力创新,练就应该具备的职业基本素养和核心竞争力,不断学习、提升自我。如果职场中人在平凡的工作中激情不减,表现突出;在压力下不屈不挠,努力工作,就能扬长避短,披荆斩棘,充分展现自身价值,成就自己精彩的职业人生!

职业道德篇

第一单元
学会敬业　从平凡到卓越

敬业者，专心致志以事其业者。——朱熹

敬业为立业之本，不敬业者终究一事无成。——拿破仑·希尔

敬业，是一种高尚的品德。它表达的是这样一种含义：对自己所从事的职业怀着一份热爱、珍惜和敬重，不惜为之付出和奉献，从而获得一种荣誉感和成就感。可以说，如果社会各个行业的人们都具有敬业精神，我们的社会就会更加文明进步，更加充满生机和活力。

敬业，是一种优秀的职业品质，是职场人士的基本价值观念和信条。在经济社会中，每个人要想获得成功或得到他人的尊敬，就必须对自己所从事的职业、对自己的工作，保持敬仰之心，视职业、工作为天职。可以说，敬业是职业精神的首要内涵，是职业道德的集中体现。

一、职场第一美德

"敬业"早在《礼记·学记》中就以"敬业乐群"明确提了出来。正如朱熹所说："敬业何，不怠慢、不放荡之谓也。"他还说："敬字工夫，即是圣门第一义，无事时，敬在里面；有事时，敬在事上，有事无事，吾之敬未尝间断。"这里的"敬业"、"敬事"都是指在工作中要聚精会神、全心全意。这种"不怠慢、不放荡"、"未尝间断"的职业态度和敬业精神，是职业人做好本职工作所应具备的起码的思想品格。

进一步而言，所谓敬业，就是敬重自己的工作，将工作当成自己的事，其具体表现为忠于职守、尽职尽责、认真负责、一丝不苟、一心一意、任劳任怨、精益求精、善始善终等职业道德。

一个人，如果没有基本的敬业精神，就无法成为一个优秀的人，更难以担当大任。敬

业是一种人生态度,是珍惜生命、珍视未来的表现。我们每个人都有责任、有义务,责无旁贷地去做好每一项工作,我们都应该为工作尽一份心、出一份力。

詹姆斯·H·罗宾斯在其知名论著《敬业》中写道:"我们欣赏那些对工作满腔热情的人,欣赏那些将工作中的奋斗、拼搏看作人生快乐和荣耀的人。"哈罗德在《勤奋敬业》中提出,"在一个公司里,并非具有杰出才能的人就容易得到提升,只有那些勤奋、刻苦、敬业,并有良好技能的人才有更多的发展机会,才会得到更多人的认可。"敬业已经成为职场公认的"第一美德"。

二、打倒"差不多先生"

(一)"差不多先生"的悲剧

很多人做事常常抱着"差不多"的心理,在工作中不求进取,马马虎虎,得过且过,对存在的问题懒得思考,对隐患不设法消除,总觉得凡事"差不多"就行。1924 年 6 月 28 日,著名学者胡适先生在《申报》发表了一篇白话寓言《差不多先生传》,深刻地描绘了国人的这种心理。

你知道中国最有名的人是谁?

提起此人可谓无人不知,他姓差,名不多,是各省各县各村人氏。你一定见过他,也一定听别人谈起过他。差不多先生的名字天天挂在大家的口头上,因为他是全国人的代表。

"差不多先生"的相貌和你我都差不多。他有一双眼睛,但看得不是很清楚;有两只耳朵,但听得不是很分明;有鼻子和嘴,但对气味和口味都不很讲究;他的脑子也不小,但他的记性却不很精明,他的思想也不很缜密。

他常常说:"凡事只要差不多,就好了。何必太精明呢?"

他小的时候,他妈叫他去买红糖,他买了白糖回来。他妈骂他,他摇摇头说:"红糖白糖不是差不多吗?"

他在学堂的时候,先生问他:"直隶省的西边是哪一省?"

他说是陕西。先生说:"错了。是山西,不是陕西。"他说:"陕西同山西,不是差不多吗?"

后来他在一个钱铺里做伙计;他也会写,也会算,只是总不会精细。十字常常写成千字,千字常常写成十字。掌柜的生气了,常常骂他。他只是笑嘻嘻地赔小心道:"千字比十字只多一小撇,不是差不多吗?"

有一天,他为了一件要紧的事,要搭火车到上海去。他从从容容地走到火车站,迟了两分钟,火车已开走了。他白瞪着眼,望着远远的火车上的煤烟,摇摇头道:"只好明天再走了,今天走同明天走,也还差不多。可是火车公司未免太认真了。八点三十分开,同八点三十二分开,不是差不多吗?"他一面说,一面慢慢地走回家,心里总不明白为什么火车不肯等他两分钟。

有一天,他忽然得了急病,赶快叫家人去请东街的汪医生。那家人急急忙忙地跑去,一时寻不着东街的汪大夫,却把西街牛医王大夫请来了。差不多先生病在床上,知道寻错了人;但病急了,身上痛苦,心里焦急,等不得了,心里想道:"好在王大夫同汪大夫也差不多,让他试试看罢。"于是这位牛医王大夫走近床前,用医牛的法子给差不多先生治病不上一点钟,差不多先生就一命呜呼了。

差不多先生差不多要死的时候,一口气断断续续地说道:"活人同死人也差差差不多,……凡事只要差……差……不多……就……好了,……何……何……必……太……太认真呢?"他说完了这句格言,方才绝气了(图1-1)。

他死后,大家都很称赞差不多先生样样事情看得破,想得通;大家都说他一生不肯认真,不肯算账,不肯计较,真是一位有德行的人。于是大家给他取个死后的法号,叫他做圆通大师。

他的名誉越传越远,越久越大。无数无数的人都学他的榜样。于是人人都成了一个差不多先生。——然而中国从此就成为一个懒人国了。

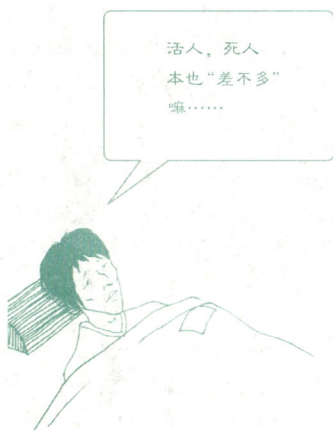

图 1-1　差不多先生

(二)李嘉诚:"打倒差不多先生!"

胡适先生发表《差不多先生传》82 年后,2006 年 6 月 29 日,李嘉诚先生在汕头大学 2006 届毕业生典礼上,做了一篇极为精彩的演讲,题目就是——《打倒差不多先生》。

今天很高兴地代表各位校董、校领导和老师,欢迎你们莅临汕头大学,和毕业的同学们共度重要和难忘的一刻。

我最近重读了胡适先生 1924 年所写的文章《差不多先生》,差不多先生若真有其人,他早应不在人世。

我认为胡先生笔下对中国人夸张的描绘虽不全面,但发人深省,然而这家传户晓的人物,这"有一双眼睛,但看得不是很清楚;有两只耳朵,但听得不是很分明;有脑袋但缺乏洞察力和没有层次思维"的先生却依然活着,而且可能有特强的繁殖力。

现代科学至今还未找到令人不死的灵丹妙药,何以独是差不多先生能成功存活于世?

也许胡适的差不多先生已变异为病毒,通过散播,感染越来越多的人。病毒强烈的僵化力使本质聪敏的人思想停滞不前,神志昏沉,虚度既漫无目的也无所期待的庸碌日子。也许他还有发白日梦的本事,但缺乏追求梦想的意志,发酸地堕入无底的借口世界以哄慰自己,种种似是而非的理由还在蔓延,慢慢侵蚀我们的社会。

当我重读这篇名著,令我惊骇的不仅是差不多先生可怜的愚昧,更糟的是旁人接受如此荒谬的存在方式,还企图自圆开脱,这种扭曲式的浪费智慧足以令人哭泣。

医生常常说准确断症是痊愈的起点,差不多是一种折损人灵魂的病,令人镕散,要知道人的生命光辉须凭仗自我驰骋超越。各位同学,如果你不愿被命运扣上枷锁,你必须谨记,活着是一种参与,你要勇于思考,尊重科学,尊重原则;能感受,有追求;能关心,敢于积极；能经得起考验，骨中有节，心中有慈，心中有爱。

你们都知道我生长在离汕大约四十五分钟车程的地方，当年为了战乱，离乡别井的时刻，我并不知道命运将会如何，我只知道在理性误区中不可能建造信念和希望；终我一生，我将毫不含糊和不变地活出我精神力量的华彩和我血肉热切之心。

我是绝不会成为差不多先生的，你们呢？

也许在生活中，"差不多先生"对样样事情都想得开，不计较，能算作是一个"老好人"。不过在职场上，"差不多"的心态却是必须杜绝的，如果每个人都是"差不多"、"凑合事"，企业难以发展，社会难以进步，个人也无法获得长远发展，甚至还会酿成重大事故，抱憾终身。

每个人都拥有自己难以估量的潜能，万事"差不多就行"，就是辜负了自己的潜能。只有以"完美主义"的态度投入工作，才能把自己潜在的聪明才智最大限度地发挥出来。一个人无论从事什么样的职业，都应该尽职尽责地对待。因此，谨记李嘉诚先生的话："打倒差不多先生！"

三、做事情与做事业

（一）你在为谁工作

如果你认为你是在为别人工作，那你就只能永远为别人工作。如果你认为你是在为自己工作，那你终将会有自己的一番事业。

我只拿这点钱，凭什么做那么多工作，我干的活对得起这些钱就行了。

我们那个老板太抠门了，只给我们开这么一点工资，公司一年赚那么多钱，全是他一个人的。经理干的活也不比我多多少啊，可他的薪水比我高出一大截，他拿的多，就该干的多嘛，我只要对得起我这份薪水就行了，多一点我都不干。

……

许多时候，我们会听到许多人发出上述种种抱怨。不可否认，在一个组织或单位中，会存在着这样或那样不尽如人意的地方，付给员工的薪水或其他奖励也有不公允之处，这是难免的。但在所有解决此类问题的对策中，抱怨发牢骚、消极怠工是最不可取的。

很多人有这样一个误区，我是在为老板工作，薪水一定要和我的工作等价交换（超额当然更好），也就是说，你在用钱来购买我的劳动，你出什么样的价钱，我就提供什么样的劳动质量。有这种想法，主要是因为没有认清以下几个方面：

首先，人需要工作，需要社会归属与认同，而且一个人的才干只有在工作的磨炼中才有可能长进，也只有积极愉快地去工作，才能在自身进步与工作成绩中获得一种成就感和享受。如果你对工作环境与报酬不满意，完全可以与老板沟通或另谋高就。消极抵抗的做法只能是自毁前程：自己业务没进步，工作不认真，当然不会招人喜欢。

其次，在衡量一个人的工作效果时，也许会有暂时的标准差异，但不可能长久失衡。也许从一开始，老板并没有意识到或发现你的能力，因为这需要一个过程，他给你定了一个比较低的薪水标准。如果你不能正确对待，消极怠工，那么你的实力大部分就被你冰冻起来浪费掉了,你的薪水也很难有提高的可能,因为老板还在想:这小子就这么两下子,他对公司的贡献比给他的薪水还低呢。

当你的老板把一份工作交给你的时候,你有没有仔细地考虑过为什么交给你,有没有考虑过这项工作的性质,有没有考虑过这项工作在公司整个工作流程中的重要性,有没有考虑怎样完成这项工作才能更好地满足客户的要求?还是你根本就没有考虑而是想都不想就照办照做呢?恐怕大多数人都是选择后者作为自己的答案,常常都是奉命当差,做完了事。

人生的每一段经历都是自己书写的档案。消极工作会给老板、同事、客户留下一个不敬业、对自己和公司不负责任的印象,这种负面影响很可能会对你以后的工作、生活造成障碍。

记住,你在为你自己工作。

(二)敬业才能立业

任何一家公司,如果没有敬业精神做支柱,那么这家公司倒闭只是早晚的事情;任何一名员工,如果缺乏敬业精神,那么丢掉工作也是迟早的事情。敬业既是公司发展的需求,同时也是自我发展的需要。因为敬业才能立业。

敬业的人对自己的职业水准有很高的要求:精益求精,永远对工作现状不满意,永远在改善工作。这种敬业精神,在个人职业生涯发展道路上,直接决定着事业发展的高度。

如果你去问今天的高职院校的毕业生们,工作好不好找,相信有相当一部分说不好找;如果你去问今天的公司经理们,人才是不是很易得,同样也会有相当一部分人说合适的人才并不易得。其中的原因,绝不是仅仅用"信息不对称"所能解释的,更主要的是由于人们缺乏敬业精神。

在工作中,有了敬业精神我们就会深深喜欢上我们所从事的职业,由此我们才会专心致志地从事我们所做的事情,从而达到专业的高度,专家才会成为赢家,如此才能更好地成就我们的事业。

【案例】 汤姆·布兰德起初只是美国福特汽车公司一个制造厂的杂工,然而,由于他的敬业精神,他获得了快速的成长,并且成为福特汽车公司最年轻的总领班。应该说,在有着"汽车王国"之称的福特汽车公司,30岁不到就升任总领班的职位,的确是一件不容易的事情,他是怎么升起来的呢?

汤姆·布兰德是在20岁时进入工厂的,工作一开始,他就对工厂的生产情形做了一次全盘的了解,他知道一部汽车由零件制造到装配出厂,大约要经过13个部门的协作,而每一个部门的工作性质都不同。

他当时就想,如果自己想要在汽车制造这一行做出一番事业,就必须对汽车制造的全部过程都有深刻的了解。于是,他主动要求从最基层的杂工做起。在福特汽车公司里,杂工不属于正式工人,也没有固定的工作场所,哪里有零活就要到哪里去。而正是因为这项工作,汤姆才有机会和工厂的各个部门接触,因此对各个部门的工作性质有了初步的了解。

在当了一年半的杂工之后,汤姆·布兰德申请调到汽车椅垫部工作。不久,他就把制作椅垫的手艺都学会了。后来他又申请调到点焊部、车身部、喷漆部、车床部等部门去工作。在不到三年的时间里,他几乎把这个厂各部门的工作都做过了。最后他又决定申请到装配线上工作。

尽管汤姆·布兰德干得非常起劲,可是他的父亲对他的举动十分不解,他问汤姆·布兰德:"你工作已经三年了,可总是做些焊接、刷漆、制造零件的工作,这样恐怕会耽误你的前途吧?"

"爸爸,你不明白。"汤姆·布兰德笑着说,"我并不急于当某个部门的小工头。我是以有能力领导这个工厂为目标的,所以必须花点时间了解整个工作流程。我现在要把我的时间用来做最有价值的事情,因为我要学的,不仅仅是一个汽车垫如何做,而是要知道整个汽车是如何制造的。"(图1-2)

当汤姆·布兰德确认自己已经具备管理者的素质时,他决定在装配线上崭露头角。汤姆·布兰德在其他部门干过,懂得各种零件的制造情形,也能分辨零件的优劣,这为他的装配工作增加了不少便利。没有多久,他便成为装配线上最出色的人物。很快,他就晋升为领班,并逐步成为15位领班的总领班。

图1-2　敬业才能立业

【小提示】　在竞争越来越激烈的现代职场,敬业精神是成就大事不可或缺的一个重要条件。它是强者之所以成为强者的一个重要原因,也是弱者变为强者必备的职业品质。你如果在工作中具备敬业精神,那么无论从事什么行业,你都将是所在领域里出类拔萃的佼佼者。

员工敬业的最直接结果就是促进企业的不断发展。而希望自己的事业兴旺发达,则是每个老板的愿望。本着这样的愿望,他自然就会需要一个、几个乃至一批兢兢业业、埋头实干的下属。你如果具备这样的品质,那你必然是受老板欢迎的人。而且,你的这种敬业精神也会在一定程度上感染你身边的其他人,形成良好的工作氛围,你会受到同事的欢迎。因此,你被认可、被重用、被提拔将是再自然不过的事情了。

(三)把职业当成事业

敬业的最高境界是什么? 就是把职业当成你的事业来看待。

职业只是谋生的手段,事业则是可以延续并由人继承的,像一种思想、一种理论、一种制度的创立和维护。

人人都应该对自己的职业有一个清晰的自我定位。比如,有人认为工作的目的是为了生存,那么他确立的必然是一种职业认同感;有人认为他从事的工作是一份值得为之付出和献身的工作,他就会在此过程中实现自我的价值!

职业感和事业感虽然只有一字之差,但是当我们以不同的态度去工作时,就会有截然不同的结果。职业感要求尽心尽力地完成相应的工作,遵守职业道德。而事业感则往往是自觉的,并且总是与某种价值观联系在一起的。德国思想家马克思·韦伯认为,有的人之所以愿意为工作献身,是因为他们有一种"天职感",他们相信自己所从事的工作是神圣事业的一部分,即使是再平凡的工作,也会从中获得某种人生价值。大凡富有事业感的人,他们通过工作所获得的,不仅仅是物质、荣誉等外在报偿,更重要的是获得了内心的满足感和自我价值的实现。因此,他们很少计较报酬、在乎功名,他们所做的一切,只为追求一个完美的境界。在这样的境界中,他们会发现自己生存的意义,感受到幸福和自我满足。

人类最具创造性的工作,往往都是事业感的产物。即使是从事平凡琐碎的日常事务,只要你从中找到一份独特的乐趣和满足,同样可以借此达到人生的某种意境。

有一家企业的一名普通工人,在自己的工作领域内发明了好几项专利。在谈到他的心得时,他说:"能够取得这些成功,就是因为我从来不把这份工作当做谋生的手段看待,而是当成事业来经营。"

每一个岗位都是实现人生价值的舞台。只要我们用对待事业一样的态度对待我们的工作,每个人都能在平凡的岗位上做出不平凡的业绩。

一个有事业感的人,他绝对不会狭隘地看待他的工作,他对自己的工作会有一种深层次的理解和认识。

不论我们从事何种工作,前瞻性的眼光和思考对于我们的事业来说,都是非常重要的! 在做好职业工作的同时开拓自己的事业,职业是基础,事业是发展。只有用做事业的态度来对待自己的工作,才会在职业的发展中不断地取得进步,完成自己事业的规划!

很多初涉职场的高职毕业生可能都会抱怨待遇不公,工作不顺,而这些怨言和愤怒使他们的职业生涯遭遇了许多困难和挫折,长时间得不到突破和晋级。如果能以事业的眼光看待职业工作的话,就会少一些怨言和愤怒,多一些积极和努力,多一些合作和忍耐。在一次次超越自我的过程中,不断拓宽自己的视野,提高自己的本领和技能。

职业是事业成功的基础,职业生涯带给我们的经验与体验一定有助于我们在未来的事业上的成功。所以在从事自己的职业时,要能树立一个明确的事业目标!

以事业的眼光和态度做好职业,以职业的发展和进步帮助自己取得事业的成功。职业生涯是事业生涯的前提和准备!

四、这样才敬业

(一)珍惜你的工作岗位

在很多公司里,我们经常可以看到墙壁上贴着这样的口号:"今天工作不努力,明天努力找工作!"

然而,很多人在工作中却不珍惜岗位,总是心浮气躁,好高骛远,这山望着那山高,没有立足于本职工作埋头苦干,当然,他们也不会有成就感。这种人一见到别人工作做出了成绩,就会因羡慕而嫉妒,进而大发"英雄无用武之地"的牢骚,似乎自己没成绩,是因为岗位不合适。但是,一旦领导将他们放到某个重要的工作岗位上,他们又会沾沾自喜而乐以忘忧,以至每天消磨时光。

【案例】 亨利和阿尔伯特是同班同学,两个人大学毕业后,恰逢英国经济动荡,工作很难找。两个人同时到一家工厂去应聘。恰好,这家工厂缺少两个打扫卫生的职员,问他们愿不愿意干。亨利一思索,便下定决心干这份工作,因为他不愿意靠领取救济金生活。

尽管阿尔伯特根本看不起这份工作,但由于找不到更好的工作,他愿意留下陪亨利干一阵子。因此,他上班懒懒散散,每天打扫卫生敷衍了事。一次、两次、三次,老板认为他刚从学校毕业,缺乏锻炼,加上经济动荡,同情这两个大学生的遭遇,便原谅了他。然而,阿尔伯特内心深处对这份工作有很强的抵触情绪,结果,干满三个月,他便彻底拒绝干这份工作,辞了职,重新开始找工作。当时,社会上到处都在裁员,哪儿又能找到适合他的工作呢?他不得不依靠领取救济金生活。

相反,亨利在工作中,抛弃了自己作为大学生的优越感,完全把自己当做一名打扫卫生的清洁工,每天把走廊、车间、场地都打扫得干干净净。半年后,老板便安排他给一位高级技工当学徒。因为工作积极,认真勤快,一年后,他成为一名技工。尽管如此,他依然抱着高度的敬业精神,在工作中不断进取,认真负责。两年后,经济动荡的局面稍稍稳定后,他便成为老板的助理。而阿尔伯特此时才刚刚找到一份工作,是一家工厂的学徒。但是,他认为自己是高等学历拥有者,应该属于白领阶层。结果,在自己的岗位上,仍然干得一塌糊涂,终于在某一天又回到街头,去寻找新的工作(图1-3)。

图 1-3　开始寻找新的工作

【小提示】 珍惜你的工作岗位是一条实现自己人生价值的必经之路。只有踏踏实实,充分用好自己在工作中的每一天,刻苦钻研,奋发图强,才能获得成功的人生。

当年,年轻的帕瓦罗蒂从师范学院毕业后,问他父亲:"我是选择当歌唱家呢,还是当老师?"父亲回答他说:"你如果想同时坐在两把椅子上,只会从椅子中间掉下去。生活要求我们只能选择一把椅子坐。"同样,如果你不好好珍惜自己的工作岗位,好高骛远,这山望着那山高,只能一事无成。

珍惜岗位就是珍惜自己的就业机会,拓展自己的生存和发展空间。如果你对工作总是漫不经心,做一天和尚撞一天钟,不珍惜自己的岗位,到头来损失的不光是企业的利益,自己也会因此而丢掉手中的饭碗。

今天,高职毕业生更要有这种忧患意识和危机意识,好好珍惜自己现有的工作,在工作岗位上精心谋事、潜心干事、专心做事,把心思集中在"想干事"上,把本领用在自己的本职工作上。

今天工作不努力,明天努力找工作。更大的成功和更高的薪水需要我们从珍惜自己的岗位做起,企业的发展和壮大也需要我们从珍惜个人的岗位做起。

【案例】小李高职毕业后就来到北京,在一家公司担任质检工作,每个月只能挣1500元,而且还必须从早忙到晚。他的朋友们都劝他换一份工作,说这样低的工资不值得他如此卖力。可是他始终没有放弃,从不抱怨自己工资太低,只是埋头苦干,还告诉他的朋友们:在这儿工作虽然辛苦,工资也不高,但能学到东西。他诚恳踏实的态度受到了老板的关注,一年以后,他的工资就涨到了4000元,并且被提拔为一个重要部门的副经理。在新职位上,小李继续保持自己良好的工作习惯,最后被提升到副总经理的位置上,在公司里成为收入仅次于老板的人。

【小提示】　其实每个人在刚参加工作时,工资待遇都不高,而且做的是最基础的工作,正是因为这样才能有更多的锻炼机会,才能学到扎实的基本功,为今后的人生道路和职业生涯打好坚实的基础。所以一定要珍惜每一个工作机会。

(二)找准自己的位置

年轻人容易将事情看得简单而理想化,在跨出校门之前,都对未来充满憧憬。初出校门的高职毕业生不能适应新环境,大多都与事先对新岗位估计不足、不切实际有关。因此,在踏上实际工作岗位之后,要能够根据现实的环境调整自己的期望值和目标,找准自己的位置。

虽然高职的培养目标定位是适应生产、建设、管理和服务一线需要的高技能人才,但高职生在走出校门时并没有太多的工作经验,掌握的知识和技能尚未达到岗位的真正需要。有一些人自命不凡,对有些事情不屑去做,总认为应该有更好的位置、更重要的工作需要他去做,这是不现实的。高职生应该在工作中找准自己的位置,作为职场新人,无论你干什么工作,是做保安、专业技术人员,还是做管理工作,不论职位高低、轻重、贵贱,成功的关键就是找准自己的位置,让自己的行为与自己的位置相符合,并且让你的上司知道你、认可你。

当然,作为一名下属,仅有才华和能力是不够的,还要努力创造展示自己的机会。只有这样,你的价值才能得到上司的肯定,才有出人头地的可能。你应该设法让别人看到自己的出色表现,得到一个公正的评价。高层领导往往把这样的人看做是崭露头角的优秀人才和单位里的优秀员工,是能够重用的能人。无论你是一个秘书还是一般员工,都要找准自己的位置,并根据职位的不同采取不同的处事方式。

【案例】即将毕业的小陈同学,是某职业学院园林花卉专业的学生。经历了无数次招聘会的"洗礼"后,他得到的第一份工作是在某园林公司实习。实习工资非常低,而且第一天公司就将他安排在位于郊区的基地,由师傅带着他和其他几个学生学习剪树。基地吃住条件非常艰苦,风吹日晒,几天下来他们的脸变得又黑又糙,嘴唇干裂。但小陈并不在意,这些苦没有让他退却,能跟着师傅学习成了他最大的乐趣。每当师傅讲解的时候,他总是非常积极地学习思考,并动手实践,有空就跟师傅请教一些问题,交流一些苗木技术方面的经验。师傅非常喜欢这个吃苦好问的学生,还将自己的绝活传授给他。在基地实习两个月后,因表现突出,小陈被调回了市里,坐进了宽敞明亮的办公室。但小陈并未因此而骄傲,他知道自己仍然是个实习生,要更努力工作才可以。每天他都是第一个到办公室,最后一个离开办公室。虽然他和别人一样工作,甚至付出了更多,但是从没有抱怨,或向领导提出加薪的要求。一年后,小陈终于转为正式员工,并且得到重用,成为业务骨干。

【小提示】　作为一个实习生或职场新人,不要好高骛远,幻想一步登天,找准自己的位置,做好该做的事是最重要的。

(三)立即行动

我们都知道这样一个故事:四川边远地方有两个和尚,一个贫穷,一个富有。穷和尚对富和尚说:"我想到南海去,你看怎么样?"富和尚问:"你凭着什么去呢?"穷和尚回答说:"我只要一个水瓶一个饭钵就足够了。"富和尚说:"多年以来,我总想雇船往下游去,还不能够实现;你凭什么去呢!"到了第二年,那个穷和尚从南海回来,把到过南海这件事讲给那个富和尚听。这时,那个富和尚感到很惭愧。

爱默生曾说:"当一个人年轻时,谁没有空想过?谁没有幻想过?想入非非是青春的标志。但是,我的青年朋友们,请记住,人总归是要长大的。天地如此广阔,世界如此美好,等待你们的不仅仅需要一对幻想的翅膀,更需要一双踏踏实实的脚!"

如果你有了强烈的愿望,就要积极地迈出实现它的第一步,千万不要等待或拖延,也不必等待具备所有的条件。记住:你可以创造一些条件。在实际生活中,人人都有梦想,都渴望成功,都想找到一条成功的捷径。其实,捷径就在你的身边,那就是勤于积累,脚踏实地,积极肯干。很多人在心里默默地筹划自己应该如何珍惜工作,如何努力工作,但又有多少人能把自己的想法立即付诸行动呢?无论什么样的结果都只有在真正行动之后才会出现,这是任何人进入职场后必须牢记的一点。没有任何人可以未卜先知,没有任何人可以完全预测行动的结果,更没有任何人可以在行动之前说你必将失败或成功,因为无论什么样的结果,都只有在行动之后才会出现,而当你勇敢地行动起来时,这样的结果往往将变成你自己与公司的一次新的成功。

人生最昂贵的代价之一就是:凡事等待明天。"明日复明日,明日何其多,我生待明日,万事成蹉跎。"明天永远都不会来,因为来的时候已经是今天。只有今天才是我们生命中最最重要的一天;只有今天才是我们生命中唯一可以把握的一天。因此,也只有珍惜今天,马上行动,才会让我们的梦想变成现实,才会让我们不断超越对手,超越自己(图1-4)。

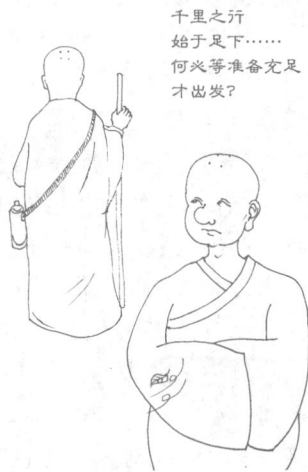

千里之行
始于足下……
何必等准备充足
才出发?

图1-4　千里之行,始于足下

(四)做好每件事

一个人无论从事何种职业,都应该尽心尽责,尽自己最大的努力,不断地取得进步。

这不仅是工作的原则，也是人生的原则。如果没有了职责和理想，生命就会变得毫无意义。无论你在什么工作岗位上，如果能全身心地投入工作，就一定会取得成就。

在现实工作中，有许多人贪多求全，什么都懂一点，但什么都不全懂，对工作只求一知半解，结果是害人不浅。那些技术半生不熟的泥瓦工和木匠建造的房屋，就会经受不住暴风雨的袭击；医术不精的外科大夫做起手术来，是在拿患者的生命当儿戏；办案能力不强的律师，只能是让当事人浪费金钱……这些都是缺乏敬业精神的具体表现。无论你从事什么职业，都应该精通它。下工夫把知识学好，把问题弄懂，把技术学精，成为本行业中的行家里手，这样才能赢得良好的声誉，也就拥有了打开成功之门的秘密武器。

懂得如何做好一件事，比对什么事都懂一点皮毛，但什么事都做不好要强得多。一位总统在学校做演讲时说："比其他事情更重要的是，你们需要知道怎样将一件事情做好；与其他有能力做这件事的人相比，如果你能做得更好，那么，你就永远不会失业。"一位哲学家说过："不论你手边有何工作，都要尽心尽力地去做！"做事情不能善始善终的人，意志不坚定，不尽心尽责，这种人永远不可能达到自己所要追求的理想目标。一面贪图玩乐，一面又想成功，自以为可以左右逢源，不但享乐与成功两头落空，还会一败涂地。从某种意义上说，全心追名逐利比敷衍了事好。做事一丝不苟能够迅速培养职业人严谨的品格和做事的能力；它既能带领普通人往好的方向前进，更能鼓舞优秀的人追求更高的境界。无论做任何事，都一定要尽全力，因为它决定一个人日后事业上的成败。一个人一旦领悟了全力以赴地工作能消除工作辛劳这一秘诀，他就掌握了打开成功之门的钥匙。能处处以尽职尽责的态度工作，即使从事最平庸的职业也会获得个人的荣誉。

（五）每天多做一点

美国著名投资专家约翰·坦普尔顿通过大量的观察研究，得出了一条很重要的原理："多一盎司定律"。盎司是英美制的重量单位，一盎司只相当于十六分之一磅。他指出，取得突出成就的人与取得中等成就的人几乎做了同样多的工作，他们所做出的努力差别很小——只是"多一盎司"。但是，就是这微不足道的一点区别，却使人们所取得的成就及成就的实质经常有天壤之别。

在一本畅销世界的书——《致加西亚的信》中，作者说明了为什么要每天多做一点：

有几十种甚至更多的理由可以解释，你为什么应该养成"每天多做一点"的好习惯——尽管事实上很少有人这样做。其中两个原因是最主要的：

第一，在养成了"每天多做一点"的好习惯之后，与四周那些尚未养成这种习惯的人相比，你已经具有了优势。这种习惯使你无论从事什么行业，都会有更多的人指名道姓地要求你提供服务。

第二，如果你希望将自己的右臂锻炼得更强壮，唯一的途径就是利用它来做最艰苦的工作。相反，如果长期不使用你的右臂，让它养尊处优，其结果就是使它变得更虚弱甚至萎缩。

身处困境而拼搏能够产生巨大的力量，这是人生永恒不变的法则。如果你能完成分内工作的同时多做一点，那么，不仅能彰显自己勤奋的美德，而且能发展一种超凡的技巧与能力，使自己具有更强大的生存力量，从而摆脱困境。

　　社会在发展,公司在成长,个人的职责范围也随之扩大。不要总是以"这不是我分内的工作"为由来逃避责任。当额外的工作分配到你头上时,不妨视之为一种机遇。

　　提前上班,别以为没人注意到,老板可是睁大眼睛在瞧着呢。如果能提早一点到公司,就说明你十分重视这份工作。每天提前一点到达,可以对一天的工作做个规划,当别人还在考虑当天该做什么时,你已经走在别人前面了。

　　很多高职生在学习中往往就是缺少了"多加一盎司"所需要的一点点责任、一点点决心、一点点勇气。只要你愿意比其他人多付出一点,哪怕是多思考一分钟、多举手发言一次、多做一道题目,都能够获得更好的成绩,取得更大的进步。

　　职场中更是如此。付出多少,得到多少,这是一个众所周知的因果法则。每天多做一点工作会让你比别人多付出一些,但同样,你得到的回报也会比别人多一些。如果你养成了"每天多做一点"的好习惯,那么你就与周围尚未养成这种习惯的人区别开来了,你就具备了别人所没有的优势。这就会使你无论从事什么行业都会比别人赢得更多的关注,获得更多加薪和晋升的机会……

　　【案例】张娜高职毕业后进入一家公司做秘书,她的工作就是整理、撰写、打印一些材料。很多人都认为她的工作单调而乏味,但她觉得自己的工作很好,并认为:检验工作的唯一标准就是你做得好不好,不是别的。她整天做着这些工作,做久了她发现公司的文件中存在很多问题,甚至公司在经营运作方面也存在一些问题。于是,除了每天必做的工作之外,她还细心地搜集一些资料,甚至是过期的资料。她把这些资料整理分类,然后进行分析,写出建议。为此,她还查询了很多有关经营方面的书籍。最后,这位秘书把打印好的分析结果和有关证明资料一并交给了老板。老板起初并没有在意,一次偶然的机会,老板读到了秘书的这份建议。这让老板非常吃惊,这个年轻的秘书竟然有这样缜密的心思,而且她的分析井井有条,细致入微。后来,老板采纳了这位秘书的很多条建议。老板很欣慰,他觉得有这样的员工是他的骄傲。当然,张娜也由此被老板委以重任。虽然张娜自己觉得她只比正常的工作多做了一点点,但是老板却觉得她为公司做了很多,这一点点,可并不是每个人都能做到的。

　　【小提示】　"每天多做一点"还能够给你提供增长知识的机会。要想成为一名成功人士,就必须不断地学习专业知识,拓宽自己的知识面,树立终生学习的观念,这对获取成功是非常有益的。有人说:"当机会来临时,为什么我们无法确认?"这是因为机会总是乔装成"问题"的样子。当你面对某个难题时,机会也随之出现了。如果不是你的工作,而你主动地把它做好了,这就是创造了机会。一分耕耘,一分收获,付出总有回报,这是千古不变的法则。即使一时没有得到相应的回报,也可能在不经意间出人意料地获得了报酬。

(六)把事情做在前面

　　每个员工都想获得升迁,都想获得更多的薪水和奖金,与其说决定权在上司那里,还不如说掌握在自己手里,敬业的最高标准是:你要把事情做在前面。有人认为员工只要完成领导交代的任务就是敬业,有人认为员工只要热爱公司和工作就是敬业。当然这两

种认识都没有错。敬业的真正标准就是你所做的事情是在别人之前,还是之后。有一位人力资源管理专家对敬业的标准做了一个量化:

10 分=创造者或者把事情做在前面的人

5 分=努力认真地做好本职工作的人

1 分=我已经超负荷工作了

由此可见,把事情做在前面是评价一个员工是否敬业的关键标准。

【案例】中国科技大学少年班的李一男毕业后直接进入华为,十几天后就晋升为主任工程师,一年后就成为公司最年轻的副总裁,究其根源就在于这个年轻的工程师对技术的发展趋势非常敏感,总能够给总裁任正非提供许多有前瞻性的建议。而且他还是技术上的能手,总能提前为所开发的技术项目解决难题。当别的员工还在为一个产品在市场中的成功而陶醉时,李一男已经给任正非提出新的建议并着手开发下一代产品了。当任正非考虑到某些问题时,他总是发现李一男早就开始着手解决了。这样的员工无论在哪个公司都会受到老板的青睐。

【小提示】 公司的大目标和员工的小目标都是为公司创造财富。作为一名敬业的员工,不应该仅仅局限于自己的任务,而应该在不破坏公司各种秩序的情况下,主动地完成额外的任务,出色地为公司创造额外的财富,更重要的是要先于主管和老板,提出并实施有益于公司发展的项目和业务。意识到这一点,你就掌握了获得升迁或者奖金的秘诀。

(七)竭尽全力

一位猎人带着他的猎狗外出打猎。猎人开了一枪,打中了一只野兔的腿。猎人放狗去追。过了很长时间,狗空着嘴回来了。猎人问:"兔子呢?"狗"汪汪"地叫了几声,主人听懂了,意思是说:"我已经尽力了,可还是让兔子逃脱了。"

那只野兔回到洞穴,家人问它:"你伤了一条腿,那只狗又尽力地追,你是怎么跑回来的?"

野兔说:"狗是尽心尽力,而我是竭尽全力!"(图1-5)

无论做什么事,都要竭尽全力。有人说:我已经尽力在工作了,为什么总是得不到升迁? 其实,在职场中,只是尽心尽力还远远不够,这样你最多比别人干得好一点,却无法从平庸的层次跳出来。一个人一旦领悟了全力以赴地工作这一秘诀,他就掌握了打开成功之门的钥匙。只有竭尽全力,让自己的潜能充分燃烧,发挥双倍甚至数倍于别人的能力,你才会有卓越的表现。无论从事什么职业,只有全心全意、

图 1-5 野兔的回答

尽职尽责地工作,才能在自己的领域里出类拔萃,这也是敬业精神的直接表现。

在这个世界上,没有谁会轻易成功,每一个成功者的背后都有着敬业的感人故事。只有竭尽全力工作,创造出最大价值的人,才能从平凡到卓越,登上事业和人生的最高峰。

五、敬业度测试

本测试旨在测测你的敬业程度。本测试由一系列陈述句组成,请仔细阅读,按要求选择最符合自己情况的答案。

以下每题有三个选项:A.完全符合　B.基本符合　C.不符合

1.不拿公共财物;

2.在规定的休息时间后,及时返回学习或工作场所;

3.看到别人有违反学校或公司规定的举动,及时纠正;

4.能够保守秘密;

5.从不迟到、早退;

6.不做有损学校或公司名誉的任何事情;

7.不管能否得到相应奖励,都能积极提出有利于集体的意见;

8.关心自己和同学的身心健康;

9.愿意承担更大的责任,接受更繁重的任务;

10.对外界人士积极宣扬自己所在的集体;

11.把集体的目标放在第一位;

12.乐于在正常的学习、工作时间之外自动自发地加班加点;

13.业余时间学习与工作有关的技能,加强职业素养学习;

14.在学习时间里不做一切有碍学习的事情;

15.为保证工作或学习绩效,善于劳逸结合,调节身心;

16.积极寻找途径获得外界对自己所在集体的支持;

17.对集体的使命有清晰的认识,认同集体的价值观;

18.能享受学习和工作中的乐趣;

19.老师或领导布置的任务,即使有困难,也会想方设法完成而不是敷衍了事;

20.积极参加集体组织的各项活动。

说明:

A选项为5分,B选项为3分,C选项为1分。

40分以下,敬业度较低;

40～60分,敬业度一般;

60～80分,敬业度上等;

80分以上,敬业度优异。

【知识吧台】

老木匠的最后一座房子

一位年纪很大的木匠就要退休了,他告诉他的老板:自己想要离开建筑业,然后跟妻子及家人享受天伦之乐。虽然他也会惦记这段时间里,还算不错的薪水,不过他还是觉得需要退休了,因为即使没有这笔钱,生活也还过得去!

老板实在舍不得做得一手好活的木匠离去,再三挽留,可木匠决心已下,不为所动。老板只得答应,但希望他能在离开前,再盖一栋具有个人风味的房子来。老木匠答应了。

在盖房子的过程中,大家都看得出来,老木匠的心已经不在工作上了。用料不那么严格,做出的活计也全无往日的水准。

房屋落成时,老板来了,看都没看房子,就把大门的钥匙交给木匠说:"你一直都那样努力,让我感动,这所房子就是我送给你的礼物,谢谢!"

老木匠愣住了,同样,他的后悔与羞愧大家也看得出来。他的一生盖过多少好房子,最后却为自己建了这样一幢粗制滥造的房子。如果他知道这间房子是他自己的,他一定会用百倍的努力,最好的建材,最精湛的技术来把它盖好。可惜,这世界上没有后悔药。

我们其实都是那个木匠,每一天都在经营着将来属于自己的一砖一瓦,钉钉子、锯木板,但从来不知自己的所有努力全是为了自己啊!

【互动空间】

寻找身边的敬业榜样

也许他是曾经教过你的老师,也许他是你身边默默无闻的同学,也许他是晨曦中的环卫工人,也许他是公交车上的售票员,也许他只是一位在你生命中与你擦肩而过的陌生人……生活中,也许并不缺少敬业榜样,只是缺少发现。请同学们进行一场敬业榜样大搜索,寻找我们身边的敬业榜样。

要求:每位同学提名一位敬业榜样,并说明理由。最后,由全班同学进行投票,选出公认的十位敬业榜样并总结这些榜样的敬业品质。

说,尤其应做到诚信求职。

高职毕业生张某,从年前就开始为毕业后的工作四处奔波。终于有一天,他接到了一家大企业的面试通知。面试那天,他迟到了10分钟,却对面试他的总经理说是因为坐公交车堵车。面试过程十分顺利,无论是专业知识还是能力考核,他都一一过关。张某离开时信心十足,觉得自己肯定能被录用。

几天后,张某却接到一纸用词委婉、不予录用的通知书。事后他了解到总经理对他的评价是:不守时、行为不良和人格有缺陷。为什么会这样?其实张某心里明白。原来面试那天他是骑自行车去的,怕迟到不好交代顺口撒了个谎。原以为无人察觉,没想到精明的总经理站在办公楼窗前,看见了他骑车的身影。

事后,张某后悔不已,对自己的行为进行了深刻的反思。他想到上学期间,他经常放松对自己的要求,迟到了,找个理由"今天堵车了";早退了,称"头疼,身体不舒服";逃学旷课,对老师说"家里有事";做错了事情,要么把故意说成无意,要么百般抵赖,编造各种理由为自己开脱。久而久之,他对自己的这种随口撒谎的行为习以为常。最终导致了被面试单位判定为"人格有缺陷"。

在一次针对高职院校学生的招聘会上,一家知名企业在300多份简历当中,最终挑选了两名学生。他们说相中这两名学生的理由是,简历中体现的材料没有作假,是在实事求是地描述自己的能力。面试时的表现也非常诚恳,有一说一,不懂的问题也不会逞强。有很多面试者把自己的能力写得天花乱坠,结果面试时,这个不会那个不会,简直浪费双方的时间。

从企业方面说,诚信的品质比实际技术更加重要,因为学校里学的专业知识毕竟不完整,也在一定程度上缺乏实用性,一般都要到企业中经过实战操作,才会真正熟悉专业技术。这样一来,一个新人最基本的人品和素质就成了企业最关注的东西。如果新人秉性诚实守信,那么以后的道路基本不会走歪;但是若新人原本就有点滑头、耍小聪明,怎么正确引导都可能偏离轨道。

请记住:诚信是你通往职场的第一张通行证,如果没有它,即使你有能力、有才华,也终将被拒之门外。

(二)诚信的价值

有一年的高考作文题目是这样的:一个年轻人,跋涉在人生旅途上,身负七个背囊,分别是美貌、健康、金钱、名誉、才气、机遇和诚信。他来到一个渡口,要乘船到彼岸。老艄公说,你背的东西太重了,必须丢掉其中一样,否则船会下沉。他几经考虑,最后把诚信丢下了。要求考生就这个故事写篇文章,发表看法。这个高考题目引发了全社会对诚信问题的关注,也让人们重新审视诚信的价值。

在当今社会,诚信尤为重要,没有比信任危机更可怕的。但是,诚信作为一项重要的社会资本,在今天引起了社会的重新重视,不是偶然的。单向度和急功近利的经济追求及其运作机制,遭遇空前的诚信危机而形成瓶颈,严重地扼制了我们的经济命脉,诚信缺失已成为亟待解决的问题。

诚信的价值可以分解为个体的、组织的和社会的诚信价值。

对个人而言,诚信可以增加其在组织中的声誉、社会中的声望和个体良好的信誉记录,这些无形的财富除了给其带来"精神"上的欢愉效用外,还能带来许多直接经济效益,如组织的奖赏、工资和职位的晋升,社会经济交易的便利,低成本的借贷和获取社区公共服务的便捷,在社会上的就业、保障等的便利。

对组织(企业)而言,诚信可以节省企业的交易费用。讲信用、诚实经营的企业,在消费者当中会建立良好的口碑,消费者的满意度会提高,经营者也就减少了广告宣传的费用。诚信可以使企业低成本扩张,一个信誉好的企业,能以较低的利率向银行贷款,也可以在资本市场上以较低的成本融资。诚信也是企业的无形资产,具有为企业增值的功能,它和货币资本、劳动力资本一样是企业发展不可或缺的。

对社会而言,社会诚信制度的建立和完善具有公共性质,能形成巨大的价值和效益,能为社会中的个体、企业组织提供成本极小而又能产生极大效益的制度保障。社会诚信制度的形成和完善,有利于新技术的采用,扩大交易范围从而创造新的价值和效益,同时能促进投资和经济增长,创造巨大的社会价值和效益。

纵观国内外成功企业,无一不是以诚信为本而发展壮大的,诚信是成功企业共同追求和必备的品质之一。

同仁堂 300 多年的成功就充分说明了这一点。无论在同仁堂药店里,还是在车间里,都有这样一条训规:"品味虽贵必不敢减物力,炮制虽繁必不敢省人工"。这条古训是在清康熙四十五年(公元 1706 年)同仁堂初期创业者乐凤鸣提出的,后来成为历代同仁堂人在制药过程中必须遵循的行为准则。概括地说,就是在制药过程中,一丝不苟,精益求精,严格遵守工艺流程和操作规范,不得偷懒耍滑;在配料过程中,真材实料,诚实无欺,严格遵守质量标准和配比规定,不得掺杂使假。这是中国传统商业文化和医药道德的集中体现,也是中国企业诚信文化的典型代表。

与之相反,2008 年发生的"三鹿奶粉"事件却重创了社会的诚信机制。2008 年 9 月 27 日《人民日报》评论员文章指出:

三鹿奶粉事件的发生,给人们以警示:一些人唯利是图、不讲道德是祸根。明知道"三聚氰胺"是工业原料,人是不能食用的,为了获取利润,偏要昧着良心将它加到牛奶中;明知道牛奶贩子购买"三聚氰胺"是害人的,"三聚氰胺"的经销商还要几次找上门去推销;明知道牛奶中加进了"三聚氰胺",奶粉厂还要制成奶产品销售。更令人忧虑的是,这种状况任其蔓延,始作俑者会由无知走向故意,由见利忘义走向谋财害命,由不讲道德走向违法犯罪。这样,我们损失的就不仅是财产,而是身体的健康,生命的安全;不仅是发展的可能,而是生存的条件。沉痛的教训告诉我们:没有诚实守信的社会环境,就没有安全的食品。在全体公民中大力倡导"以诚实守信为荣,以见利忘义为耻",不仅是建设社会主义和谐社会一项十分重大而紧迫的任务,而且是与你我他的生活和发展紧密相关,需要我们每个人自觉承担、主动参与的社会责任和公民义务。

这一事件的发生,给人们以教育:欲建立企业,先建立信誉;欲做大企业,先做好信誉；欲做强企业，先做牢信誉。诚实守信一向被我们民族视为"立人之本"、"立政之本"、"进德修业之本"。能做大做强、久盛不衰的企业，有哪个不是恪守信誉的企业？"三鹿奶粉"事件固然给消费者家庭、给社会造成了严重危害，但害人者必害己，损人者必损己。始作俑者正在受到党纪政纪的严肃处理、国家法律的严厉制裁；生产厂家由红红火火的发展变成了冷冷落落的停产整顿，全国奶产业的生产受到了很大冲击，严重影响了在国际市场的竞争力。深刻的教训告诉我们：在信用交易已经成为现代市场主要交易形式的历史条件下，在全社会倡导诚实守信、建立健全社会信用制度，不仅是建立社会主义市场经济秩序、促进市场公平竞争的基础，也是提高国内外市场融合度的必然要求。诚实守信，不仅是做人之根本，也是企业生存和发展之根本。

不仅企业如此，近几年，是否能够如期归还助学贷款也同样考验着大学生的诚信。2007 年 12 月，中国农业银行广东分行透露，广东省的助学贷款不良率高达 27.04%，超过 1/4 的贷款学生严重欠款。之前，《齐鲁晚报》也曾报道，山东省国家助学贷款还款情况不容乐观，不良贷款比例高达 18.15%，远远超过各企事业单位、个人的不良贷款比例。而不良贷款的出现，已经影响到了贷款机构进一步放贷的信心。重庆市一家银行向渝中区法院提起诉讼，因多次催讨无果，要求 400 多名大学生偿还助学贷款，总金额达到 496 万余元。虽然助学贷款逾期不还的原因是多方面的，但这其中确实暴露了很多大学毕业生的诚信问题。

针对助学贷款逾期不还的问题，教育部学贷管理中心从 2006 年起，通过媒体对不按约定归还国家助学贷款的大学毕业生曝光。曝光内容包括欠款学生的姓名、身份证号、毕业学校等信息。并且，各银行已建立一套高效的联络制度，将助学贷款信息与个人征信系统联网，加快助学贷款信息归集，并逐步实现信息全国共享，动态更新学生诚信记录。如果借款学生毕业后不还款，那么他的信用报告就会如实留下负面信息。无论他在什么地方，只要再向银行申请贷款或办信用卡，都可能因此被拒绝。个人征信系统会把一个人的违约记录保留 7 年左右。

很多国家都有相应的信用制度。美国有个机构叫"信誉局"，它使得任何有良知、想过体面生活的人都不敢胆大妄为，而必须循规蹈矩。信誉局的电脑记录了每个成年公民所有信用资料，向社会开放。一旦信誉局记录在案，此人的信誉就有污点了。从此，购物想享受分期付款，商家一查信誉局的记录就会拒绝他；想找个好工作，用人单位一查记录，便会觉得此人不可信赖；想找银行申请贷款，更是别指望。总之，有了信誉污点，想要在这个社会过体面生活就无望了。

早在 1748 年，本杰明·富兰克林在他著名的《致富之路》演说中说："时间就是金钱，信誉就是生命。"美国作家托马斯·斯坦利在《百万富翁的智慧》一书中，披露了对当今美国 1300 名百万富翁怎样获得成功的调查内容。令人感到惊奇的是，被调查者没有一人把自己的成功归功于才华，而是认为"成功的秘诀在于诚实，有自我约束力……"其中，诚实被摆在了第一位。在这些富翁们的眼中，现代经济是信用经济，在市场经济的环境中，信用才是人生最为宝贵的资产，其价值是难以用金钱来衡量的。

（三）诚信胜于能力

在战场上直接打击敌人的，是能力；在商场上直接为企业创造效益的，也是能力；而诚信似乎没有起到直接打击敌人和创造效益的作用。可能因为这一点，导致很多人重视能力而轻视诚信。

事实并非如此。如果一个士兵能力很强，最后却叛变了；如果一个员工能力很强，结果却把企业的资料盗走了，这将会是一个什么样的结果？因此，在职场中，对一个企业或组织来说，能力虽然重要，但诚信胜于能力。

在职场当中，一直流传着这样的说法：德才兼备是精品，有德无才是次品，无德无才是废品，有才无德是危险品。所以，很多用人单位在招聘时都有这样一个原则：德才兼备要重用，有德无才可以用，有才无德不敢用，无德无才不能用。

诚然，这是一个重视知识和能力的社会，考察一个人是否是好员工，有许许多多的素质要求，但有一点是肯定的，老板更愿意信任那些"老实人"，那些即使能力稍微差一些，但责任心强、对企业忠诚，讲诚信的人。

李开复在《给中国学生的第二封信：从优秀到卓越》中如此说道：

一个人的人品如何直接决定了这个人对于社会的价值。而在与人品相关的各种因素之中，诚信又是最为重要的一点。微软公司在用人时非常强调诚信，我们只雇佣那些最值得信赖的人。去年，当微软列出对员工期望的"核心价值观"时，诚信（honesty and integrity）被列为第一位。

在我发表"第一封信"后，曾经有一位同学问我：为什么一个公司要涉入员工的道德呢？我回答：这是为了公司自己的利益。例如，一位应聘者在面试时曾对我说，如果他能加入微软公司，他就可以把他在前一家公司所做的发明成果带过来。对这样的人，无论他的技术水平如何，我都不会雇佣他。他既然可以在加入微软时损害他先前任职的公司的利益，那他也一定会在加入微软后损害微软公司的利益。

另外有一位同学看了"对话"后问我，为什么我会把诚信放在智慧之前呢？难道我们会去衡量员工的诚信和他们的智慧而给诚信更高的比重？其实，我们的衡量都在直接的工作目标上，并不会对诚信或智慧做直接的衡量。但是，作为第一"核心价值"，诚信是我们对员工最基本的要求。我们根本不会去雇佣没有诚信的人。如果一个员工发生了严重的诚信问题，他会立刻被解雇。

当一个公司这么重视诚信，员工一定更值得信赖。因此，公司对员工也能够完全信任，让他们发挥自己的才能。在微软公司，公司的各级管理者都会给员工较大的自由和空间发展他们的事业，并在工作和生活上充分信任、支持和帮助员工。只要是微软录用的人，微软就会百分之百地信任他。和一些软件企业对员工处处提防的做法不同，微软公司内的员工可以看到许多源代码，接触到很多技术或商业方面的机密。正因为如此得到公司的信任，微软的员工对公司才有更强的责任心和更高的工作热情。

不管你的能力是强还是弱，一定要具备诚信的品质。只要你真正表现出对公司足够的真诚，你就能得到老板的关注，他也会乐意在你身上投资，给你培训的机会，提高你的技能,因为他认为你值得他信赖;无论你从事什么样的工作,都会有成功的机会。

四、树立你的诚信品牌

(一)诚信求职

讲究诚信作为一个人的基本素质,是很多用人单位招工的基本条件。可是,面对工作越来越难找的困境,一些毕业生为了获得招聘单位的青睐,竟通过一些具有隐蔽性的虚假信息,掩饰自己的真实情况。也许会有人蒙混过关,但是真相迟早会被揭穿,一经发现,作假者失去的将不只是诚信。

对于刚刚毕业的大学生来讲,最常见的作假方法就是简历内容不真实,有夸张或张冠李戴的现象。比如,一些大学生为了引起用人单位的注意,将其他同学的工作经历"借鉴"到自己的简历上,或者将他人的获奖证书,经过加工,变成自己的证书等等。也许这些都是求职者的"善意"伪造,但在"善意"的背后却是基本道德素质的缺失。

弄虚作假的人,真的容易得到用人单位的青睐吗?一位广告公司的经理说了这样一件事:"前一段时间,曾有一个学生来公司面试,他在简历中注明曾参加过某单位创建网站的工作,但经过仔细询问,这位学生对很多专业知识不清楚,甚至连名称都不记得,所以可以肯定地认为,他的简历有虚假成分。"这个参加面试的学生不仅没有通过面试,而且还被人揭穿真相,使自己的求职经历留下了黑点。类似的例子还有很多,只要是假的,迟早有被人发现的那一天。即使在面试的第一关没有被识破,但是到了工作岗位后,如果造假者不能胜任工作,一样会被开除,那样不仅会失去工作,还会影响下一次的就业。

一个不讲诚信的人,哪怕再怎么优秀,也不会受到重用。求职作假,犹如皇帝的新装,禁不住真实的考验(图 2-2)。

图 2-2 "诚信"第一

【案例】 小王是某高职学校文秘专业的应届毕业生,毕业前夕,好不容易得到了一个去某公司面试的机会。小王应聘的是总经理助理的职位,由总经理亲自面试。一进办公室,总经理看到她就说:"咱们好像见过,你是不是以前在公司做过兼职啊,我对你有印象,你能力不错,是我们公司需要的人才。"小王一愣,知道总经理认错人了,她在脑子里进行着激烈的思想斗争:我该怎么回答?既然总经理对那个人印象很好,如果将错就错,肯定对我有好处。但是,如果我冒充他人,被发现了,岂不是更糟?最后,小王还是鼓起勇气对总经理说:"对不起,总经理,您认错人了。不过,请您给我一个机会,我会证明我的能力和才干。"总经理笑了。一周后,她接到了录用通知。

【小提示】 诚信是金,别人对你的信任和欣赏,首先来自你对别人的诚实。一个诚实的人,在求职过程中,能够赢得别人的信赖与尊重,使自己获得更多的机会。

(二)对自己的言行负责

"一言既出,驷马难追"是每个中国人都知道的古训。这既是对诚实守信品质的浓缩,同时也是一个诚实守信的人必须具备的行为准则。它包括两层含义:第一,每个人的言行都要经过慎重思考,不可信口开河;第二,每个人都要对自己言行的后果负责,不可反悔。"言必信,行必果",要做到诚信待人,诚信工作,就必须勇于对自己的行为负责。

一位伟人曾说过:"人生所有的履历都必须排在勇于负责的精神之后。"在责任的内在力量的驱使下,我们常常油然而生一种崇高的使命感和归属感。一个企业管理者说:"如果你能真正钉好一枚纽扣,这应该比你缝制出一件粗制滥造的衣服更有价值。"尽职尽责地对待自己的工作,无论自己的工作是什么,重要的是你是否真正做好了你的工作。

有人说,假如你非常热爱工作,那你的生活就是天堂;假如你非常讨厌工作,那你的生活就是地狱。在每个人的生活当中,有大部分的时间是和工作联系在一起的。放弃了对社会的责任,就背弃了对自己所负使命的忠诚和信守。责任就是出色地完成工作,责任就是忘我的坚守,责任就是人性的升华。

现代企业在用人时非常强调个人的知识和技能,事实上,只有诚信与能力并有的人才是企业真正需要的人才。没有做不好的工作,只有不负责任的人,每一个员工都对企业负有责任,无论你的职位高低。一个有责任感的人才会给别人信任感,才会吸引更多的人与自己合作。

几乎每一个优秀企业都非常强调责任的力量。在华为公司,核心价值观念之一就是:"认真负责和管理有效的员工是我们公司最大的财富"。在 IBM,每个人坚守和履行的价值观念之一就是:"在人际交往中永远保持诚信的品德,永远具有强烈的责任意识"。在微软,"责任"贯穿于员工们的全部行动。责任不仅是一种品德,而且是其他所有能力的统帅与核心。缺乏责任意识,其他的能力就失去了用武之地。因此,在提升和完善个人素质时,每个人都应当记住:责任胜于能力! 当然,对履行职责的最大回报就是,这位员工将被赋予更大的责任和使命。因为,只有这样的员工才真正值得信任,才能担当起企业赋予他的责任。

(三)信守每一个承诺

在学习中,在工作中,我们经常会做出承诺,比如,"借你的东西明天就还","我周一准时交作业","我后天完成工作","这个产品我将在一年内交货","明天十二点之前我会把事情办好"……但是,很多承诺我们都没有按时兑现,反而找各种借口为自己开脱。而你的信用,就在这些承诺和借口中慢慢减少,以至一无所有。

在职场中,必须要坚守你所做出的每一个承诺,只有这样,才能积累起你的信用资本,才能让客户、让领导信任你,才能树立你的信用品牌,领导才会放心地把任务交给你,你才能在职场中不断前进。

【案例】早年,尼泊尔的喜马拉雅山南麓很少有外国人涉足。后来,许多日本人到这里观光旅游,据说这是源于一位少年的诚信。一天,几位日本摄影师请当地一位少年代买啤酒,这位少年为之跑了 3 个多小时。第二天,那个少年又自告奋勇地再替他们买啤酒。这次摄影师们给了他很多钱,但直到第三天下午那个少年还没回来。于是,摄影师们议论纷纷,都认为那个少年把钱骗走了。第三天夜里,那个少年却敲开了摄影师的门。原来,他只购得 4 瓶啤酒,而后,他又翻了一座山,趟过一条河,才购得另外 6 瓶,返回时摔坏了 3 瓶。他哭着拿着碎玻璃片,向摄影师交回零钱,在场的人无不动容(图 2-3)。这个故事使许多外国人深受感动。后来,到这儿的游客就越来越多……

图 2-3　诚信是最好的名片

【小提示】　诚信是最好的名片,坚守诺言也许很艰难,要付出很多,但你得到的会更多。

(四)勿以“诚”小而不为

“勿以恶小而为之,勿以善小而不为。”这是刘备临终前告诫儿子刘禅的话,也是千古名言。古人以“不积跬步,无以至千里;不积小流,无以成江海”来说明人的品德的形成不是一蹴而就的,强调品格的养成必须从小事做起。诚信也是如此。

对于每个人来说,在生活中做一件讲诚信的事或在一段时间内做到诚实守信,也许不难。但是,如果要持之以恒,一直坚守诚信的原则是非常不容易的。从某种意义上说,这是对人们信念和意志的一个考验。

明代文学家宋濂小时候喜欢读书,但是家里很穷,没钱买书,只好向人家借。每次借书他都讲好期限,按时还书,从不违约,人们都乐意把书借给他。一次,他借到一本书,越读越爱不释手,便决定把它抄下来。可是还书的期限快到了。他只好连夜抄书。时值隆冬腊月,滴水成冰。母亲说:“孩子,都半夜了,这么寒冷,天亮再抄吧。人家又不是等着看这本书。”宋濂说:“不管人家等不等着看这本书,到期限就要还,这是个信用问题,也是尊重别人的表现。如果说话做事不讲信用,失信于人,怎么可能得到别人的尊重。”

又一次,宋濂要去远方向一位著名学者请教,并约好见面日期,谁知出发那天下起鹅毛大雪。当宋濂挑起行李准备上路时,母亲惊讶地说:“这样的天气怎能出远门呀?再说,老师那里早已大雪封山了。你这一件旧棉袄,也抵御不住深山的严寒啊!”宋濂说:“娘,今天不出发就会耽误了拜师的日子,这就失约了;失约,就是对老师不尊重啊。风雪再大,我都得上路。”当宋濂到达老师家里时,老师感动地称赞道:“年轻人,守信好学,将来必有出息!”

但是,在生活中,我们也会看到这样一些现象:借他人的东西不还;抄袭他人的作业;考试经常作弊;无视班级公约,不履行自己的义务,逃避劳动;弄虚作假,伪造签名或通知,欺骗老师和家长;每当事情败露,却又毫无愧色,不以为然,自以为"小节无碍"。对日常小事、"小节"要求的松懈,对自身信誉、信用的淡漠,由量变到质变的最终结果,难免名誉扫地、代价惨重。一个不讲"小诚"的人,最终必然丧失"大诚",成为人们眼中没有诚信的人。只有把诚信落实在生活的细节中,勿以"诚"小而不为,才能成就事业和人生的成功。

(五)诚信从校园生活开始

人格的塑造和习惯的养成都是一个渐进的过程。任何习惯都是逐步积累、伴随着个人成长逐步积淀而成的。诚信也是如此。诚信既是一种品格,也是一种习惯。高职生培养诚信的习惯,塑造诚信品牌,就要从校园生活开始。

根据人的行为习惯形成的发展规律,青少年时期是人的品德形成的关键时期。人生如同一张白纸,最初描绘的颜色,也许对将来的人生画卷产生重要影响。所以,高职生在大学期间,要重视自己的品德修养,培养自己的诚信品质,修正自己的不良习惯,不断完善自己的人格,才能成为职场需要的诚信之人。

首先,在思想上要树立诚实守信的自律意识,把诚信作为自己的行为准则,真诚地与人相处,认真履行自己对师长、对同学、对朋友、对学校的承诺,抵制不诚信、弄虚作假的行为。要远离考试作弊,要摒弃做错事后撒谎逃避惩罚的行为,勇于为自己的言行负责,要敢于同不诚信的行为做斗争。

其次,还要以主人翁的心态来关心校园的诚信文化建设。在校园生活中,经常会碰到这种情况:有些人会用"从众心理"来原谅自己,如:"别人都作弊,所以我也作弊";"别人都逃课撒谎,我这样做也没什么";"大家都不讲真话,我这样做也没什么"等等。不良的环境确实会影响诚信人格的建立,动摇树立"诚信立人"的信心。但是,只要大家都能行动起来,以主人翁的心态来共同建设校园环境,就会让诚信得到更多的支持,让每个人的诚信之路走得更远。

【案例】 小刘就读于某高职院校电子商务专业。在学习过程中他懂得了一些网上交易的知识,为了培养自己的实践应用能力,他在某著名交易网站上开设了自己的"店铺",尝试专门销售家乡的特产——观赏石。这应该是一个不错的开端。但经过一段时间的网上交易实践后,小刘很快发现网上交易不仅竞争激烈,而且内行人颇多,一般商品很难受到青睐,而好东西未必能卖上好价钱,他的经营情况很不理想。不过小刘很"聪明"地总结出一点:网上交易买卖双方不见面,而由买家先付款后提货,商品的优劣完全凭网上的照片和宣传。于是他故意利用照片"隐瞒瑕疵",利用文字说明"含糊其辞",利用商品包装以次充好。果然效果显著,货品卖得很好。而当顾客投诉时,他都堂而皇之地说"自己有理由把货品最好的一面展现给大家"。很多买家因此上当而吃哑巴亏。终于有一天,当他沾沾自喜时,被网站告知已被取消网上交易的资格,并被勒令赔偿消费者的损失,否则将依法起诉他。这时小刘才明白,当他追求交易额时,忽略了网站设立的"诚信度评价",他的投诉量随着交易额的上升而增多,信誉度急剧下跌,最终被取消交易资格。他的行为也被同学所鄙视。

【小提示】 小刘的教训告诉我们：诚信是为人立业的生命线，在高职校园里，在实践所学知识的时候，我们也依然不要忘记诚信，做好你的信用资本的原始积累。

（六）诚信有"度"

这个世界是不完美的，我们身边确实存在很多不诚信的现象。如果一味讲诚信，将之教条化，也是不可取的。诚信是我们为人处世的原则，但面对不诚信的人和事，我们也要注意诚信有"度"。而且，在职场中，有时为了达成目标，我们也要灵活实践，不必因背上诚信的"十字架"而错失良机。

1. 慎重承诺

在现实生活中，在职场中，有一些人不是不想守信，但是由于承诺的事情过于艰难或超出本身的能力范围，所以导致了无法履行承诺或失信于人。所以，"一诺千金"、"一言既出，驷马难追"都是建立在慎重承诺之上的。在生活中，在职场上，在承诺之前，都要仔细思考，一旦做出承诺，是否可以兑现。千万不要头脑发热，不经思考说大话。当你对自己还缺乏足够信心的时候，当你不能确定自己是否可以兑现的时候，就不能轻易承诺。

2. 理智面对"不诚信"

职场上和生活中确实存在着许多不讲诚信的行为，有很多不讲诚信的人，甚至让我们上当受骗，那么，当遇到不讲诚信的人怎么办？这个问题也必须要思考。

首先，坚守自己的道德底线。在面对不诚信的人和事的时候，我们必须学会正确地选择和判断，明确自己该做什么，不该做什么，违反道德准则和损害别人的事情坚决不做。久而久之，你会得到大家的尊重，同时也会获得大家的信任。同时，在操作方法上，可以给自己建立一套防御措施，比如：慎重交友，"近君子，远小人"，自觉和诚实守信的人为伴。在职场中，认清交往对象的品质，对于不讲诚信或信誉不好的人，尽量避免与之往来。

其次，学会保护自己的合法利益。在职场中，我们经常会因为相信他人而受到损失。所以，在双方达成承诺之前，一定要遵守制度规范，对自身的合法权益进行有效保护，而不可轻信他人或受利益诱惑而违反规则。

第三，"以恶制恶"不可取。一个人接连丢了几辆自行车，很是气愤，一天，路经一家超市，看到一辆自行车没有上锁，于是就"拿"来为自己所用，心想这就当赔偿我的损失了，没想到很快就被人发现抓到派出所，并因偷窃行为受到处罚（图 2-4）。因为"天下有贼"，因为有不诚信的人，所以我们自己也不诚信，那么结果就是恶性循环，我们自己也终将尝到恶果。

图 2-4 "以恶制恶"不可取

3. 诚信也需要灵活

讲诚信是为人处世的基本原则,但在职场中,为了达成目标,我们也要有智慧,要灵活应对。这样才能获得更多的机会。

曾先后担任 IBM 中国经销渠道总经理、微软中国公司总经理、TCL 总裁,现为 TCL 董事的吴士宏被誉为"打工女皇"。当年,她怀揣着自考英语专科文凭去 IBM 北京办事处求职,她的求职经历告诉我们,诚信有时也需要灵活,这会让你不错过任何一个机会。在她的自传《逆风飞扬》中,曾有这样一段自述:

我鼓足勇气,穿过那威严的转门和内心的召唤,走进了世界最大的信息产业公司 IBM 公司的北京办事处。面试像一面筛子。两轮的笔试和一次口试,我都顺利地滤过了严密的网眼。最后主考官问我会不会打字,我条件反射地说:"会!"

"那么你一分钟能打多少?"

"您的要求是多少?"

主考官说了一个标准,我马上承诺说我可以。因为我环视四周,发觉考场里没有一台打字机,果然,主考官说下次录取时再加试打字。

实际上我从未摸过打字机。面试结束,我飞也似的跑回去,向亲友借了 170 元买了一台打字机,没日没夜地敲打了一星期,双手疲乏得连吃饭都拿不住筷子,我竟奇迹般地敲出了专业打字员的水平,以后好几个月我才还清了这笔不少的债务,而 IBM 公司却一直没有考我的打字功夫。

我就这样成了这家世界著名企业的一个最普通的员工。

在职场中,如果一些事情有一个时间上的缓冲期,如果你认为在这个缓冲期内,你可以迅速提高,那么,为了能够获得更多的工作和进步的机会,也可以灵活一些,做出承诺,并且努力达到要求,这样既能达到目标,也不失诚信。诚信并不是僵化、刻板的教条,有些时候,我们可以用智慧和胆识灵活实践。

五、诚信度测试

以下问题是对你的诚信度所做的一个简单测试,请如实作答。

1. 假如说谎能给你带来好处,你会不会说谎?

A. 会　　　　　　　　B. 不会　　　　　　　　C. 看具体情况

2. 如果考试时,很多同学都作弊,而你也担心不及格,你会怎么办?

A. 坚决不作弊　　　　B. 和其他同学一样作弊　　C. 看具体情况

3. 如果你对别人做出了承诺,而你发现这个承诺执行起来会很艰难,而且会损失自己的时间和利益,你会怎么办?

A. 坚守承诺　　　　　B. 为了自己的利益而放弃　　C. 看情况

4. 如果你答应了替同学保守秘密,但老师让你把秘密说出来,你会怎么办?

A. 坚决不说　　　　　B. 老师让说就说吧　　　　C. 看事情的重要性

5. 乘坐火车卧铺时,早上起来,你发现自己的鞋不见了,而你又着急下车,你会趁人不备,把别人的鞋穿走吗?

A. 会　　　　　　　　　B. 不会　　　　　　　　C. 不好说

6. 和你一起参加某项比赛的对手向你索取参考资料,你会不会给他提供?

A. 会　　　　　　　　　B. 不会　　　　　　　　C. 提供部分资料

7. 你在还有一门课补考通过后才能获得毕业证书的情况下,会不会作弊?

A. 会　　　　　　　　　B. 不会　　　　　　　　C. 看情况

8. 你是一位 SIM 卡用户,当你透支 SIM 卡 50 元时,你会

A. 充值,继续使用该卡号　B. 丢掉,重新换卡　　　C. 看具体情况

9. 如果你在大学英语 A、B 级考试前碰巧看到了网上泄露的考题,你会

A. 不理不睬　　　　　　B. 事先做好,考场照抄

C. 向有关教育主管部门反映

10. 你是一班之长,做考勤时你会

A. 认真负责,每一个人都严格记录

B. 敷衍了事,不能得罪同学　　　　　　　　　　C. 看情况

11. 你参加了英语四级考试,在考试成绩公布前去参加招聘会,某单位看中了你,但要求英语必须过四级,你会

A. 如实相告　　　　　　B. 支吾过去　　　　　　C. 编造谎言

12. 当你自己犯了错误,老师却冤枉了你的同学,你是

A. 窃喜,有人代己受过

B. 忐忑不安,很想找老师说明情况

C. 主动承担责任

13. 对缺乏诚信之人,你会

A. 不与之交往　　　　　B. 内心鄙视他,表面应付他

C. 如果有利可图,就和他交往

14. 在金钱、容貌、才学、诚信中,如果只有一项可供选择,你会选择

A. 才学　　　　　　　　B. 诚信　　　　　　　　C. 其他

15. 回顾上面你选的选项,你能确信自己是诚信答题的吗?

A. 是　　　　　　　　　B. 随意做,凭感觉

C. 经过思考,在某方面有掩饰

每题对应的分值如下表:

题号	选项/分值 A	B	C
1	1 分	3 分	2 分
2	3 分	0 分	2 分
3	3 分	1 分	2 分
4	2 分	1 分	3 分
5	0 分	3 分	2 分
6	3 分	1 分	2 分

（续表）

题号 分值 选项	A	B	C
7	0分	3分	1分
8	3分	0分	1分
9	2分	0分	3分
10	3分	0分	2分
11	3分	2分	0分
12	0分	2分	3分
13	3分	1分	0分
14	2分	3分	1分
15	3分	1分	2分

参考标准：

15 分以下，诚信度较低；

15～30 分，诚信度一般；

30 分以上，诚信度较高。

【知识吧台】

美国人的"诚信"

关于对"诚信"的看法和意义，国内进行过轰轰烈烈的讨论，国家还专为此颁布了《中共中央国务院关于加强和改进未成年人思想道德建设的若干意见》《公民道德建设实施纲要》和《关于开展社会诚信宣传教育的工作意见》，以普遍提高全社会的诚信意识，在学校也开展了多种形式的诚信教育。这充分说明诚信对一个国家的发展和建设具有重要意义，同时也是每个人的立身之本、做人之道。

在美国学习期间，从一些生活细节上，我体会到"诚信"在美国人心中的分量及良好的习惯使得"诚信"成为大多数人的定向思维，即遇到事情时，不会产生"邪念"。

下面我举几个小事例：

1. 有一次，我去超市买麦片，其过程是这样的，有好多种零卖的麦片装在大瓶子里自取，有几种麦片外表几乎没有什么区别，但价格却大不相同，便宜的每磅 0.90 美元，贵的 2.5 美元一磅。当取了自己要的麦片后，在旁边的一个小盒子里取一张空白纸片，写上你所买麦片的标号，出超市时称量和付款一次完成即可。在取麦片和写标号的过程中是没有人监管的，如果没有诚信做保证，就可能出现买高价格的商品、写低价格的标号的情况。后来我也去过不同的超市，都是如此操作。我问美国的 John 老师，有可能出现这样"自作聪明"的现象吗？他耸耸肩膀说，应该没有，如果为一点小利而失去了别人的信任，实在是不明智的。

2. 我学习的地方是美国的 Oregon 州 Portland 市，在 Portland 市，政府为人们提供了许多便利条件，比如在交通方面，市区有好几种交通工具：Streetcar，Bus，Max 等，每种交通工具在一定的街区（12 个街区）范围内是免费的，超过 12 个街区才收费，而 Streetcar 和 Max 车上是不卖票的，买票是在车站的站台上自动投币购买或刷卡购买，不同的距离票价不同。买票上车后也没人查票，也没人知道你是否应该买票，全靠自觉。而 Bus 的规定更有意思，如果你去的地方是需要买票的，但在两小时内返回，返程票可以不买。这种购票方式和规定让想逃票的人有很多的机会，但却没有人这样做。

3.一个周末,老师带我们去看 Columbia Gorge,途经一个种植蓝莓的农场,老师让我们下车领略一下美国的乡村风光并买点蓝莓路上吃。那时正是蓝莓成熟的时候,果园里飘出阵阵清香,农场主已为摘果子的人准备好了可以绑在腰间的小桶,一个长条桌上整齐地放着一些纸袋、一个装钱的盒子及一块牌子,牌子上写着蓝莓的价格(满一小桶 5 美元),采摘的果子可以随便吃,需要带走的自觉付钱,满满一桶 5 美元,如果没有采满一桶,就自己估计,是半桶呢,还是三分之一桶,然后把认为该给的钱自觉地放在钱盒子里。没有任何人管,所以整个过程只见摘果子的人,不见一个管理的人,全是自助。

因为 Oregon 州是一个农业大省,出产多种水果,以后我们又去摘过桃子、素菜等,过程也是一样,只不过长条桌上多放了一个磅秤,把摘的素菜、水果自己称好,然后按牌子上写的价格,自己算好账,把钱放在钱盒子里,需要找钱的话,也是自己在钱盒子里拿。

以上事例从侧面反映了美国的国民素质和人们对诚信的态度及思维方式。

难道美国人就没有私心杂念?觉悟就这么高?带着这些疑问,我从不同的方面了解到,这不仅是觉悟问题。第一,在美国每人有一张社会保险卡,如果有不良记录,今后就没有哪家公司敢用你。比如上面所说的乘车买票问题,虽然车上无人售票和查票,但偶尔有专门人员会抽查,查到你有问题,不仅要重罚还会在你的保险卡上记录一笔,任何一次违反社会规定的行为都会记录在案,而保险卡是跟你一辈子的,所以从这点上可以从源头上遏制你的私心杂念。第二,社会风气让不守诚信的人无颜面对大众,加之良好的教育,使得社会整体的诚信度较高。

通过对美国社会一些现象的观察,我体会到制度健全、依法办事是形成良好社会风气的保证,法律和制度可以规范人们的行为,使人们从不自觉到自觉做好某件事,最后养成好习惯。所以我国对青少年进行诚信教育是十分必要的。

(本文来源:http://www.skycedu.com/ex/oblog/more.asp? name=朱晓蓉 &id=1112 作者:朱晓蓉)

【互动空间】

诚信大征询

1.请同学们自己设计一个"个人诚信情况征询表",并设置各栏目的分值,注意栏目越详细越好。(总分 100 分)

2.请同学们先在表上给自己的"诚信"情况打分。

3.用自己设计的"个人诚信情况征询表",请周围的同学和老师用"无记名"方式给你的诚信情况打分。

4.比较你给自己打分的分值和其他人给你打分的分值之间的差异。

5.将自己的调查情况写成一个简单的分析报告并和同学们交流。

职业态度篇

第三单元
学会务实　做今天能做的事

临渊羡鱼，不如退而结网。——《汉书·董仲舒传》
道虽迩，不行不至；事虽小，不为不成。——荀子
因为我们务实，所以我们只做今天能做的事情。——马云

根据工具书的解释，"务"是"从事、致力"的意思；"实"在古代与"名"相对，在今天与"虚"相对，是"实在、实际、真实"的意思。"务实"就是"从事或讨论具体的工作；讲究实际，不求奢华"。按照今天流行的说法，务实就是坚持一切从实际出发。

务实在几千年的中华文明长河中已经积淀成了一种民族精神。《论语》中记载孔子不谈"怪、力、乱、神"，就已经隐含着务实的主张了。王符在《潜夫论》中更是进一步指出"大人不华，君子务实"，无论是大人还是君子都要务实。王守仁的《传习录》则说得更加实在："名与实对，务实之心重一分，则务名之心轻一分。"这些思想可谓一脉相承，无不是中国文化注重现实、崇尚实干精神的具体体现。务实精神排斥虚妄，拒绝空想，鄙视华而不实，追求充实而有活力的人生，创造了中国古代社会灿烂的文明。直到今天，务实精神作为传统美德仍在我们当代生活中熠熠生辉。

就职场而言，务实是一种优秀的职业品质，是职场人士的基本职业态度。在市场经济横行于世的今天，职场竞争可谓异常惨烈。作为一个职场中人，要想在职场立足，进而获得成功，就必须学会务实。作为高职学生，有了敬业和诚信的职业道德，还必须有端正的职业态度。

就让我们从务实做起吧！

一、《杜拉拉升职记》的启示

《杜拉拉升职记》热了很长一段时间，小说、电影、电视连续剧轮番"上眼"，让职场人士的记忆一直无法删除。无疑，杜拉拉是个职场赢家，她在国有企业服务一年，在民营企

业工作两年,在大学毕业第四年的时候迈进了美资 500 强企业 DB 公司,任职销售助理,两年后升至主管,后又坐上了行政人事经理的位置,年薪 23 万元,时年 30 岁。这不能不让所有想通过"体面劳动"获得升职的新人羡慕不已,同时也开始思考《杜拉拉升职记》带给人们的启示。

一个有着明确战略目标的企业应该是务实的,企业所有的目的都将服务于自身的发展目标,每个员工的价值就在实现这个目标的过程中体现出来。员工在职场中的成长,组织环境只是外因,而员工自身才是内因,决定员工职业生涯发展的只能是员工自身。所以,进入令人羡慕的企业的人不一定个个都能升职,个个都能拥有令人羡慕的职业生涯。杜拉拉为什么会获得成功?可以肯定地说,杜拉拉从一个只有三年工作经验的小职员开始,用务实的心态寻找自己的位置,踏踏实实做好自己的本职工作,一步一个脚印地从基层做起,通过坚持不懈的努力,终于成长为一个优秀的人力资源管理者。

原重庆大学校长李晓红在该校 2010 级研究生开学典礼上讲了这样一段话,虽然是面对研究生讲的,但是对于所有的未来职业人都有重要的启示。

希望大家在将来的学习科研中诚信为本,"板凳须坐十年冷,文章不写一句空";能潜下心来攻克学术难题,坚决杜绝学术腐败;对学术、对研究能够有执著的精神,要学会"和寂寞打交道"。这点,女生可以学习《杜拉拉升职记》中的杜拉拉,男生可以学习《士兵突击》中的许三多。

希望大家能够用创新体现自己的价值,为"中国制造"向"中国创造"的转变贡献自己的力量。

希望大家能够以杰出校友阎肃对生活的感悟——"四分""四然"自勉,那就是要发掘自己的天分、勤奋学习、善待缘分、做好本分,能够"得之泰然、失之淡然、争其必然、顺其自然",在新的人生征程中创造新的辉煌……(引自《北京青年报》2010 年 9 月 15 日 C4 版)

"女学杜拉拉,男学许三多"(图 3-1)。文学作品来源于真实的生活,虽然经过了艺术加工,但这样的艺术加工却真实反映了现实职场的规律,务实、奋斗,才是职场生存的不二法则。

图 3-1　女学杜拉拉,男学许三多

二、理想与现实

几乎所有职场新人在入职之初都会经历一个理想和现实相碰撞的阶段。"我们身体在这里,我们的理想在哪里?"面对这种巨大的落差,我们到底该何去何从? 不同的人会采用不同的应对方法,有人消极抵抗,有人选择跳槽,有人则在何去何从中摇摆迷茫。当然也有人很好地处理了理想与现实之间的矛盾,为自己的职业生涯奠定了良好的基础。

高职学生尤其是这样。目前高职教育虽然受到教育界重视,但是由于历史和现实的原因,高职院校的办学存在着很多问题。高职院校的毕业生学非所用的大有人在,就业上受到歧视的情况也和口号里喊的大不相同。这有社会的原因,也有高职学生自身的原因。就高职学生自身而言,学习能力差,自律能力差,就业理想化,理想虚无化,希望自己就是超女快男,希望职场就是游戏人生。入职前华而不实,入职后好高骛远。因此造成了理想与现实的巨大落差,一时难以适应。

要想解决理想与现实的矛盾,要么修正理想以适应现实,要么改变现实以适应理想。过去,职场新人相当一部分选择跳槽。新人都很年轻,有着多种选择的可能性,在现实中受挫后便天然地认为换一种抉择就能解决问题。然而跳槽并不是根本的解决办法,因为理想和现实间产生的抵触,有时候源于个人的愿景,而非源于环境。

比如,有些职场新人急于求成,希望一步到位,总想着一毕业就能实现自己的职业理想,过上衣食无忧、优哉游哉的理想生活,因而看不起循序渐进的工作,然而这对一个新人来说并不现实。无论什么样的职场,职业生涯的起步都是一样的,新人更多需要执行和服从,根本谈不上什么"地位"。地位的取得需要时间,需要长期的努力付出。

因而面对理想和现实的矛盾,首先要明确问题出在哪儿,从而决定是适应环境,还是重新选择。如果不能决定何去何从,那就选择留下。适应职场,积累能为理想的实现起到支撑作用的资本——经验、教训、能力、人脉,为将来厚积薄发奠定基础。

对这个问题,杜拉拉的经验是可以借鉴的。毕业之后杜拉拉在国企服务了一年,但她觉得理想和现实的差距太大,于是选择离开,到了胡阿发的汽车配件公司。虽然杜拉拉务实地卖力工作,然而胡总经理喜欢"潜规则","没有正义,也没有侮辱,只有选择。"于是,杜拉拉选择了辞职,最后终于幸运地被 DB 公司录用,成为其中的一员,并最终开始自己理想的职业生涯。杜拉拉在 DB 公司的经历更好地诠释了当理想和现实矛盾的时候我们应该怎样选择。杜拉拉选择的是务实,最后她获得了成功。

在职场中,如果我们用心努力去做好自己的工作,不断提高自己,那么在没有机会的时候,你可能创造出机会来;在有机会的时候,你可能有能力去抓住机会。如果你不努力,即使有机会摆在你的面前,你也可能抓不住。杜拉拉如果不是细心地把公司发展的新闻报道剪贴整理出来,便不会引起公司总裁的注意;如果不是在热恋中还注意学习,也不会自信地提出自己胜任 HR 职位。也正因为这些努力,造就了她的第二次升职。这样处理理想和现实的案例值得我们深思。

三、成功的起点

中国人从古至今都以诚实守信、勤劳勇敢、求真务实的精神闻名于世。闻名中外的万里长城是无数工匠一砖一砖砌起来的;万亩良田也是我们的祖先一镐一镐刨出来的;无与伦比的丝绸也是用织布机一丝一丝地织起来的。正是这一点一滴的积累,才有我们五千年璀璨的文化。

古人云:"天下大事,必作于细;天下难事,必成于易。"当我们将每一件简单的事情都认真地做好,做得不简单之时,当我们将每一件平凡的事情做好,做得不平凡时,成功就会向我们走来。

(一)"扫一屋才能扫天下"

东汉有一少年名叫陈蕃,独居一室而龌龊不堪。其父之友薛勤批评他,问他为何不把屋子打扫干净迎接宾客。陈蕃回答说:"大丈夫处世,当扫除天下,安事一屋?"薛勤当即反驳道:"一屋不扫,何以扫天下?"(图3-2)

仔细一想,陈蕃之所以不扫屋,无非是不屑而致。胸怀大志,欲"扫除天下"固然可贵,然而一定要以不扫屋来作为"弃燕雀之小志,慕鸿鹄以高翔"的表现,让人不敢苟同。

世上的事,总是由少到多,由小至大,正所谓聚沙成塔、集腋成裘,必须按一定的步骤程序去做。试想,一个不愿扫屋的人,当他着手办一件大事时,就可能会忽视那些初始环节和基础步骤,因为这对于他来说不过是扫屋之类的琐事。于是这事业便如同一座没有打好地基的大厦,虽然华丽却岌岌可危。

图3-2　"扫一屋才能扫天下"

"扫屋"与"扫天下"一脉相承,屋也是天下的一部分,"扫天下"并不能排斥"扫一屋"。陈蕃欲"扫天下"的胸怀固然不错,但错的是他没有意识到"扫天下"正是从"扫一屋"开始的,"扫天下"包含了"扫一屋",而不"扫一屋"是断然不能实现"扫天下"的理想的。

由此可知,任何大事都是由小事积累而成的。不注意从小事做起的人,往往驰于空想,骛于虚声,常夸海口,轻诺寡信,很难成就功业。欲成就大事业,必从小事做起。细节小事看似简单、乏味、烦琐,让很多人对它们不屑一顾。殊不知,就在他们对这些细节小事嗤之以鼻时,那些重视细节小事的人正在通过它们不断地锻炼自己的能力,日积月累,高低强弱,自见分晓了。

在职场中,这一原则同样适用。扎扎实实地从小事做起,用敬业的精神、务实的态度,逐步实现自己的职业理想。就像杜拉拉,本身是销售助理,但她却不厌其烦,细心地把公司发展的新闻报道剪贴整理出来,这事小到平常人不屑一顾,但正是这件小事引起了公司总裁的注意,甚至影响了杜拉拉后来的职业生涯。

遗憾的是,不少职场新人意识不到这一点,甚至还有人为了维护自己所谓的尊严选择了"此处不留爷,自有留爷处",一走了之。可以断言,这样的职场新人不管走到哪里,都不会有多大的成就。

作为高职院校的学生,一定要用一种务实的心态对待自己的职业生涯,从小事做起,把简单的事情做好。从小事当中积累经验,磨炼意志,学会做事的方法技巧。量积累到一定的程度,必然会产生质的变化。

(二)把简单的事情做好就是不简单

成功,就是将简单的事情重复地做。"一旦你产生了一个简单而坚定的想法,只要你不停地重复它,终会使之变成现实。"这是美国 GE 公司前总裁杰克·韦尔奇对如何才能成功所做出的最好回答。

很多人渴望证实自己的优秀,但却总是停留在梦想阶段,而不是从简单的小事做起。当今社会的现实情况是,太多的人,总是不屑一顾于小事和事情的细节,太自信于"天生我才必有用,千金散尽还复来",从而失去了很多展示自己价值的机会和走向成功的契机。而真正优秀的人,却把更多的时间用在了实际行动上,用在了本职工作上,用在了看似简单的小事上,最终走上了成才的道路。

刚走上工作岗位的高职生,肯定会有一段或长或短的做小事的"蘑菇"期。在那段时间里,他们就像蘑菇一样被置于阴暗的角落,在不受重视的部门,做着打杂跑腿的工作,处于自生自灭的状态而得不到必要的指导和提携。

对于刚入职场的高职毕业生来说,与其貌视自己的工作,仇视公司老板,抱怨命运之不公,不如充分利用现有的环境,磨炼自己的意志,养成重视小事的严谨工作作风和务实求真的工作态度,为自己的未来做好各方面的准备。

初入职场,每天面对的都是相同的工作,平凡而又简单,难免会觉得单调而又枯燥。但是,把每一件简单的事做好就是不简单,把平凡的事一千遍、一万遍地做好就是不平凡。

(三)务实是自我成功的阶梯

万丈高楼平地起。要掌握一门外语,得先过单词关;要学好数学,得从最基本的加减乘除开始。一个人要想在事业上取得成功,就要一步一个脚印,脚踏实地,务实是成功的阶梯。而那些好高骛远、空谈理想而不埋头苦干的人,注定一事无成。

职场无小事,小事成就大事。作为一名员工,无论在什么岗位上,只要用心去做每件事,就能实现自己的价值。

一个日本女大学生利用假期到日本东京帝国饭店打工,被安排去洗手间清洗厕所。第一天,当她刚把手伸进马桶刷洗时,差点当场呕吐。勉强撑过几日后,实在难以为继,她遂决定辞职。但就在此关键时刻,这名大学生发现和她一起工作的一位老清洁工,居然在清洗工作完成后,从马桶里舀了一杯水喝下去。她看得目瞪口呆,但老清洁工却自豪地表示,经他清理过的马桶,是干净得连里面的水都可以喝下去的!

这个举动带给这名大学生很大的启发,令她感到无论做什么工作,都有理想、有境界,有更高的品质可以追寻;而工作的意义和价值,不在于其高低贵贱如何,而是在于默默从事工作的人,能否把重点放在工作本身,去挖掘或创造其中的乐趣和积极性。

于是,此后再进入厕所时,这名大学生不再感觉到苦,却将其视为自我磨炼与提升的道场,每次清洗完马桶,也总是自问:"我可以从这里面舀一杯水喝下去吗?"

假期结束,当经理验收考核成果时,这名女大学生在所有人面前,从她清洗过的马桶里舀了一杯水喝下去(图 3-3)! 这

图 3-3 将每一件小事做到最好

个举动同样震惊了在场的所有人,尤其是经理,他认为这名工读生是绝对必需的人才!毕业后,这名大学生果然顺利进入帝国饭店工作。而凭着这种把简单的事情做好、从基层做起的精神,三十七岁以前,她是日本帝国饭店最出色的员工和晋升最快的人。三十七岁以后,她步入政坛,得到当时日本首相的赏识,成为日本内阁邮政大臣!这名女大学生就是野田圣子。

任何人所做的工作,都是由一件件小事组成的,但不能对工作中的小事敷衍应付或轻视懈怠。记住,工作中无小事。所有的成功者,都与我们做着同样简单的小事,他们与我们唯一的区别在于,他们将每一件小事做到最好。

四、务实讲方法,态度是关键

(一)从小事做起

美国质量管理专家菲得普·克劳斯比曾说:“一个由数以百万计的个人行为所构成的公司,经不起其中1%甚至是1‰的行为偏离正轨。”

现代化的大生产,涉及面广,场地分散,分工精细,技术要求高,许多工业产品和工程建设往往涉及几十个、几百个甚至上千个企业,有些还涉及几个国家。这就需要从技术和管理上把各方面协调起来,形成统一的系统,从而保证其生产和工作有条不紊地进行。在这一过程中,每一个庞大的系统是由无数个细节结合起来的,忽视任何一个细节,都会带来意想不到的灾难。

2003年1月16日,美国“哥伦比亚”号航天飞机升空80秒后发生爆炸,飞机上的7名宇航员全部遇难,世界一片震惊。事后的调查结果表明,造成这一灾难的罪魁祸首竟是一块脱落的泡沫。一块泡沫的脱落看似是一件小事,而这件小事的发生很可能是某个部门,某位领导,某个设计师,或者是某个职员不重视细节造成的。

工作中无小事,任何惊天动地的大事,都是由一个又一个小事构成的。不注意细节,不注意小事,迟早会败在细节上。

凡事都有一个过程,不可能一口吃出个胖子,做大事也要从一点一滴开始。世界500强企业每一家都是响当当的大企业,但没有任何一家企业是一夜之间拔地而起、成就伟业的。

古希腊大哲学家苏格拉底有一次对他的学生说:“今天我们只学一件最简单也是最容易做的事儿,每人把胳膊尽量往前甩,然后再尽量往后甩。”说着,苏格拉底做了一遍示范,“从今天开始,每天做200下,大家能做到吗?”

学生们都笑了。这么简单的事,有什么做不到的?过了一个月,苏格拉底问学生们:“每天甩手200下,哪些同学坚持了?”有90%的同学骄傲地举起了手。又过了一个月,苏格拉底又问,这回,坚持下来的学生只剩下80%了。

一年过后,苏格拉底再一次问大家:“请告诉我,最简单的甩手运动,还有哪几位同学坚持了?"这时,整个教室里,只有一个人举起了手(图 3-4)。这个学生就是后来成为古希腊另一位大哲学家的柏拉图。

从甩手这件小事,可以充分地看出柏拉图对任何事情都能非常认真地去做,并坚持到最后。成功者之所以成功,就在于他能够细心地去做每一件小事,每一件小事都能体现出他对生活的态度。

请告诉我,最简单的甩手运动,还有哪几位同学坚持了?

图 3-4 从小事做起

【案例】刘军毕业于南方某著名职业技术学院,大学里学的是令人羡慕的国际贸易专业。他学习成绩优秀,一直梦想在商界做一个叱咤风云的成功商人。毕业后刘军认为到北京更有发展空间,更能"与世界接轨"。于是,刘军放弃了父母在南方为其找好的工作,与高职学生结伴来到北京。北京的工作机会果然很多,但找工作的竞争对手也是多得不可胜数。刚开始,刘军和高职学生比赛,要找到一个更接近理想的公司。三个多月过去了,简历投出了几十份,有回音的寥寥无几,即使有了回音,面试后又杳无音讯,令人很是郁闷。面对强手如林的职场和眼花缭乱的招工单位,刘军真的着急了。难道找工作真的这么难吗?当初那么令大家羡慕、父母骄傲的专业就这样被冷落了吗?自己现在怎么好意思回到家乡?如何面对江东父老?但是不回南方家乡,自己在北京要漂到什么时候呢?刘军陷入了迷茫之中。

【小提示】 其实,刘军的问题就出在理想与现实的矛盾之中。刘军的理想太远大,面对的现实太残酷,理想与现实的差距成为刘军面前无法逾越的鸿沟。要想做大牌,首先做小卒。大牌是理想和梦想,离我们有如太空般遥远,小卒才是现实中的合理选择,这是让你先生存下来的生活实际。要认识到自己刚刚毕业,没有商场实战的能力和经验,所以不要太过理想化。否则,就是水中捞月、雾里看花。

(二)把工作当成一种快乐

美国著名的石油大王洛克菲勒曾经说过:"如果你把工作当成一种生活的乐趣,你的人生就是天堂;如果你把工作当成一种义务,那么,你的人生就是地狱。"其实,在生活中,我们的人生到底是怎么样的,取决于我们对工作的态度。把工作当成一种快乐,对工作永远保持乐观的态度,这也是一种务实。即使是从表面看上去没什么意义的工作,也不要一味地抱怨,而应想方设法把工作变得更有趣。一件工作是无聊或有趣,是由我们怎么想、怎么去完成而决定的,决定权其实在我们自己手里。

在企业里,员工随时可能遇到许多重复、枯燥、烦琐的工作,面对上司的交代当然不能推诿,那么如何在完成这份工作时保持一个良好的心态就显得尤为重要了。从单调的

工作中寻找乐趣,充满快乐地完成工作任务,这是一个好的员工应该具备的良好心态。

人们常说,要想知道一个人能否达成成功的意愿,只要看他工作时的精神状态就可以了。如果一个人在工作的时候,感觉到的只是压抑和束缚,感觉到的只是疲惫和厌倦,而从中找不到快乐,可以想象,这个人是无法在工作中取得进步的,就更别提什么成就了。

我们要是善于在平凡的工作中发现社会价值,就会找到工作的乐趣。假如你是一个公交车司机,你就想,如果没有我,公司的员工能够按时上班吗?假如你是一个清洁工,你就想,如果没有我,你能在朝阳中看到整洁美丽的城市吗?假如你是一位理发师,你就想,如果没有我,你能精神抖擞地去约会吗?假如你是一位机械师,你就想,如果没有我,飞机能平安起飞降落吗?是啊,我的工作看似平凡,但人们需要我,我对他人是有用的,有价值的,有意义的。

工作平凡,但快乐着!

(三)别急着跳槽

初入职场的人,大多都充满激情和幻想,有干大事业的热情和冲动,有不切实际的远大理想和抱负,人在地上还没有站稳,思想却已经飘在云端,可谓大事干不了,小事不愿干。所以,作为初入职场的人,你必须清楚地认识到,现在自己还不是一颗珍珠,你还不能苛求立即被别人承认。如果要别人承认,那你就要由一粒沙子变成一颗珍珠才行。

创维公司的招聘负责人廖琳琳拿着一沓简历说:"刚刚面试过的一个学生,从7月到9月就跳了三次,年轻人越跳心越乱!新人与公司都会有一个磨合期,彼此都需要足够的时间去适应和认识。"因此她建议,在现有岗位上工作不满一年的大学生先别急着跳槽。她说,对于一些传统型企业,员工的职业生长周期并不是很快,在此期间学生要养成良好的工作习惯,要经受得住考验。如果刚刚毕业工作了一段时间就想跳槽,这是不明智的。

【案例】张小姐毕业三年,已经换了七八份工作,薪水却一直没有大的提高。现在回想起来,她觉得自己最满意的竟然是当年找到的第一份工作。刚毕业的张小姐靠着优秀的成绩单进入了一家国企的市场部。草拟合同、发展客户、活动策划……由于年纪轻、专业对口,她一进市场部就挑起了大梁。可慢慢的,同事之间的业务纠葛以及复杂的人际关系让她越来越觉得厌烦,而且虽然工作做得很多,但由于资历浅,张小姐的薪水一直没有变化。这时候,张小姐的同学给她介绍了一个外资公司经理秘书的岗位,薪水比张小姐当时的工资稍高,并暗示助理、秘书之类的职务晋升最快。张小姐跳过去了,但倒咖啡、接电话之类的工作并不适合她活泼的性格,而且原来市场部的工作经验在新岗位用处不大。之后换的几个工作也类似,都是基础实施层的助理工作,无论是从薪水还是职位上都没有一个质的变化。

这个不适合,那个也不满意,在不同岗位不同职种间跳来跳去,工作时间不长,企业却已经换了N家。如果在不断的更换中能够有职位和薪水的升迁也就罢了,问题是到现在了自己还是"两无"人士,没有高职也没有高薪,反而落得一个"职场打杂"的称号。这是很多新入职者的悲哀。据CHR可锐职业顾问调研中心的数据显示,六成职业人属于职场打杂一族,在长期的岗位轮换中,呈现原地踏步的状态,不仅浪费了时间和精力,同时也磨损了竞争力。

【小提示】　跳槽在某种程度上，是职场人士积累不同工作背景经验，提高知识、技能的一个重要途径，甚至可以实现职业生涯质的飞跃，能够锻炼自己的环境适应能力和应变能力。但过于频繁地跳槽也容易使人本身缺乏对事业的成就感，从而做事马虎、不负责任，不利于敬业精神的培养，从而势必影响自己的长远发展。所以，对于刚刚进入职场的高职毕业生而言，要清醒地认识到"别人家的饭不一定好吃"，以务实的心态来进行职业转换分析，使自己的每一步都能上一个台阶。

（四）务实也务虚

前面一直在讲务实，但务实的另一面就是务虚。务实与务虚哪个更重要？其实，这是一个没有绝对答案的问题，应该看职场的实际情况。

对于一个企业，利润是实实在在的东西，是企业生存的前提。但由于市场的瞬息万变和企业竞争的加剧，利润的获取有着不确定性。利润的提高和市场份额的扩大就成了企业考核的基本要素，同时也决定了企业是一个务实的社会组织。但是，是否实实在在的利润就是企业唯一的追求，是始终应摆在首位的东西？著名管理学家德鲁克曾经说过，企业生存的目的在企业之外，就是为客户提供更好的产品，创造需求，进而创造更加美好的生活。要达到这个目标，就不仅仅是生产和销售产品那么简单。所以，不管是一个企业还是一个部门，务虚和务实都需要同步进行，不能偏废。没有务实，务虚就成了无本之木；没有务虚，务实就成了无源之水。务实提供了一个组织成长的必要基础，而务虚则贡献了一个组织未来的发展方向和愿景，能够给组织提供新的活力。

很多优秀的企业，能够在规划好生产工作的同时，始终在战略决策上和企业发展方向上不断审时度势，作出必要的调整。这些调整，在很多人看来是务虚，但务虚和务实却是互相转化的。例如，日本索尼公司刚刚成立时，第一件事就是写下公司的哲学。在一般人看来，这是不折不扣的务虚。但正是因为早早确定了公司的哲学，从而塑造了索尼公司勇于创新的公司品格。索尼公司总是能别出心裁地创造新的用户需求。索尼的成功创造市场、永远领导新潮流之道，不仅仅在于赢得市场，更在于善于创造市场。一般经营者的经营宗旨是跟随市场的需求而经营，而索尼却敢于创造需求，使需求随着索尼的新产品而出现，随着它的发展而增加。

对于一个员工，在职场中，每一个人都在不同的工作环境中扮演着不同的角色——上级的下级、下级的上级、同级的同事和客户的服务员，每一个角色都相应地承担着不同的职责。如果不能清楚地认知自己在不同工作环境中的不同角色，并处理好其中的关系，我们在实际工作中就会脱离具体的工作实际，就不能把自己的分内工作做好，就会有不称职的表现。其中有相当一部分属于务虚的范畴。

从人生的终极价值实现来看，升职和加薪其实并不是职场人士的终极目的。比如杜拉拉，真正让人敬佩的，并不是她由一个 DB 的小白领一跃成为人事部经理，加薪升职，升官发财。而是她工作中不断接受挑战又不断战胜困难，不断提升自己，不断获得成长的乐趣。

当然，务实工作还要求我们不断地总结经验——个人要总结，部门要总结，公司也要总结。总结经验的过程就是从感性认识上升到理性认识的过程，就是从实践中形成理论的过程，就是既要埋头拉车，又要抬头看路的过程，是务实的更高要求。

其实，在杜拉拉身上同样存在着务实和务虚的问题。在工作上，杜拉拉是扎扎实实，勤勤恳恳，任劳任怨，但随着对 DB 公司的了解，杜拉拉也开始考虑讲究策略了，她要升职，她要加薪，她开始想办法、动脑筋。企业是要发展的，只有不断地自我提升才不会掉队，这是软实力。市场竞争法则是优胜劣汰，不进则退；更何况，现在企业评价员工的标准不是"有没有发展"，而是"有没有较大的发展"。这就要求员工具有解决问题的能力。老板从来不缺问题，唯独缺少解决问题的人。要想成为一个能为老板解决问题的人，就要不断学习与提升自己的能力。从一个非专业人员到一个专业人力资源管理者的转变，过程是非常艰难的，需要付出很多努力，但是杜拉拉做到了，而且做得非常出色，就像她的上级李斯特所说的"只有10％的知识是你能从培训课程中获得的，还有大约20％则来自于向有经验者的学习，剩下的70％都来自实践中"。这似乎是和务实工作没有关系的务虚，但从长远看，这是非常重要的，而绝不是可有可无的。

电视剧《手机》的主人公费墨教授有一句台词是这样说的：做人要务虚，做事要务实（图 3-5）。做人务虚就是做事务实，做事务虚就是做人务实，事是人来做的，做人就是做事，事做得好就是人做得好，人做得好，事自然也就做好了。其实人的一生无非就是做人和做事。务虚和务实就是一对矛盾，处理好务实和务虚的关系，就能解决矛盾，收到事半功倍的效果。

做人要务虚，做事要务实。

图 3-5　务实也务虚

五、务实测试

你是一个很务实的人吗？下面我们用十五道选择题来测试一下，请如实填写。

1. 外出购物回家，你会选择：

A. 坐公交车　　　　　　　　　　B. 打车

2. 上班迟到了，老板当众严厉批评你，你的反应是：

A. 下次注意　　　　　　　　　　B. 跳槽

3. 你做事往往是：

A. 有始有终　　　　　　　　　　B. 虎头蛇尾

4. 面对简单重复性工作，你的态度是：

A. 积极乐观，埋头苦干　　　　　B. 整天抱怨，心烦意乱

5. 你整天想着：

A. 把每一件事做好　　　　　　　B. 幻想有朝一日干一番大事业

6.你购物时：

A.只买当时就用的　　　　　　　　B.买完后不久就搁在一边不用

7.请朋友吃饭点菜时：

A.点朋友喜欢的口味,够吃就行　　B.讲面子,吃完后剩一大堆菜

8.你打电话时一般情况是：

A.就事论事,不没完没了　　　　　B.喜欢"煲电话粥",总有说不完的话

9.你总是负债度日,属于"月光族"：

A.不是　　　　　　　　　　　　　B.是

10.就业时你会选择：

A.能发挥自己才能的公司　　　　　B.离家近一点的公司

11.如果将来你的事业成功了,你觉得主要靠的是：

A.自己努力奋斗,不放弃　　　　　B.贵人相助

12.遇到困难时,你总是：

A.想办法自己解决　　　　　　　　B.寻求他人帮助

13.假如你去买汽车,你会选择：

A.经济实用型　　　　　　　　　　B.豪华舒适型

14.如果公司派你到外地办理业务,你会：

A.欣然接受　　　　　　　　　　　B.找个理由不愿去

15.领导给你的任务,你的态度是：

A.竭尽全力　　　　　　　　　　　B.差不多就行

答题说明：

选A得2分,选B得0分。

得分低于14分,说明你是一个缺乏务实精神、做事好高骛远、不讲实际的人。

16～22分之间,说明你想问题办事情比较务实,讲实效,能够量力而行。

24～30分之间,说明你是一个能脚踏实地、务实求真的一个人,扎实的工作会为你事业成功积累丰富的经验。

【知识吧台】

仰望星空与脚踏实地

温家宝总理4日在北京大学与该校学生共度"五四"青年节时,有学生蘸墨写下"仰望星空"的诗句来欢迎总理,而总理则挥毫相和,写下"脚踏实地"四个大字赠送给学子们。

"仰望星空"是温总理曾创作的一首诗歌。其诗中透露出总理对真理、正义、自由、博爱的追求之志,对国家民族命运的关切之情。在总理的眼里,那寥廓而深邃、庄严而圣洁的星空,代表着激人奋进、令人神往的美好未来。正如总理所言,一个民族有一些关注天

空的人,他们才有希望。而对于我们这个国家和民族来说,壮丽而光辉的"星空",就是科学民主,就是中国特色社会主义道路,就是科学发展、以人为本、公平正义。回望新中国成立以来尤其是改革开放以来,我们所取得的辉煌成就,无不凝聚着无数一生"关注天空的人"的智慧、心血和追求。他们是中华民族复兴路上的先驱和脊梁。

时间年轻着,岁月却总会老去。"仰望星空"的接力棒,必然要一代代传承。只有传承下去,时空隧道里才有不竭的科学民主的新生活力,中华民族的复兴之梦才能最终变为现实。作为有远大志向的中国人,尤其是承载着国家未来和民族希望的时代青年,无不有责任和义务接力"仰望星空",无不应当为中华之崛起而不懈奋进,这是我们伟大民族不断走向进步和强盛的动力所在。

千里之行,始于足下。温总理曾说过,一个民族只是关心脚下的事情,那是没有未来的;但一个民族不关心脚下的事情,也是没有未来的。"万丈高楼平地起"的事实告诉我们,成就大业,既要"仰望星空",也不能不"脚踏实地"。

"脚踏实地",就是要求真务实,身体力行,扎扎实实从奠基的实事做起,一步一个脚印地向前迈进。就大学生而言,就是要树立起为振兴中华而勇担大任的使命感,并将此融入到当前的学习和将来的社会实践之中去,在校园和社会这两个大熔炉里,学会做人、学会技能,学会实实在在地做实际工作,当实干家,而不要眼高手低,只尚空谈。当然,在新时期"仰望星空"与"脚踏实地",恰如温总理所指出的,"最为重要的就是要懂得国情"。国情是"星空"之下最坚实的土地,建立在国情之上的理想才不是幻想,仰望国情之上的星空才不是"虚空"。

"我们的民族是大有希望的民族"。这"希望"就在于我们既要善于"仰望星空",又要善于"脚踏实地"(图3-6)。有无数这样的有志之士、实干之家,那么,我们振兴中华的宏图大业,就定能频铸辉煌。(作者:刘紫荣;来源:中国新闻网 http://www.chinanews.com/gn/news/2010/05-10/2271872.shtml)

图3-6 既仰望星空又脚踏实地

职场用人兴起"务实风"

随着社会对什么是真正的人才的看法不断变化,早几年一味追求高学历,看门的也要大学生的"浮夸"做法已逐渐被企业摈弃。现在企业选才流行人才测评,求职者求职流行职业规划,目的都是为了"让合适的岗位找到合适的人",职场用人正兴起一股"务实风"。

提示一:选合适的人

一位正在求职的武汉大学新闻系毕业生告诉记者,最近他参加了南方一些报社和外企的招聘考试,在正式面试前,很多用人单位都十分注重进行一些人才测评。人才测评是集心理学、管理学、社会学、统计学、行为科学及计算机技术于一体的综合技术。通过人才素质测评,企业可以了解应聘者个人的职业能力、行为风格、职业兴趣、职业价值观等综合素质,从而实现对人才准确、深入的了解和评估,将最合适的人安置到最合适的工作岗位上(人、岗匹配),以实现最佳工作绩效。

提示二:选合适的岗位

据最近一项调查结果显示,当代青年的择业以人本化为核心取向,选职因素前三项分别是有兴趣(62.4%)、收入高(59.7%)、自己的才能得以发挥(41.6%),高级管理者与经理人、行业专家、教师、自由职业者等职业成为当代青年的前四种选择。然而记者在采访中发现,也有很多高职学生直到快毕业了还无求职目标,"看哪个岗位薪水高"成了第一选择因素。

记者在采访某职业规划师、高级职业发展顾问何女士时,她告诉记者,近段她先后在湖南一些高校做了几场大学生个人职业生涯诊断、管理与人力资源需求的报告,她发现湖南省高校毕业生在求职时很少能得到专业的职业规划帮助,很多学生对自己的职业缺乏正确认识。主要症状表现为只注重自己的学习成绩,不了解自己的职业目标和拥有的职业能力,或者急于"先就业再择业",造成盲目择业和频繁跳槽现象。何女士说,职业发展良好的学生对未来的职业生涯发展有明确而合理的规划,大学生首次择业得当,只需2~3年时间就可成长起来。

湖南商学院的高级职业指导师熊教授表示,学生要明确自己的能力、兴趣、岗位方向,为自己制订一个大致的求职计划,罗列和准备能够证明自己能力的材料。另外,现在许多单位和企业在招人时都倾向于有工作经验的人员。事实上许多学生对"工作经验"也有误解。一般都认为有三五年工作时间的才称为经验。她解释说,企业所要求的"工作经验"是指只要有过相关工作经验,具备对某个工作岗位的适应能力、组织能力等即可。

提示三:适当处理职业信息

时值校园招聘热潮,明年毕业的学生开始了求职征途。据记者了解,近段时间几乎各大高校都组织一些人力资源和职业规划专家在校园里举行讲座,帮助大学生正确择业。对于许多建议和意见,大学生在接受信息时也要思考与辨别。

湖南大学英语系的小西,一直是素面朝天,马尾辫绑了四年不觉得有什么不妥。听了一场职业规划专家的报告后,她就受到了室友的"猛烈批判":按职业规划师的那些标准来看,小西是学生味太浓,没有一点儿"职业气息"。于是,小西花钱又染又烫,把自己的马尾辫变成了时下流行的式样。可是,现在的她怎么看怎么别扭了。荣迪管理咨询公司高级职业发展顾问鲁霞表示,大学生就是大学生,人事经理一眼就能看出你有没有工作经验。既然公司准备招收应届毕业生,就有这样的心理准备,知道自己面对的肯定是没有太多工作经验的新人。大学生首先要承认自己本来就经验不足,而不是"装"作有经验,如果一味地学习别人,反而把自己的本性给掩盖了,给面试人员不自然的感觉。

有的时候,毕业生们过于"职业"的言谈举止是为了增加自己的信心。有信心是好事,但是人事经理看重的除了信心之外,更多的来自于你的能力和你的专业,而不是来自你咄咄逼人的言语和过分包装的举止。(《长沙晚报》2005年11月25日)

【互动空间】

宣扬务实

1.结合自己所学专业,谈一谈你对务实的理解。

2.你对企业招聘"只重文凭,不重水平"的现象怎么看? 你认为有什么好的招聘办法吗?

3.结合自身经历,谈一谈务实与务虚的关系。

4.阅读下面文字:

吴晗年轻时,家境贫寒。1930年只身来到北京,在燕京图书馆当馆员,趁机刻苦读书。翌年报考北京大学史学系。结果国文和英文都是百分,但因数学是零分,被取消资格。后又报考清华,数学仍是零分。校方考虑其国文和英文很优秀,便破格录取。

联系实际,谈谈你的看法。

第四单元
学会表达　说的要比唱的好

> 造就一个有能力的人士,有一种训练必不可少,那就是优美高雅的谈吐。
>
> ——前哈佛大学校长伊立特
>
> 假如人与人之间的表达能力也和糖或咖啡一样是商品的话,我愿意付出太阳底下任何东西的价格来购买这种能力。
>
> ——美国石油大王洛克菲勒

高职教育是就业导向教育,就业导向教育客观上要求毕业生要具备择业、就业、创业的职业基本素养。以口语表达、交际沟通等为主的综合表达能力,是专业核心技能以外的职业基本素养的重要组成部分。培养高职学生过硬的综合表达能力对形成较强的职业综合能力,提高毕业生整体素养,使其充分适应社会及用人单位需求,成功就业具有重要作用。斯坦福大学教授哈勒尔曾经对毕业十年后事业有成的人士做研究,试图找出成就显赫人士的特质。他通过研究发现,学习成绩好坏与事业成功与否无关,表达能力非凡几乎是成功者的共同点:个性随和、使人容易亲近,健谈,不但能与同事、朋友、老板攀谈,还能在陌生人面前侃侃而谈。由此得出了成功方程式:口才超群＝成功＋富裕。可见,掌握表达的技巧并形成自身的能力,是职场人士获得成功的关键。

一、有想法更要有说法

历史上,孔明舌战群儒,苏秦纵横捭阖,他们深切动情的表达,使被动转为主动,让自己转危为安,其辩才更让后人倾慕。与熟练掌握表达技巧的人交谈,简直就是一种享受。娓娓道来的声音就像音乐一样,钻进我们的耳朵,打动我们的心灵。或让人精神振奋,或给人安慰。无论在什么场合,如果你能够表达清晰、用词简洁,再加上抑扬顿挫、娓娓道来的语调,就能够吸引听众、打动别人。这是你的秘密武器,可以在不经意中助你事业成功。如果你善于辞令,再加上周到的礼节、优雅的举止,在任何场合,你都会畅通无阻、受到欢迎。人们都喜欢与这样的人交往。

表达就是人们为了某种目的,在一定的环境中以口头形式运用语言的一种活动。综合表达能力是指人们用有声语言、无声语言来综合表述个人的见解、主张、思想和观点,充分展示个人形象、风格、个性和思想内涵,形成与他人良性沟通与交流的一种能力,是个人综合素质的重要组成部分。它主要以口语表达能力、沟通交际能力和文字表达能力为展示窗和主体表现层,以阅读检索能力、听力理解能力、逻辑思维能力和心理反应能力为"准备室"和储备层。表达得"巧",首先在于用得"恰到好处"。

在职场中人们用语言进行交流,表达思想,沟通信息。优雅礼貌的表达可以更好地协调人际关系,促进人们和睦相处。俗话说"言为心声",有效的表达和沟通不仅能够帮助我们增进了解,加深认识,还能反映一个人的内心世界、文化水平、社会阅历、品德修养。不管他是态度严谨还是做事马虎,不管他思维敏捷、条理清楚,还是精神涣散、不求上进,都可以从他的语言中看出来。现代社会的发展,对人的表达能力提出了越来越高的要求。

二、会说话不等于会表达

语言表达的能力,并不只是要你会说话,这个世界上会说话的人太多了,但会表达的人却是少数。表达能力是高职生应掌握的最基本、最重要的一种技能。很多高职生在台下很会讲话,一到了台上就不太会讲了(图 4-1)。这是什么原因?结合国外的情况来考察,发现产生这一现象的重要原因是,在他们的成长过程中表达需求经常受到抑制,家长和学校教育不鼓励他们发表太多意见。结果在长大后,该发表意见的时候大部分都不太会讲话;不需要他讲话的时候,他又讲一大堆俏皮话。由此可见,我们的高职生缺乏对表达的整体了解。

图 4-1　会说话不等于会表达

不明白什么话该说,什么话不该说,话要怎么说,所以注意训练自己的表达能力,就会非常容易取得他人的好感。

赵海在高职毕业后,看到电脑销售领域很有发展,因此找了几个比较有钱的亲戚,希望得到他们的投资。那些人看他是刚毕业,没有资金也没有经验,对他投资的电脑销售也不熟,因此都不愿意投资。赵海就向他们描述电脑市场的行情,说明现在人们收入水平的增长以及电脑的普及率,说明电脑成为人们的生活必需品以及电脑在电器类消费品中的销售排名。赵海详细、全面、富有吸引力地表达了做电脑销售的可行性和赢利的大好趋势,几个亲戚完全被他所说的情况吸引了,一致表示赞同,把资金都借给了他。赵海用这笔钱先是创办了两个销售柜台,随着销售成绩的不断上升,又开了自己的销售公司。赵海的成功来源于拥有良好的表达能力。

良好的表达能力可以创造自己的机遇,可以影响他人的行动,激发他人的勇气。别人对你的问题是否能够理解,对你的想法是否能够接受,这完全取决于表达和沟通能力。因此,只有提高高职生的表达能力,才能使他们更好地适应社会的需要。

（一）良好的表达与拙劣的表达

表达能力也是内心世界的表现，一个人的品质也会在言谈中有所体现。一些公司老板在评价毕业生时，认为表达能力的缺乏是他们的致命缺点。有一个老板问毕业生："我的薪酬是一年50万元，给你多少工资合适？"他居然回答："给我40万得了。"什么叫会表达？在职业交往中，说话得体客户喜欢你，说话笨拙客户厌烦你。"一句话能见人的素养"，所以必须谨慎。

良好的语言表达能力体现在：表达语句流畅，内容连贯，用词准确；谈话语气生动，感情真挚，具有说服力和感染力。拙劣的语言表达能力体现在：说话断断续续，前言不搭后语，用词不准确，啰唆；谈话死板，没有感情色彩，很难使人信服，不能感染他人。

良好的语言表达能力需要有丰富的知识，如果只有华丽的辞藻而知识匮乏，会让听者感觉到内容空洞，说服力不强。首先你应该大量获取信息，从书本、电视、广播、网络等渠道都能获得大量有效的信息。

看看我们的语言表达能力如何？

符合程度
高——→低

◆我在表达自己的情感时，很难选择到准确恰当的词汇　□□□□□

◆别人难以准确理解我口头要表达的意思　□□□□□

◆我对连续不断的交谈感到困难　□□□□□

◆我觉得同陌生人说话有些困难　□□□□□

◆我无法很好地识别别人的情感　□□□□□

◆我不喜欢在大庭广众面前讲话　□□□□□

◆我不善于说服人，尽管有时我很有道理　□□□□□

◆我不能自如地用口语（眼神、手势、表情等）表达感情　□□□□□

◆我不善于赞美别人，感到很难把话说得自然亲切　□□□□□

◆在与一位迷人的异性交谈时我会感到紧张　□□□□□

将上述各句所述情况与自己的实际情况比较，符合程度越高，说明你的表达能力越弱；符合程度越低，则说明你的表达能力越强。

（二）高职学生表达能力现状

1. 基础差

这是一个普遍存在的导致高职学生表达能力偏弱的原因。高职学生在入学成绩上与普通高校学生相比普遍偏低，从所了解到的学生情况来看，其语文成绩在入学时通常只是在及格线上徘徊，高分少，低分多。语文基础知识的薄弱导致学生在口语表达方面通常会出现说话内容杂乱、逻辑性差；内容缺乏深度、说话不分场合；说话结结巴巴、存在心理障碍等问题。有些学生写作能力较好，洋洋洒洒，下笔千言。但在需要用口头语言表述时，往往是声调、表情不自然，目光游移不定，腿脚发抖，声音发颤，语无伦次，面红耳赤。还有些学生在熟人或同学间谈笑风生，一遇到陌生人或在正式场合就张不开口、词不达意。这些都显露出口语表达能力与书面表达能力之间的差异。

2. 与人交往中沟通能力差

由于近年来大多数学生是独生子女,他们性格比较孤僻、高傲,以自我为中心,所以很难与之接近。他们不善于交朋友,不善于表达自己的内心活动。宁愿在网上与不认识的网友聊天,也不愿意与老师和同学沟通。这就造成了同学之间、师生之间缺乏了解的状况,特别是新入学的学生,在很长一段时间内不适应新的生活环境。另外是遇事时处理问题能力差。由于大部分学生在家都是衣来伸手,饭来张口,自己很少处理过什么具体事件,自理自立能力相当差。现在离开家人的照顾,往往遇事不知所措,不知道怎样用语言表达自己的意思,不知道怎样解决生活中的实际问题,学生自己也很苦恼。

3. 不重视

包括教师的不重视,也包括学生的不重视。一方面,在应试教育的传统观念约束下,为了追求考试成绩,长期以来坚持着错误的教学理念,把读、写视为教学"硬件",而视听、说教学为"软件"。因为读、写能快速提高学生的学习成绩,直接显示其作业成绩,所以,课堂往往就变成了"一言堂",老师讲,学生记,这种教学思想与现状和我们当前所提倡的素质教育出现了较大的偏差。另一方面,大多表达能力较差的学生都不重视自身的弱点,他们情愿花大量时间在英语、计算机和一些专业课程上,也不愿在表达训练上浪费时间,他们认为找工作不能光凭一张嘴,只有靠真才实学,才能找到好工作,口才可以在实际工作中再慢慢锻炼。师生双方对表达能力的不重视极大地限制了高职学生表达能力的提高。

鉴于上述这些情况,加强高职学生表达能力的培养,就成了一项十分必要和迫切的任务。

三、目的表达塑造完美沟通

我们所做的每一件事都离不开表达,表达并不是一种本能,而是一种能力。也就是说,表达不是人天生就具备的,而是在工作实践中培养和训练出来的。也有另外一种可能,即我们本来具备表达的潜在能力,但因成长过程中的种种原因,这种潜在能力被压抑住了。所以,如果人一生当中想要出人头地,一定要学会表达。在表达、沟通中你既要收集信息,又要给予信息。每人每天都在表达、沟通上耗费很多的时间,根据科学的研究,职场人员往往用50%~80%的工作时间以不同的形式进行沟通。

表达、沟通本身没有对错之分,只有有效和无效之别。想要获得有效表达就要具备明确的表达目标,在表达、沟通过程中注意细节,能根据表达的进程自我调整,表达的结果至少要达到一个目标。

一位知名主持人有一次在节目中访问一名小朋友,问他:"你长大后想要做什么呀?"小朋友天真地回答:"我想当飞机的驾驶员!"

主持人接着问:"如果有一天,你的飞机飞到太平洋上空时,所有引擎突然都熄火了,你怎么办?"小朋友想了想说:"我会先告诉坐在飞机上的人绑好安全带,然后我挂上我的降落伞跳出去。"

这个回答让现场的观众哄堂大笑,主持人却留意到孩子涨红了脸,眼泪夺眶而出。

他觉得这个孩子也许并不像观众所想的是自作聪明。于是又问他:"那你为什么要这么做啊?"孩子的答案充满悲悯之情,透露出一个孩子美好而真挚的想法:"我要去拿燃料,我还要回来!"(图 4-2)

这个采访是一个完整的表达过程,孩子开始的回答让观众们大笑,是因为他们并不了解孩子表达的最终目的,当孩子做出解释后,想必观众一定会有不同的反应。

在日益全球化的今天,表达可以说是无处不在,它的重要性也越来越被人们所认识。对于职场人而言,只有领导与员工之间、员工与员工之间能有效表达,才能形成团队合作精神,发挥出高效、优绩的工作效能。对公司、企业、单位而言,只有拥有了谈判与合作的表达技巧,才能在竞争与合作中为自己谋取到最大的优势。

图 4-2 小朋友的回答

(一)与上表达

按目的方向来分,表达可以分为与上表达、与下表达和平行表达。我们说,中国职场的人际关系实际上是一种人伦关系,是有大有小、有上有下的,讲究不能以大欺小,也不能以下犯上。职场上所谓的办公室政治、同事交往困难,往往是由于表达不完善、不和谐造成的。彼此很可能没有了解到对方行为、语言的目的,并因此对对方产生误解;你自己的行为和语言也可能在表达过程中出现漏洞,所谓"言者无意,听者有心"就是这个意思,嫌隙常常产生在不经意间。

刚刚从某高职院校毕业的元元分配到一家发电厂,工作非常积极肯干,受到了厂长的赏识。可是,一次偶发的事件却改变了全部。上级管理局派人来工厂参观,厂长一路陪同,经过仪表控制室时,客人忽然看见电表板上有若干颜色不同的指示灯,有亮着的,也有不亮的。有一个指示灯,则是一闪一闪的。于是问:"这个指示灯为什么会闪?"厂长回答:"是在做发电机启用准备。"听起来也蛮有道理。想不到厂长刚刚说完,负责这个岗位的元元就说:"不是的,那个灯坏了。"结果厂长表情极为尴尬。此后,厂长和同事们突然就不愿意跟他接触了,工作也不交给他做。

这个小故事说明与上表达时要小心自己的言行,任何人都不喜欢在众人面前被直接反驳,领导也需要被尊重,当发现错误时应采取间接的表达方式。

职场生活中经常需要向上级领导汇报、请示、建议,甚至犯错误以后要解释,属于与上表达。在面临这些情况时,应该谨记"上"的观念,不可以以下犯上,也不必卑躬屈膝。最好的表达态度是不卑不亢。

小张接受了领导布置的任务,将两年来销售商的资料进行分类整理,以便于展销会工作的开展。小张加班加点,用最快的速度把资料整理好,送到了领导手里。原本以为领导会表扬她的工作效率,哪想到,领导看完之后,一皱眉头:"我让你按照销售量进行整理,你怎么按销售区域整理的?"

在职场中,你接受了一项工作,可能由于很多因素,你对领导安排的工作理解有误差,甚至有时候和领导的计划南辕北辙。也就表明,如果表达不好,工作就不可能顺利完成。如果是一个较为宽容的领导,你犯这样的错误他可以笑一笑就过去了;如果是一位苛刻的领导,你的职业生涯就很可能因此而受到不好的影响。

想要提高工作效率,表现出你的办事能力,就应该主动把事情做对。因此,工作中与领导和同事的表达、沟通必不可少。在接受一项工作任务的时候,无论多么简单,也要进行详细的表达与沟通,避免出现工作漏洞。

(二)平等表达

对上表达,下属一般会有几分礼让,比较容易达到和谐。平等的同事之间进行表达和沟通,容易缺乏真心,没有肺腑之言,缺乏相互配合的积极意识。经常会产生"谁怕谁"的心态,有时一句话,一个动作,都会引起别人的不满。如果你经常说"你听我说""你错了"等等类似的话,相信你的职场人际关系不会很好。北京数银英才企业管理咨询有限公司总经理胡卫东说,职场人首先要清楚,到公司的目的不是交朋友,而是为了把工作做好。所以,对于工作中的人际关系,应理性看待。"物以类聚,人以群分",对于不同类型的人,不要因不能做朋友而大伤脑筋,只要保持正常的工作关系即可,否则要么改变对方,要么扭曲自己。同时也要明白,不是所有人都能做朋友,你也不可能成为所有人的朋友。在平等关系中,要先从自己开始,尊重你周围的每位同事。俗话说得好:"你敬我一尺,我还你一丈。"

1. 主动

【案例】 在单位,王刚与同事李京的关系非常紧张,两个人经常为一些小事就产生争执,王刚因此感到很苦恼。有一天,他向朋友诉说心中的苦闷,朋友给他讲了一个"让地三尺"的故事:

古时候,一个丞相的管家准备修一座后花园,希望花园外留一条三尺之巷,可邻居是一名员外,他说那是他的地,坚决反对修巷。管家立即修书京城,看到丞相回信后的管家放弃了修巷,员外颇感意外,执意要看丞相的回信。原来丞相写的是一首诗:

千里家书只为墙,

让他三尺又何妨。

万里长城今犹在,

不见当年秦始皇。

员外深受感动,主动让地三尺,最后三尺之巷变成了六尺之巷。

王刚听了很受启发,主动跟李京道歉,表达自己的心意。现在,他和李京相处得非常融洽,配合默契,两个人的工作效率都提高了。

【小提示】 平等表达第一个要求是主动。案例中王刚前后的变化,道出了一个永不磨灭的真理:只要主动与同事表达、沟通,必能造就良好的同事关系。

在现代人际关系中,同事关系主要以利益为主,当两人发生冲突时,一定是妨碍了彼此的利益。利益沟通的关键点是维持双赢。如果任何一方在冲突中失去重大利益,那么以后的冲突就更加严重。只有在相互妥协中达到双赢,才能和谐相处。不要因为与上司的友谊，就处处觉得自己高人一等，这样除了成为众矢之的，受到嫉妒和不屑的目光外，更可能是明里暗里的处处作对；也不要因为朋友的关系，就对某个下属处处照顾。

2. 谦让

在公司、企业、单位里，凡是比你先加入的人，都是你的前辈。日本人遇到这种情况，他们有一句话叫："先进。"无论谁进入职场工作，面对其他部门的同事要谦虚，多称他们为"先进"，多称他们为前辈。经常对自己的同事用一些礼貌用语和敬语，如：您好、谢谢。用真诚的态度，谦虚地表达你自己，才会容易得到别人对你的支持。

3. 支持

可锐职业顾问总裁卞秉彬认为，如果"战友"是你的上司：（1）不要推卸责任。将工作中遇到的问题，及时反映出来，但绝不要在事情发生后推卸自己的责任。（2）学会换位思考。多站在老板、上司的角度，想想如果你是他，你希望手下的员工怎么做。这样你就能很好地去执行。如果"战友"是同级同事：（1）互相支持。在你遇到难题想得到怎样的支持，你就怎样去支持别人。（2）保持距离。不要把同事当成朋友，公私不分。（3）绝不传播流言。流言满足了人们窥私的心理，所到之处必生龃龉。

4. 时刻注意细节

（1）平等对待每一个人。不要对资历老的前辈刻意讨好，也不要对新人颐指气使。"尊重"是与同事相处的基本之道。

（2）莫在办公室过多谈论自己的私人生活，更不要倾诉自己的个人危机，"友善"并不等同于"友谊"，别人对你的个人生活也不一定感兴趣。

（3）开玩笑要有"度"。轻松幽默的人的确能够受到大家的喜爱，但口无遮拦就是另一回事了。

（4）莫谈论他人是非。谈论别人是非者往往自己会成为是非的中心。

（5）莫炫耀自己。即使你与上司有着情同手足的关系，也不要到处炫耀，低调淡然能远离妒忌和刁难。

（6）莫想着占别人的便宜。斤斤计较的人容易失去同事的信任和支持。

（7）莫过多要求别人。不要期望每个同事都像家人和朋友一样来包容你、理解你。

（8）如果已经和同事成为朋友，不要在工作场合显得过于亲密，避免让人感觉你们"拉帮结派"。

（9）要学会说"不"。同事间相互帮助是应该的，但不要让这种帮助变成了习惯和指使，否则你分内的工作又怎么办呢？

四、练就一副"铁齿铜牙"

表达是非技术性因素，它往往为许多人所忽略。而事实上，在一个人的职业发展中，表达能力发挥着至关重要的作用。一个好的职场环境需要无时不在的表达，从总体目标到细节，都在表达的内容之列。表达技能的学习、能力的训练都不是什么难题，只要你能转变观念，培养意识，练就一副"铁齿铜牙"，成为表达高手指日可待。

(一)了解表达的步骤

虽然并不是每次表达都需要提前准备,但是有些交谈和沟通不只是为了交流信息、表达意见,还希望能够解决问题。这些情况下做好必要的准备是必需的。

1. 明确你的表达目的

(1)表达你想要对方了解的信息;

(2)针对某个问题,想知道对方的想法、态度;

(3)想要解决问题、达成共识或签订协议。

2. 收集表达对象的资料

从了解你要进行表达的对象的个性、兴趣开始,你越是了解对方,就越能够去关心对方,通过关心化解彼此的对立以及距离。同时在了解的过程中,你也可以慢慢地知道交谈者的个性、脾气,从而选择适当的交谈方式。

3. 选定表达的场地和时间

环境对表达的顺利进行有很大的影响。不同的场合适合不同的问题,如:面试、推销、访谈、相亲,场合的选择有很大的差别。对表达时间的预估和设计也是彼此给予正面回应的必要安排。

4. 制作表达、沟通计划表

计划表是一个帮助你增进表达能力的简单工具,能让你在表达前先思考进行沟通的方式以及如何进行表达,但不应过度依赖计划表(表 4-1)。

表 4-1 表达、沟通计划表

表达的目的		
参加者		
地点		
开场白重点		
表达的重点		
成果	达成统一点	
	问题所在	

(二)运用正确的语言

语言表达是社会交往的工具,在交往中起重要作用。讲究语言的艺术,是培养表达能力的重要内容。我们应正确运用语言,学会用清楚、准确、简练、生动的语言表达自己的思想,养成对人用敬语、对自己用谦语的习惯。良好的语言是进行有效表达的基础。

有效的表达需要具备与听众交流、洞察听众对你讲话的反应、运用听众的反馈来调整你讲话的内容等技巧。要达成这一目的就必须掌握复杂的口头语言词汇和身体语言,才能具有优秀的表达能力。

(三)选择合适的方式

如果你对邻居说:"我家有一盆花,你帮我去修剪一下吧?"对方一定会不情愿:"哼,要我给你卖体力。"但如果你换一种说法:"我发现你家的花修剪得特别漂亮,你在这方面造诣很高。对了,我家有一盆花,你能不能教教我,看怎么剪才漂亮?"对方一定会高高兴兴地帮你剪花了。同一件事,为什么说话的方法不同,说出来的效果截然不同呢?这里面就涉及语言艺术的问题。

【案例】

地点:主管办公室

经验:不卑不亢

领导请小陈进办公室,询问他对奖金发放的看法。小陈很紧张,忙说工作多,还没来得及想。

评点:错失了一次和领导进行良好沟通的机会。

应对上策:

1."感激您肯询问我,我们的主要成就来源于您有力的领导。"

2."太棒了,可以有钱花了?"

3."太感谢您了,我很满意。"

4."为了能获得更多奖金,我会更加努力的。"

应对下策:

1."反正吃亏的总是我。"

2."别人总是妒忌我们的奖金。"

3."怎么不按劳分配呢?"

4."这太不公平了。"

5."不知道。"

【小提示】　由此可见,表达能力是职场战略的金钥匙。不同场合,你需要不同的说话方式和说话技巧。

(四)掌握表达的技巧

1.角色互调,适当反馈

人们在交谈过程中往往受到自身主观态度的影响,容易以自我为中心,只注意了解自己想要知道的,应从对方的立场考虑,倾听对方所要表达的所有信息和思想。不要口若悬河地垄断所有谈话,要给对方发表意见的机会。要仔细聆听对方的讲话,不要轻易打断对方的谈话,这是彼此尊重的重要表现。若要表达不同意见时,不要说:"你说的没错,但我认为……"应该委婉地表达:"你说得太好了,让我开了眼界,不过有一些其他的看法,你想要了解吗?"

【案例】

适时给予反馈

乔·吉拉德被誉为世界最伟大的推销员,回忆往事他常说一则令他终生难忘的事件。在一次推销中,乔·吉拉德与客户洽谈顺利,正当马上要签约时,对方却突然变了

图 4-3　适时给予反馈

卦。当天晚上他按照客户给他留下的地址找上门去求教,客户见他满脸真诚,就实话实说:"你的失败是由于你没有自始至终听我讲话,就在我准备签约前,我提到我的独生子即将上大学,而且还提到他的运动成绩和他将来的抱负,我是以他为荣的,但是你当时却没有任何反应,而且还转过头去用手机和别人通电话,我一时生气就改变了主意。"(图 4-3)

从这个案例当中我们可以看出,如果乔·吉拉德能适时地夸奖客户的儿子,也就能得到订单了。

在对方谈话时,你不时地发出表示听懂或赞同的回应,会让对方在心理上感觉你在专心地听。可以适当地提问或对其所说的观点表示一些看法,如"这很不错","可以再说详细点吗?"也可以用"是吗!太棒了!真遗憾!"等诸如此类的语言,引起双方感情上的共鸣,让交谈延续。

在倾听过程中不要擅自打断他人的谈话。善于沟通的人,都会有一些礼貌的方式方法进入别人的"频道",赢得别人的信任以及依赖。

2.耐心、虚心、会心

出于对彼此的尊重,交谈全过程都应表现出良好的耐心,绝不能显露出不耐烦的神色,要保持饱满的精神状态,微笑着注视对方,不可装腔作势、心不在焉,否则不利于交谈的延续。记住,巧妙地转移话题也是一种能力。交谈的目的在于沟通感情、交流思想、获取信息,所以应用虚心的态度注意听。当出现不同观点时,应委婉地表达,如:我对这个问题很感兴趣,但有一点不同看法;我记得书上好像不是这么说的。切不可断然打断,激情愤然。

在交谈中我们也可以借助体态语气来表现你在注意听。如:专注的眼神、微微前倾的身体、自然下垂的双臂。这些都可以让人觉得很亲切,从而产生"遇到知己"的感受,真正达成良好的沟通愿望。

注意:

如果自己不对,不要狡辩,大方地表示"对不起,我说错了"(图 4-4);

倾听的时候要注视说话人,以表示对彼此的尊重;

不要擅自打断别人的谈话,如果有必要,先征得对方的同意;

提问题要注意分寸,恰到好处。

图 4-4　说声"对不起"真的不难

3.以赞美和表扬赢得人心

哲学家詹姆士曾精辟地指出:"人类本质中最殷切的要求是渴望被肯定。"赞美是阳光、空气和水,是学生成长不可缺少的养料;赞美是一座桥,能沟通人们之间的心灵之河;赞美是一种无形的催化剂,能增强人们的自尊、自信、自强。

【案例】　小军,男,某高职院校新生。这个孩子成绩不好不说,还不能挨批评,只要你说的话他认为重了一些,他就立即翻脸。一开始,他就很沉默,很内向,很自卑。第一次数学考试,他只考了 15 分,特别是进校的第一次考试,他的成绩排在班里最后,这使他更加自卑。他甚至曾经说,他可能是班里的累赘,是班主任的眼中钉。几周下来,他很少和班里的其他同学交流。其实他的表现说明他是很自卑的:不太说话,不太合群。比如,上课时他不太抬头看黑板……学习习惯也不好,作业经常应付了事,如果遇到不会做的题目,他不会去问同学和老师,就空在那里直接交上来。他的父母也说:"他对新环境恐惧,经常在家里发泄。"他母亲甚至不敢督促他学习,更不敢批评他,怕他发火。

【小提示】　在表达中最美的就是支撑人生信念风帆的赞美和表扬。这种类型的学生最需要的就是树立自信心,这就需要教师适时地多些赞美,多些表扬,捕捉他身上的一切闪光点。

4. 学会幽默

交谈是一个双方寻求产生共鸣的过程。在这个过程中,难免会因意见不一致而产生分歧,这就要求交谈者随机应变,机智地消除障碍。恩格斯说过:"幽默是具有智慧、教养和道德的优越感的表现。"在交谈过程中适当运用幽默能使人感到智慧的潇洒,情致的深邃,精神的博大。

有一位女政治家因为肥胖常遭到对手的讥笑,她在一次竞选演讲中却主动说:"有一次我穿上灰色的泳装在大海里游泳,结果引来了轰炸机,以为发现了敌国的潜艇。"结果在笑声中选民反而不在意她肥胖了(图 4-5)。

图 4-5　学会幽默

言谈要有幽默感。幽默的语言极易迅速打开交际局面,使气氛轻松、活跃、融洽。幽默、诙谐也可以成为紧张情景中的缓冲剂,使朋友、同事摆脱窘境或消除敌意。平时应多积攒一些妙趣横生的幽默故事。幽默也是开自己的玩笑,和别人共享欢乐,能使人在有压力的生活中充满欢愉。

5. 适当地暴露自己,取得对方信任

每个人最熟悉的莫过于自己的事情,所以与人沟通的关键是要使对方自然而然地谈论自己。谁都不必煞费苦心地去寻找特殊的话题,而只需以自身为话题就可以,这样也会很容易开口,人们往往会向对方敞开自己的心扉。

6. 有时也要"随声附和"

谈话时若能谈谈与对方相同的意见,对方自然会对你感兴趣,而且产生好感。谁都会把赞同自己意见的人看作是一个有助于提高自身价值和增强自尊心的人,进而表示接纳和亲近。假如我们非得反对某人的观点,也一定要找出某些可以赞同的部分,为继续对话创造条件。此外,还应该开动脑筋进行愉快的谈话。除非是知心朋友,否则不要谈论那些不愉快的伤心事。

7.说服他人的技巧

【案例】

卡耐基的说服技巧

著名人际关系专家卡耐基租用纽约某饭店的大舞厅用来举办每季度一系列的讲课。即将开课之际,他收到饭店通知,租金将涨300%。卡耐基不想付超出的那部分租金,于是第二天他去见经理,对他说:"收到信我很吃惊,但我根本不怪你,如果我是你,我也会发出一封类似这样的信。你身为饭店的经理,有责任尽可能地使收入增加。如果你不这样做,你将丢掉现在的饭碗。现在我们拿出笔和纸来,把你因此可能得到的利弊列出来。利:舞厅空出来,给别人开舞会或开大会,类似活动比租给人家当课堂能增加不少收入。坏的一面:如果坚持增加租金,你会减少收入,事实上你一点收入都没有,因为我租不起。还有一个损失,这些课程会吸引不少受过教育、修养高的人到你饭店来,对你是个很好的宣传,事实上如果你花费5000元在报纸上登广告,也无法像我的这些课程这样吸引这么多的人来你的饭店。我希望你好好考虑你可能得到的利,然后告诉我你的决定。"第二天卡耐基收到一封信,通知他租金只涨50%而不是300%。

【小提示】 每个追求成功的人都要具有说服别人的能力。我们即将毕业的高职生更是如此,作为一名求职者,你所面临的问题是如何差异化地推销自己,说服招聘单位录用你而不是别人。

在职场中也是一样,当你面对领导或是同事的那些最棘手的问题,你是否有能力准备出有说服力的答案? 越是想要成功,说服能力也要越优秀。说服他人的目的,有时是为了推销自己,有时是为了推销产品或服务,能够说服别人就能够影响别人,也就能够使人家顺着我们的意念行事。卡耐基认为,不论你用什么方式指责别人,如用一个眼神、一种声调、一个手势,或者你告诉他错了,你以为他会同意你吗? 绝不会! 因为你直接打击了他的智慧、判断力、荣耀和自尊心,这反而会使他想着反击你,即使你搬出所有柏拉图或康德的逻辑,也改变不了他的意见,因为你伤了他的感情。

8.批评的艺术

在表达过程中,如果不得不提出批评,一定要委婉地提出来。要注意:

(1)不要当着别人的面批评。

(2)在进行批评之前应说一些亲切和赞赏的话,然后再以"不过"等转折词引出批评的方面,即用委婉的方式。

(3)批评对方的行为而不是对方的人格。用询问的口吻而不是命令的语气批评别人。

(4)就事论事。

(五)知晓表达的禁忌

古人云:"赠人以言,重于珠玉;伤人以言,重于剑戟。"意思是,我们在表达过程中,一定要注意内容,要言谈得当。即使是相识已久的朋友,在谈话中也要有相应的禁忌,对于并不太熟悉的社交场合,我们更应该注意自己的谈话内容,警惕不要触犯交谈的禁忌。

表达的禁忌有很多,需要我们在日常生活中不断地总结。针对不同的人、不同的情况,交谈的内容也有所变化。一般情况下,表达的禁忌大致有以下几种:

1.表达中不要涉及令对方不愉快的事情。不愉快的事情包括敏感事和隐私。病亡、穷困、身体缺陷等都是让对方较为敏感的事,俗话说"当着矮人不说短话",这类话题不提为好。随着社会的进步,人们在交往中对对方的隐私越来越尊重,在交谈中凡涉及个人隐私的一切问题均应回避。如:不询问女士的年龄、婚姻状况,不径直询问对方的履历、工资收入、家庭财产,不询问住址、电话等。

2.要杜绝在背后说他人的长短。与人沟通时不说他人的坏话,也不传闲话,这不仅是礼仪的需要,也是表达成功的保证。富兰克林在谈到他成功的秘诀时曾说:"我不说任何人的坏话,我只说我所知道的每个人的长处。"背后对人说长论短,这是最令人厌恶的事情(图4-6)。

图 4-6 闲谈莫论他人非

3.与女士沟通时不论及对方美丑胖瘦,保养得好与不好等。但在社交场合,有时对对方,特别是女士的衣服、发型、气色表示真诚而适度的称赞,不在此列。

4.与不熟悉的人沟通时不问对方衣服的质量、价格,首饰的真假等。如果在社交场合问及对方这些问题,会使人难以回答,甚至陷入难堪境地。

5.社交场合不以荒诞离奇、耸人听闻、黄色淫秽的内容为话题,也不开低级庸俗的玩笑,更不能嘲弄他人的生理缺陷,那样只会证明自己的格调不高。

6.在涉外场合,一般不要谈论当事国的政治问题,也不应随便议论他人的宗教信仰,对某些风俗习惯、个人爱好也不要妄加非议。

另外,有四种行为也是表达中的大忌:好主观臆断,对旁人的意见只有接受或不接受两种态度;好追根究底,依照自己的价值观去探查评价别人的隐私;好为人师,总是试图以自己的经验给别人提供忠告;好自以为是,不能从别人的立场出发,只知道从自己的角度去考虑问题。如果持这样的心态去和别人交流,其实已经不能称其为表达,而只是单方面的意愿。

(六)学会倾听

表达也并不是一味地去说。善于倾听是综合表达能力的基本能力,有时听比说还重要。

传说曾经有个小国的人到中国来,进贡了三个一模一样的金人,把皇帝高兴坏了。可是这小国的人不厚道,同时出一道题目:这三个金人哪个最有价值?皇帝想了许多办法,请来珠宝匠检查,称重量,看做工,都是一模一样的。怎么办?使者还等着回去汇报呢。泱泱大国，不会连这件小事都不懂吧？最后，有一位退位的老大臣说他有办法。皇帝将使者请到大殿，老臣胸有成竹地拿着三根稻草，插入第一个金人的耳朵里，这稻草从另一边耳朵出来了；插入第二个金人的稻草从嘴里直接掉出来了；插入第三个金人的稻草进去后掉进了肚里，什么响动也没有。老臣说：第三个金人最有价值！使者默默无语，答案正确。

这个故事告诉我们，最有价值的人不一定是最能说的人。倾听是表达的第一步，有智慧的人也都是先听再说。善于倾听，才是职业人最基本的素质。积极倾听的作用很多，可以获取很多信息，整理出对自己有用的信息；可以帮助谈话顺利进行；可以发现问题，及时表达自身观点；可以保持沟通气氛的友好等等。不过，倾听并不是简单地用耳朵去听，也不仅仅指用心去理解，通过一定的方式，让对方知道你在注意听是很重要的。

人与人之间的交流是相互的，在单向的没有共鸣的交流中，是不会也不可能建立起信任与合作的，而在职场中合作和信任则是最基本的工作条件。所以作为职场人尤其要注意避免粗暴的、单向的命令式表达。不要犯这样的错误：在同事还没有来得及讲完自己的想法之前，就按照自己的经验大加评论或作出评断。

如果习惯于经常打断对方的讲话，或者常常固执地作出片面的决策，往往会使对方缺乏被尊重的感觉。时间久了，就没有人愿意向你反馈真实的信息。一旦信息反馈系统被切断，你就成了"孤家寡人"，得不到正确决策所需要的充分信息。反之，保持畅通的信息交流，将会使你的管理如鱼得水，并能及时纠正管理中的错误，制定更加切实可行的方案和制度。

表达、沟通不只是言语上的交流，聆听、回馈同等重要，用眼观察，用心体会，才能成为表达能力超高的职场高人。当然，想成为表达、沟通的能手，首先要有愿意表述、乐意沟通的意识。

五、表达能力测试

每个人都有独特的与人沟通、交流的方式。阅读下面的情境性问题，选择你认为最合适的处理方法，请快速回答，不要遗漏。

1.你的上司的上司邀请你共进午餐，回到办公室，你发现你的上司颇为好奇，此时你会：

　　A.告诉他详细内容　　　　　　　B.不透露蛛丝马迹

　　C.粗略描述，淡化内容的重要性

2.当你主持会议时，有一位下属一直以不相干的问题干扰会议，此时你会：

　　A.要求所有的下属先别提出问题，直到你把正题讲完

　　B.纵容下去

　　C.告诉该下属在预定的议程之前先别提出问题

3.当你跟上司正在讨论事情时，有人打长途来找你，此时你会：

　　A.告诉上司的秘书说不在　　　　B.接电话，而且该说多久就说多久

　　C.告诉对方你在开会，待会再回电话

4.有位员工连续四次在周末向你要求他想提早下班,此时你会说:

A.我不能再容许你早退了,你要顾及他人的想法

B.今天不行,下午四点我要开个会

C.你对我们相当重要,我需要你的帮助,特别是在周末

5.你刚好被聘为某部门主管,你知道还有几个人关注着这个职位,上班的第一天,你会:

A.个别找人谈话以确认哪几个人有意竞争职位

B.忽略这个问题,并认为情绪的波动很快会过去

C.把问题记在心上,但立即投入工作,并开始认识每一个人

6.有位同事对你说:"有件事我本不应该告诉你的,但你有没有听到……"你会说:

A.我不想听办公室的流言

B.跟公司有关的事我才有兴趣听

C.谢谢你告诉我怎么回事,让我知道详情

说明:选 A 为 0 分,B 为 1 分,C 为 2 分。

0~5 分为较低,6~9 分为中等,10~12 分为较高。分数越高,表明你的沟通技能越强。

本测验选择了一些在工作中经常会遇到的、比较尴尬的、难以应付的情境,测查你是否能正确地处理这些问题,从而反映你是否了解正确的沟通知识、概念和技能。这些问题看似无足轻重,但是一些工作中的小事和细节往往决定了别人对你的看法和态度。如果你的分数偏低,不妨仔细检查一下你所选择的处理方式会给对方带来什么样的感受,或会使自己处于什么样的境地。

【知识吧台】

林肯的谈话原则

一、与人见面,尽量不要给别人留下不愉快的印象。

二、与人交谈,语言要简单亲切,不要有任何优越感;要让人感到他和你从小就认识。

三、千万不要忘记,幽默是一种重要的说服人的方法。

四、痛痛快快地笑,对身心健康都有好处。

五、举一些浅显幽默的例子,比什么都更有说服力。

六、用简单的故事说明你的观点,往往能避免别人冗长乏味的议论和自己费力的解释。

七、一个贴切的故事,能够减轻拒绝或批评造成的尖锐刺激,既达到谈话的目的,又不伤感情。

八、私下交谈比任何其他方式更能赢得别人的合作。

【互动空间】

语言游戏

一、每周尝试向周围的朋友讲一个幽默故事，以每次都能让人欢笑为宗旨。

二、提高学生表达能力的游戏

没有肢体语言的帮助，一个人说话会变得很拘谨，但是过多或不合适的肢体语言也会让人望而生厌，自然、自信的身体语言会帮助我们的沟通更加自如。

游戏规则和程序：

1.将学生们分为 2 人一组，让他们进行 2～3 分钟的交流，交谈的内容不限。

2.当大家停下以后，请学生们彼此说一下对方有什么非语言表现，包括肢体语言或者表情，比如有人老爱眨眼，有人会不时地撩一下自己的头发。问这些做出无意识动作的人是否注意到了这些行为。

3.让大家继续讨论 2～3 分钟，但这次注意不要有任何肢体语言，看看与前一次有什么不同。

4.相关讨论：

(1)在第一次交谈中，有多少人注意到了自己的肢体语言？

(2)对方有没有什么动作或表情让你觉得极不舒服，你是否告诉他你的这种情绪？

(3)当你不能用你的动作或表情辅助你的谈话的时候，有什么样的感觉？是否会觉得很不舒服？

5.总结：

人与人之间的交流是两方面的：一方面是语言的，另一方面是非语言的。这两个方面互为补充，缺一不可。有时候非语言传达的信息比语言还要更加精确，比如，如果一个人不停地向你以外的其他地方看去，你就可以理解到他对你们的谈话缺乏兴趣，需要调动他的积极性了。

同样，在日常的生活工作中，为了让别人对你有一个更好的印象，一定要注意戒除自己那些不招人喜欢的动作或表情，注意用一些良好的手势、表情帮助你交流，因为良好的肢体语言会帮助你沟通，不恰当的肢体语言会阻碍我们的社交。

第五单元
学会协作　1＋1大于2

> 能合众力,则无敌于天下。——孙权
>
> 一滴水只有放进大海里才永远不会干涸,一个人只有当他把自己和集体事业融合在一起的时候才能最有力量。—— 雷锋

从人才成长的角度看,一个人是属于团队的,要有团队协作精神和协作能力,只有在良好的社会氛围中,个人的成长才会更加顺利。团队协作是一种为达到既定目标所显现出来的自愿合作和协同努力的精神。它可以调动团队成员的所有资源和才智,并且会自动地驱除所有不和谐和不公正现象,同时会给予那些诚心、大公无私的奉献者适当的回报。如果团队协作是出于自觉自愿,它必将会产生一股强大而且持久的力量。因此,高职院校学生在平常的学习过程当中努力培养团队精神和协作能力也就显得尤为重要。

让我们来看这样一个故事:

有人与上帝谈起天堂与地狱的问题。上帝对这个人说:"跟我来,我让你看看什么是地狱。"他们走进一个房间,里面一群人正围着一大锅肉汤。但奇怪的是,他们每个人看起来都神情绝望,骨瘦如柴。原来他们每个人都拿着一个汤勺,但汤勺的柄却要长出手臂的两倍,所以没办法把吃的东西送进嘴里。

"走吧,我让你看看什么是天堂。"他们走进了另一个房间,同样是一锅汤、一群人、一样的长柄汤勺。但每个人都很快乐,吃得很愉快。因为他们互相用自己的汤勺去喂对方。

天堂和地狱的距离就是如此之近。由此可见,在职场中,和谐的团队协作就能创造共同进步的"天堂",彼此争斗就是把自己推进"地狱"。《世界是平的》的作者弗里德曼把现今的时代称为全球化的时代,这样一个时代充满了竞争,更充满了合作。随着知识型员工的增多以及工作内容的进一步细化,越来越多的工作需要通过团队协作来完成。团队协作已经成为企业和个人的核心注视点,这是一个团队协作的时代。

一、1＋1 大于 2

记得有这样一句话:"我们唯一的财富就是智慧,当别人说1加1等于2的时候,你就应该想到大于2。"一个由相互联系、相互协作的若干个体组成的整体,经过优化设计后,整体力量能够大于个体力量之和,就会产生1＋1＞2的效果。

(一)团队及团队协作

所谓团队,是指一些才能互补、团结和谐并为负有共同责任的统一目标和标准而奉献的一群人。团队不仅强调个人的工作成果,更强调团队的整体业绩。团队所依赖的不仅是集体讨论和决策以及信息共享和标准强化,它强调通过成员的共同贡献,能够得到实实在在的集体成果,这个集体成果超过成员个人业绩的总和,即团队大于各部分之和。团队的核心是共同奉献,这种共同奉献需要能使每个成员都信服的目标。只有切实可行而又具有挑战意义的目标,才能激发团队的工作动力和奉献精神,为工作注入无穷无尽的能量。团队的精神是共同承诺。共同承诺就是共同承担集体责任,没有这一承诺,团队如同一盘散沙。做出这一承诺,团队就会齐心协力,成为一个强有力的集体。

所谓团队协作,是指团队成员为了团队的利益与目标而相互协作、尽心尽力的意愿与作风。它主要包含三方面的内容:

首先,在团队与其成员之间的关系上,团队协作表现为团队成员对团队的强烈归属感与一体感。团队成员把团队视为"家",把自己的前途与团队的命运系在一起,愿意为团队的利益与目标尽心尽力。在处理个人利益与团队利益的关系时,团队成员采取团队利益优先的原则,个人服从团队,维持公利与大利。团队成员极具团队荣誉感。团队通过一系列的制度使它与其成员结成牢固的命运共同体。团队还通过一系列活动,培养成员对团队的共存共荣意识与深厚忠诚的情感。

其次,在团队成员之间的关系上,团队协作表现为成员之间的相互协作及共为一体。团队成员彼此都把对方视为"家人",他们之间相互依存,同舟共济,互相敬重,相互宽容,见大义容小过,彼此信任;在工作上互相协作,在生活上彼此关怀,在利益面前互相礼让。他们有一系列的行为规范,他们和谐相处,凝聚力强;他们彼此促进,追求团队的整体绩效与和谐。

最后,在团队成员对团队事务的态度上,团队协作表现为团队成员对团队事务全方位的投入。团队充分调动成员的积极性、主动性、创造性,让成员参与管理、决策和全力行动;团队成员在处理团队事务时尽职尽责,尽心尽力,充满活力和热情。

团队精神的核心就在于协同协作、优势互补。团队精神强调的不仅仅是一般意义上的合作与齐心协力所带来的"1＋1＝2"的效果,要发挥团队的优势,其核心在于大家加强沟通,发挥个性优势,在团结协作中实现优势互补,产生积极协同效应,带来"1＋1＞2"的绩效。

(二)协作的魅力

中国有句古语:"三个臭皮匠,顶个诸葛亮"。只有善于协作,运用合力,才能聚起强大的力量,把事业做大。一个不懂得协作的人,必将感到步履维艰;一个善于协作的人,就会觉得如鱼得水。然而,很多人却恰恰缺少团队协作的心态,信奉个人英雄主义;或是异常孤僻,从不注意和周围人的配合。战国时,秦王问一个大臣:"秦国人比齐国人怎么样?"大臣说:"一个人和一个人比,秦国人不如齐国人;一国人比一国人,齐国人不如秦国人。"最后,秦国战胜了比自己强大的齐国,靠的就是团队协作的力量。

协作精神是任何一家企业和单位都十分强调的,在招聘时也都会考察应聘者是否有协作精神,而应聘者也会说自己是一个"team player"。团队协作是非常重要的,不仅在应聘当中,在工作过程中也必须时刻这样做。团队协作精神是一个职业人培育自己的职业基本素养必须具有的。

让我们来看看协作的力量:由于单位地处偏远,我和几个同事都寄宿在单位。有一天晚上,单位的厨房里发出吱吱的声音,第二天,便发现地上有一个破碎的蛋壳。不用说这一定是老鼠的杰作,于是第二天晚上,我和几个同事躲在厨房里等老鼠的出现。当晚,老鼠真的出现了,可是,你们知道它们是怎样偷蛋的吗?第一只老鼠躺在地上,第二只老鼠把蛋推到第一只老鼠的肚皮上,第一只老鼠便用四肢把鸡蛋夹紧,然后,第二只老鼠就咬着第一只老鼠的尾巴,连鼠带蛋拖回洞里。此情此景,大家都看呆了,完全忘了要打老鼠。

由此我们可以得到这样几条:

(1)工作就像一条铁链,每个人都恰恰是其中一个环;

(2)配合比个人优秀更重要;

(3)配合有时候也是一种理解,主动的配合本身就是一种忘我;

(4)个人力量正在被团队力量所取代。

二、不做团队中的"短板"

一只木桶能够装多少水取决于最短的那一块木板的长度,而不是最长的那块(图5-1)。这个说法似乎还可以继续引申一下,一只木桶能够装多少水不仅取决于每一块木板的长度,还取决于木板与木板之间的结合是否紧密。如果木板与木板之间存在缝隙,同样无法装满水。一个团队的战斗力,不仅取决于每一名成员的能力,也取决于成员与成员之间的相互协作、相互配

图5-1　木桶原理

合,这样才能均衡、紧密地结合成一个强大的整体。著名心理学家荣格曾列出一个公式:I＋We＝Full I。意思是说,一个人只有把自己融入集体中,才能最大限度地实现个人的价值,绽放出完美绚丽的人生。认识自己的不足,善于看到别人尤其是同事的长处,是具有良好的团队协作精神的基础。

(一)高职院校学生团队协作现状

据有关调查显示,在校高职学生及毕业生普遍认为高职学生缺乏与人合作的团队精神。随着1980年以后出生的城市学生进入高职院校,独生子女优越的成长环境使得来

自城市的学生习惯于展现个性而非融入集体和团队。长期以来,高职院校的思想政治工作虽然也对此做了一些努力,但效果并不突出。部分高职学生由于缺乏团队精神的培养,要么仅仅注重个人的发展,忽视团队的作用;要么缺乏个性,随波逐流,在竞争中被淘汰。这种现象在近年来更加明显地摆在了我们的面前。

小孟从高职院校毕业后成为一名业务员,最初的时候,他的销售技能和业务关系都非常好,因此他的业绩在全公司里是最好的。取得成绩以后,他就开始对别人指手画脚了,尤其是对那些客户服务人员。本来这些客户服务人员非常支持小孟的工作,只要是他的客户打来的电话,客服就会马上进行售后服务的。但是由于小孟动辄说:"是我给你们的饭碗,没有我你们都要饿死。"要不然就是说这些客服人员服务不好,他的客户向他投诉等。客服人员对他说的话置之不理,但是却通过行动来与他对抗。后来,凡是小孟的客户打来的电话,客户服务人员都一拖再拖。最后,这些客户打电话给小孟,并把怒火发到他的身上。由于后续服务不到位,小孟的续单率非常低,原来的客户也都让其他业务员抢走了。你身上也有这样的问题吗?

在高职院校当中,团队精神缺失主要表现在以下几个方面:

1. 凝聚力不强

作为集体成员之一的学生,表现出合作、团结不够,纪律观念不强,个人主义至上,看问题和处理事情,只从自我出发,不从大局出发,对自己有利的就做,对自己无利的就不做,利大就做,利小就不做,不能从大局出发,不能从别人的角度思考问题,造成了所处的集体的凝聚力不强。

2. 与人交往的关系淡薄

有的同学把市场经济的金钱原则与竞争原则泛化,在人际交往与合作中,也以此为原则,不注重师生、同学之间感情的培养,轻义重利,以经济状况的贫富为标准,近则相交,远则相离,与己有利则亲近,无利则过于疏远,缺少互帮互助的热情,交往关系上过于淡薄。

3. 对团队活动的参与意识不够

高职校园活动是丰富多彩的,文艺、体育、科技等活动适应不同群体的学生参加并在其中得到锻炼。但是,从现在的实际情况来看,学生活动远不如以前好组织,这其中除了社会的和工作方法的原因之外,不能回避的问题是:学生对国内外时事和校内外大事的关注不够,院系演讲比赛等活动组织的难度增大,社团活动发展的不稳定性增强等等,不同程度地反映出大学生群体中活动参与意识不够的问题。

深圳托普理德企业管理顾问有限公司董事长谭兆林曾经在电视上讲过这样一个事例:在他的公司有一个员工,工作能力很强,但目中无人,不能和同事和睦相处。这个员工来找谭总,他说:"谭总,如果我辞职了,离开了你,离开了公司,你难道一点都不觉得可惜吗?"谭总回答:"是的,我会非常难受,因为我将失去你这样一个非常有能力的人,一个能为我创造绩效的人。但是,如果你伤害到我的团队,我一定会让你离开。"

由此可以得知,无论你的个人能力如何,作为团队中的一分子,如果不融入这个群体中,总是独来独往,唯我独尊,必定会陷入自我的圈子里,自然无法得到友情、关爱和尊重。所以高职学生要避免自己在这方面的能力弱势,既要有独立的个性,又必须融入群体中去,这样才能促进自身发展。

(二)没有人能独自成功

拥有协作能力的优秀人士,脸上经常带着丰富的表情,而且喜欢与别人相处,做起事来则充满干劲,对生命充满极大的热忱。但也有不少人,有人生目标却无生命的热情,平常态度冷冰冰,面无表情,令人不容易亲近,做事也提不起劲。团队如果没有互相交流和沟通,就不可能达成共识;如果没有共识,那就不可能协调一致,也就不可能会有默契。

在工作中,我们有时候总会有一点儿"小心眼儿",不喜欢把自己的成果和别人分享,仿佛别人会抢了我们的功劳。但我们却不曾想过,独木难成林,一个人无法干成大事。对于工作中出现的问题,人和人之间有不同的看法是正常的,争辩也是常有的事。但我们一定要学会坦诚,毫无保留地与对方进行沟通,这样才能避免误会的产生。

《西游记》中的唐僧师徒组合不能算是一个合格的团队:其团队成员要么个性鲜明,优点或缺点过于突出;要么缺乏主见,默默无闻,实在过于平庸。但就是这么一群对团队精神一窍不通的"乌合之众","个性"突出的典型人物组合在一起,克服了常人难以想象的种种困难,最终却完成任务取回了真经! 他们所依靠的就是彼此之间真诚的团结。作为团队领导人和协调者的唐僧,虽然处事缺乏果断和精明,但对于团队目标抱有坚定信念,以博爱和仁慈之心在取经途中不断地教诲和感化着众位徒弟。队中明星员工孙悟空是一个不稳定因素:虽然能力高超,交际广阔,疾恶如仇,但桀骜不驯,喜欢单打独斗。但最重要的是他对团队成员有着难以割舍的深厚感情,同时有一颗不屈不挠的心,为达成取经的目标愿意付出任何代价。也许很少有人会意识到,猪八戒对于团队内部的承上启下起着多么重要的作用,他的个性随和健谈,是唐僧和孙悟空这对固执师徒之间最好的"润滑剂"和沟通桥梁,虽然好吃懒做的性格经常使他成为挨骂的对象,但他从不会因此心怀怨恨。至于沙僧,每个团队都不能缺少这类员工,脏活累活全包,并且任劳任怨,还从不争功,是领导的忠实追随者,起着保持团队稳定的基石作用。

每个团队成员彼此都会存在差异性,这是无法也无须改变的,只要发挥出自己的优势,形成一个团结的合力,成功就能随之而来。

【案例】三个和尚在一所寺庙里相遇,看到寺庙的破落,他们都很感叹:"怎么香火这样不盛呢?"和尚甲:"必是和尚不虔,所以菩萨不灵。"和尚乙:"必是和尚不勤,所以庙宇破落。"和尚丙:"必是和尚不敬,所以没有香客。"

三人争论不出结果,决定留下来各尽所能,看看香火能否兴盛。于是,和尚甲礼佛念经,和尚乙整理庙务,和尚丙化缘讲经。不久之后,寺庙的香火渐渐兴旺起来,重新恢复了昔日的壮观。

三个人又开始了新的争论。和尚甲:"因为我整日念经,所以菩萨显灵,香火旺盛。"和尚乙:"因为我整日忙碌,所以寺务新建。"和尚丙:"因为我讲经劝世,所以香客众多。"三人只顾争吵,寺务懈怠,寺院又开始没落了。三人又走上了化缘之路。这时他们才真正明白:寺院的荒废,既非和尚不虔,也非和尚不敬,更非和尚不勤,而是和尚不睦(图5-2)。

图 5-2　没有人能独自成功

【小提示】 没有人能独自成功,在团队中才能实现最好的自我。不论一个人多么有能力,如果只是一味地强调个人的力量,就算你表现得再完美也很难有所成就。所以说,没有完美的个人,只有完美的团队。

一家具有国际影响力的大公司的总经理接受记者采访时被问到:"贵公司在招聘员工时,最看重员工的什么素质?""我们有一套非常严格的招聘员工的标准,其中最首要的是具备团队协作精神。若一名应聘者缺乏团队协作观念,他即使是天才,我们也不会录用。因为在现代企业中,我们需要不同类型、不同性格的人共同努力,团结奋进,把各自的优势发挥到极致。一家企业如果缺乏团队协作精神是难以成功的。"

三、团队是个人成功的源泉

秋天来临,当雁阵排成人字或一字斜阵飞翔在蓝天白云之间,不知你是否想过这样一个问题:大雁为什么要整齐地远翔?根据动物学家的研究,当大雁一只接着一只列阵飞行时,前一只大雁鼓动翅膀所带动的气流会让后一只大雁的浮力、飞行高度提升71%,这样越是飞在后面的大雁就越节省力气。而这只领头的大雁是整个队伍的第一只,它的前面没有其他大雁的相助,逆风而行,通常是最辛苦的。但并不是只有一只领头雁,只要第一只累了,就会有第二只、第三只……随时可以上前替补(图5-3)。途中,若有大雁需要休息,飞在它前后的两只

图5-3 完美的团队

大雁就会留下来照顾它,绝不会让它落单,其他大雁继续朝目的地飞行。两只留下的大雁等待受伤的大雁恢复后,再成立新"人"字形小队伍追赶前面的雁队。途中,它们也会再联合其他散雁,组成一个大雁阵,实现它们飞往温暖南国的目标。如果有一只大雁想飞到遥远的一个地方去,根本就不可能完成,中途就会死亡。因为它就算能忍受飞行的孤独,也忍受不了寒风的侵袭。只有形成一个完美的团队,才能保证每只大雁的生命和完成迁徙的飞行目标。当雁群休息的时候,有的寻找食物,有的负责站岗放哨,每只大雁都有不同的分工。由于大雁这种令人惊叹的团队精神,它们才能历尽艰险,飞越千山万水,顺利到达目的地。

团队就是为了团队中的每一个人生存与发展存在的,团队的重要性就在于此。

1. 适应社会发展的需要

现代社会,其潮头已进入"知识经济"时代,人们相互间的依存关系更为密切,分工更为细密,个人所掌握的知识和信息非常有限,因而对相互协作的要求也就更高。高职学生与人共事,要讲究团队精神。只会孤军作战的人已不适应今天的形势。因此,我们说,培养学生的团队精神,首先是适应社会发展的需要。

(1)有利于塑造学生良好的个性人格。团队精神要求团队成员在准确定位的基础上相互协作,良性竞争。因此,团队精神建设对成员个性化的要求及认同自己社会角色的

要求,符合素质教育健全学生人格、塑造学生良好个性的要求。

(2)有利于提高学生的综合素质。通过培养学生的团队精神,有利于提高其与人共事时奉献、进取、团结合作的人际交往能力和作风,养成民主意识,提高心理素质。

(3)有利于培养大学生的创新能力。在长期的活动中培养学生的团队精神,能创造出一种增加工作满意度的氛围,使人们创造性地工作和学习。另一方面,在这个知识和信息大爆炸的时代,通过发扬团队精神,既有利于个人获取更多的信息和知识,也有利于人们通过合作来共同创新和发展。社会心理学实验证实,团队作战能提高个人和团队的创新能力和工作绩效。

2.适应自身发展的需要

从我国的特殊情况来看,现今在校的高职学生,都是1980年以后出生的,也就是说,当今在校学生,基本上是独生子女。关于独生子女现象,早在十几年前就引起人们的关注。人们用所谓的"四二一综合征",所谓的"小皇帝"之类的话语,来形容独生子女现象,表达人们对计划生育制度下的城镇中独生子女现象的某种忧虑。我们培养学生的团队精神正是适合他们本身的需求。这是因为独生子女在成长的过程中受到较多的关爱,因而具有更强的自信心和自我意识。换言之,由于独生子女基本处于家庭的中心地位,往往使得其自我中心意识更易膨胀,因而更缺乏与人团结协作的主动性的习惯,缺乏为别人忍让和牺牲的精神。

团队时代为我们提供了一种全新的生活、工作方式。团队的工作方式,可以让我们的工作量大为减少,工作效率提高。与个人相比较而言,团队的优势决定了在做相同的事情时,团队更容易取得成功,而团队的成功也就是个人的成功。但是,团队的特点决定了团队成员必须在某些方面放弃一些东西。为了团队的纪律,我们有时候要牺牲一点自由;为了团队的利益,个别成员有时候要牺牲一点个人利益;触犯团队的规章,就要接受团队的处罚或者批评。那种甘于做出自我牺牲的精神是团队优秀员工所必须具有的。在一个团队中,有的时候由于处理不当或者工作失误,会使团队受到一些损失,甚至遭到一些失败的打击。本来,这是团队所有成员的责任,这时候就需要一些员工能主动站出来承担一些责任,减轻团队的压力,改变团队的尴尬处境。那些具有自我牺牲精神的员工,考虑到团队的处境,会勇敢地站出来,把责任承担起来,替其他同事受过。这一方面减轻了团队成员的工作压力,另一方面也表现了一个优秀员工应该有的素质。

爱迪生从拥有18名员工的小企业主成长为美国东部的工业巨头,他的个人协作能力起到了很大的作用。他是一个实干型的企业家,他的协作魅力主要体现在,用巨大的工作热情感染员工。他干起活来废寝忘食,员工们也和他一样,不知道什么时候该下班,这不仅因为有公正的加班费和慷慨的奖励,而且最重要的是大家都热爱自己的工作。没有一个人感到自己在为老板卖命,看起来老板比谁都拼命,大家到这儿来,就是和他一起干活。他是公认的天才,但他没有把自己供起来,他就在车间里,在乒乒乓乓的敲打声和刺耳的电锯声中开动他那非凡的大脑,成功后还跳非洲舞。他和工人们保持着交流,让他们参与每一项创造发明,人人都有机会展露自己的聪明才智,自我价值得到肯定,这往往比领薪水还快乐。这股干劲使企业生机勃勃,而企业蒸蒸日上的好形势又加倍激励着他们,爱迪生,就是这个迅速扩张的良性循环的原动力。他的话不多,他从小就不是一个善于辞令的人，但他凭借协作能力征服了趣味相投的人们。他并不只是工作，他常常在车间开宴会，或者带着员工们去钓鱼。

一个人所到之处，认为任何事物都意味着幸福和快乐，每个人都善良和友好，每个人都彬彬有礼、乐于助人，那他一定会感到很满足。相反，如果他充满怨恨和抱怨，对什么事都吹毛求疵、斤斤计较，根本感受不到生活的快乐，认为世界一团黑暗、冷漠无情，那么他只会压抑沮丧、闷闷不乐，甚至成为厌世者。要想建立良好的协作关系，自己首先要树立积极的心态，即使遇到了十分麻烦的事，也要乐观，你要对你的伙伴们说："我们是最优秀的，肯定可以把这件事情解决好，如果成功了，我请大家喝一杯。"

人总比动物要聪明、要理智。人们对发挥团队精神的认识不仅仅是出于自然的本能，而是依据自己所处的位置面临的任务、形势的要求和自身的需要来做出抉择。一根筷子容易折，十根筷子折不断，这是我们从小就知道的道理。团结就是力量，团结就有凝聚力，团结就是生产力，团结就有战斗力。团结是团队精神的灵魂，团队精神是我们完成预期目标取得最大效益的法宝，是事业成功的保障。

四、"达成一致"的要领

故事一：林斌，某高职学生，来自偏远农村，经济条件较差。在学校时就性格内向，独来独往，自己认定的事情就非干不可，为此常与同学发生争论。他瞧不起别人，别人对他也很疏远。他身边的有些同学会刻意地孤立他，贬低他，讲他的坏话，为此他感到很气愤，也很苦恼。在工作后也出现了类似的问题，短短一年时间就换了三份工作。

故事二：韩刚很幸运，高职一毕业就分配到一家地方报社。他积极学习业务，工作态度踏实，取得了非常好的工作业绩，可是知识分子集中的地方，有时候简单的事情也会变得复杂。工作八年后，韩刚仍然是个普通员工，而跟他一起分来的同事，都纷纷坐上了主编或副主编的位子。再看看已经30多岁的自己，韩刚真是越想越郁闷。

看着韩刚郁郁寡欢的样子，他的好朋友向他传授了一套与同事相处的方法，果然一年后，韩刚顺利地晋升为副主编。而且还带领报社的业务骨干出去考察了。

是什么使韩刚如愿升职的呢？原来，韩刚是一个性格倔强的人，认为只要努力工作就一定会得到应有的回报，可是在一个关系网密结的单位，单枪匹马的韩刚总是被遗忘。

韩刚的朋友帮他改变了两个不足之处：第一，只工作不合作。有一定的能力，又肯埋头苦干，工作的质量和效率都很突出，但是韩刚不愿与同事交流，一旦与他人合作，就显得闭塞、冷漠。只顾着干活，从不与同事之间有什么交谈和来往。第二，过分推销自己。韩刚在业务上投入了大量精力和时间，所以在业务上取得了非常好的表现，很喜欢在别人面前指手画脚，自吹自擂。这种品格很难获得好口碑。群众调查时，大家多半会把他的能力打个对折。而且，在任何场合都过分突出自己的人，必然忽略了他人的感受，往往给人以不懂得尊重他人的坏印象。

从上面两个故事当中我们可以看出，如果不能把自己融入到与别人的合作之中，你也会面临大家对你难以认同的局面。与同事合作，就要积极参与各种集体活动，积极与同事协商工作方法，听取意见和建议，分享工作成果。遇到困难喜欢单独蛮干，从不和其他同事沟通交流;好大喜功,专做不在自己能力范围之内的事。一个人如果以这种态度对待所面对的团体,那么其前途必然是黯淡的。只有把自己融入到团队中去的人才能取得大的成功。融入团队必须先有团队意识,要想让自己善于合作,就要摈弃"独行侠"、"自视清高"、"刚愎自用"的思想和态度,代之以"团结就是力量"和"齐心协力"的团队意识。

(一)学会与同事合作

美国思想家艾默生曾说:"你能诚心地帮助别人,别人一定会帮助你,这是人生中最好的一种报酬。"刚刚走出校园参加工作,第一个难题便是如何与同事相处。

在我们周围,有着各种各样的人,他们不是静止不动的事物,而是一个个生动鲜活的和我们自身一样的,需要别人关心、需要得到别人尊重与爱的人。如果你希望别人如何对待你,你首先要如何对待他人。

1. 真诚

在职场上,你与同事之间会存在某些差别,如专业技能、经历、性格等,这些会造成你们在对待工作、平时的交往上出现不同的看法。真诚地表达,把自己的想法说出来,听听对方的意见。你也许会说"我对别人真诚了,可是别人不对我真诚"。不要太在乎别人对你的反应。在乎得太多,做人办事就会觉得束手束脚。只要记住一条:自己问心无愧就好了。而且"路遥知马力,日久见人心",时间久了,大家自然就会在心里形成一个印象:这个人很真诚,让他办事放心。

2. 平等友善

步入新的环境,对许多事情都不了解,即使你各个方面都很优秀,即使你认为自己有能力解决手头的工作,也要虚心向有经验的同事请教,不要太张狂。要知道还有以后,你也许需要所有人的帮助,平等地做个朋友吧。另外,你还可以从他那里得到他总结的"个人经验",弥补自己的不足。

3. 保持微笑

微笑是办事的开心锁。即使是遇到了十分麻烦的事,也要乐观。不要把个人情绪带进工作中,要保证工作的正常进行,也要知道别人和我们一样每天都在"忙碌着"、"烦恼着",也想寻求轻松和快乐。你可以对自己或同伴说:"我(我们)是最棒的,这件事一定可以解决。"

4. 有技巧地说"不"

同事之间"好人"难当,大家都是同事,于是帮这个帮那个,最终的结果,就是自己多做了许多工作,甚至是端茶倒水。当耳边又响起"嗨,帮我发份传真吧",即使"不"字已经到了口边,最终还是咽了下去。同事们说起你来,常用"好人"代替。然而,却隐藏着些许轻视。

当别人要求你帮忙时,你实在不能说"不",就告诉他:不巧正要处理一件事情,如果他愿意等待的话,不好意思,他的工作要"排队",你做完自己的工作以后才可以再帮他做。亲切、友好地拒绝他的要求,运用你的幽默。"哇,老兄,上次的小费还没给呢。不如以后你的薪水我也帮你领?"让他感觉到自己的要求有些无理。

（二）职场相处的 15 个原则

1.无论发生什么事情，都要首先想到自己是不是做错了。如果自己没错（那是不可能的），那么就站在对方的角度，体验一下对方的感觉。

2.低调一点，低调一点，再低调一点（要比临时工还要低调，可能在别人眼中你还不如一个干了几年的临时工呢）。

3.嘴要甜，平常不要吝惜你的喝彩声（会夸奖人。好的夸奖，会让人产生愉悦感，但不要过头到令人反感）。

4.有礼貌。打招呼时要看着对方的眼睛。以长辈的称呼和年纪大的人沟通，因为你就是不折不扣的小字辈。

5.少说多做。言多必失，人多的场合少说话。

6.不要把别人的好，视为理所当然，要知道感恩。

7.不要推脱责任（即使是别人的责任，也可偶尔承担一次）。

8.在一个同事的面前不要说另一个同事的坏话。要坚持在背后说别人好话，别担心这好话传不到当事人耳朵里。如果有人在你面前说某人坏话时，你要微笑。

9.避免和同事公开对立（包括公开提出反对意见，激烈的更不可取）。

10.经常帮助别人，但是不能让被帮的人觉得理所应当。

11.对事不对人；或对事无情，对人要有情；或做人第一，做事其次。

12.忍耐是人生的必修课（要忍耐一生的啊，有的人一辈子到死这门功课也不及格）。

13.新到一个地方，不要急于融入到其中哪个圈子里去。等到了足够的时间，属于你的那个圈子会自动接纳你。

14.有一颗平常心。没什么大不了的，好事要往坏处想，坏事要往好处想。

15.待上以敬，待下以宽。

（三）做合作型的员工

一朵鲜花打扮不出美丽的春天（图 5-4），一个人先进总是单枪匹马，众人先进才能移山填海。"团队"就是"集体的协作"，团队精神的真谛就是"合作"，而团队合作就是力量，就是竞争力、战斗力。工作中要同心协力、互相支持、共同合作，成为一名合作型的员工。

【案例】 2007 年欧洲世界大赛中，乒乓小将王皓荣获男子单打冠军，手捧鲜花接受了萨马兰奇的颁奖。而在王皓这个冠军的背后，刘国梁这个昔日的"大满贯"得主，今日的男队主教练，又扮演了什么样的角色呢？

图 5-4 一朵鲜花打扮不出美丽的春天

王皓在赛后的采访中回答："比赛期间，我每天都是早上 8 点多爬起来，刘指导始终陪伴着我，他起来的目的就是陪我练习，模仿我将遇到的对手，模仿柳承敏，模仿波尔……从发球、站位到场上习惯，他都能学得惟妙惟肖。总之，我下一个即将跟谁打，他就模仿谁。他还和我开玩笑说，'王皓，你这个世界杯打完，我估计也恢复得能再去参加世

界杯了！'"王皓在采访中对刘国梁表示由衷的感谢。

　　王皓取得了自己人生中的第一个，也是在 2008 年北京奥运会到来之前最重要的一个单打冠军，作为男队主教练的刘国梁无论在巴塞罗那的男单决赛之后，还是回到北京后的采访中，都在毫无保留地夸奖着王皓的这次出色表现。

　　刘国梁虽然退出了比赛，但并没有从此轻松起来。他把自己的角色从台上转到台下，从幕前转到幕后。把点点滴滴的小事做好，扮演好自己的角色，发挥自己的作用，这就是刘国梁最大的优势。

　　【小提示】　从这个案例可以看出，刘国梁能够把团队的利益、集体的目标放在第一位，不斤斤计较个人得失。他不因自己失去了在台上表现才华的机会而消极怠工、袖手旁观，而是自觉地调整自己的岗位，做好陪练，为整个团队服务，为比赛成功贡献自己的一份力量。自觉地扮演好自己的角色，团队第一，个人第二，甘做幕后英雄。如果每个人都只想着表现自己，自己当英雄，或者只顾自己的得失，无视集体的利益，团队就无法保持和谐，就不能形成合力。

　　团队合作精神已成为个人必备的素质。工作中需要大家共同完成的，就要预先商定，配合中要守时、守信、守约。自己分内的工作要认真完成，不要轻易推给他人。同事的工作需要帮助时，在自己的能力之内给予真诚、主动的帮助。工作中出现问题或差错时，不要互相推诿，是自己的责任要主动承担，形成团结合作的良好氛围。个人和集体的关系，正像细胞和人的整个身体的关系一样。当人的身体受到损害的时候，身上的细胞就不可避免也要受到损害。

　　任何事业都不是个人独自所能够完成的，有赖于同事的互相合作，因此，我们要树立"合则彼此有利，分则伤害大家"的意识。让我们共同努力，群策群力达到真正互相合作的境界。

五、团队合作测试

　　当"我"是团队成员时：

　　1.我提供事实和表达自己的观点、意见、感受及信息以帮助小组讨论。（提供信息和观点者）

　　A.总是这样　　　B.经常这样　　　C.有时这样　　　D.很少这样　　　E.从不这样

　　2.我从其他小组成员那里征求事实、信息、观点、意见和感受以帮助小组讨论。（寻求信息和观点者）

　　A.总是这样　　　B.经常这样　　　C.有时这样　　　D.很少这样　　　E.从不这样

　　3.我提出小组后面的工作计划，并提醒大家注意需要完成的任务，以此把握小组的方向。我向不同的小组成员分配不同的责任。（方向和角色定义者）

　　A.总是这样　　　B.经常这样　　　C.有时这样　　　D.很少这样　　　E.从不这样

　　4.我集中小组成员所提出的相关观点或建议，并总结、复述小组所讨论的主要论点。（总结者）

A. 总是这样   B. 经常这样   C. 有时这样   D. 很少这样   E. 从不这样

5. 我带给小组活力,鼓励小组成员努力工作以完成我们的目标。(鼓舞者)

A. 总是这样   B. 经常这样   C. 有时这样   D. 很少这样   E. 从不这样

6. 我要求他人对小组的讨论内容进行总结,以确保他们理解小组决策,并了解小组正在讨论的材料。(了解情况检查者)

A. 总是这样   B. 经常这样   C. 有时这样   D. 很少这样   E. 从不这样

7. 我热情鼓励所有小组成员参与,愿意听取他们的观点,让他们知道我珍视他们对群体的贡献。(参与鼓励者)

A. 总是这样   B. 经常这样   C. 有时这样   D. 很少这样   E. 从不这样

8. 我利用良好的沟通技巧帮助小组成员交流,以保证每个小组成员明白他人的发言。(促进交流者)

A. 总是这样   B. 经常这样   C. 有时这样   D. 很少这样   E. 从不这样

9. 我会讲笑话,并会建议以有趣的方式工作,借以减轻小组中的紧张感,并增加大家一同工作的乐趣。(释放压力者)

A. 总是这样   B. 经常这样   C. 有时这样   D. 很少这样   E. 从不这样

10. 我观察小组的工作方式,利用我的观察去帮助大家讨论如何更好地工作。(进程观察者)

A. 总是这样   B. 经常这样   C. 有时这样   D. 很少这样   E. 从不这样

11. 我促成有分歧的小组成员进行公开讨论,以协调思想,增进小组凝聚力。当成员们似乎不能直接解决冲突时,我会进行调停。(人际问题解决者)

A. 总是这样   B. 经常这样   C. 有时这样   D. 很少这样   E. 从不这样

12. 我向其他成员表达支持、接受和喜爱,当其他成员在小组中表现出建设性行为时,我给予适当的赞扬。(支持者与表扬者)

A. 总是这样   B. 经常这样   C. 有时这样   D. 很少这样   E. 从不这样

计分标准:

以上 1~6 题为一组,7~12 题为一组,前一组与后一组得分用下列方式表达(0,0)。

总是这样(5分),经常这样(4分),有时这样(3分),很少这样(2分),从不这样(1分)。

测试结果:

(6,6)只为完成工作付出了最小的努力,总体上与其他小组成员十分疏远,在小组中不活跃,对其他人几乎没有任何影响。

(6,30)你十分强调与小组保持良好关系,为其他成员着想,帮助创造舒适、友好的工作气氛,但很少关注如何完成任务。

(30,6)你着重于完成工作,却忽略了维护关系。

(18,18)你努力协调团队的任务与维护要求,终于达到了平衡。你应继续努力,创造性地结合任务与维护行为,以促成最优生产力。

(30,30)祝贺你,你是一位优秀的团队合作者,并有能力领导一个小组。

【知识吧台】

钥　匙

一把坚实的大锁挂在大门上,一根铁杆费了九牛二虎之力,还是无法将它撬开。钥匙来了,它瘦小的身子钻进锁孔,只轻轻一转,大锁就"啪"的一声打开了。铁杆奇怪地问:"为什么我费了那么大的力气也打不开,而你轻而易举的就把它打开了呢?"钥匙说:"因为我最了解它的心。"

人生启示:

每个人的心,都像上了锁的大门,任你再粗的铁棒也撬不开。唯有关怀,才能把自己变成一把细腻的钥匙,进入别人的心中,了解别人。

【互动空间】

"串名"练协作

1.把学生每五人分成一个小组,每小组共同写一份对团队合作重要性的认识。

2."串名"游戏

游戏方法:每10人一个小组,每个小组围成一圈,任意提名一名学员自我介绍单位、姓名,第二名学员轮流介绍,但是要说:我是×××后面的×××,第三名学员说:我是×××后面的×××的后面的×××,依次下去……最后介绍的一名学员要将前面所有学员的名字、单位复述一遍。

分析:活跃气氛,打破僵局,加速学员之间的了解。

第六单元
学会主动　给自己创造机会

> 你要追求工作,别让工作追求你。——富兰克林
> 作战基本原理,切勿完全处于被动地位。——克劳塞维茨
> 人性本质是主动而非被动的,不仅能消极选择反应,更能主动创造
> 有利环境。——史蒂芬·柯维

　　美国文学家及哲学家梭罗(Henry David Thoreau)曾说,最令人鼓舞的事实,莫过于人类确实能主动努力以提升生命价值。主动是什么? 主动就是"没有人告诉你而你正做着恰当的事情"。主动,是一种态度,它反映着一个人对待问题、对待工作的行为趋向和价值取向;主动,是成功人士必须具备的一种重要品质;主动,是自身装有太阳能发动机的汽车,能够在直奔目标的同时积累新的能量。人类之所以是万物之灵,是因为我们有着自觉意识(self-awareness),从而我们可以客观检讨我们是如何"看待"自己的。但是在现代社会,这种自觉意识却被压抑了,我们总是被别人的看法而左右,只会依照时下流行的价值观以及四周人群的看法来衡量自己,而不曾认识到那样的自己就是从哈哈镜里反射出来的自己。

一、守株待兔与主动出击

　　有一个大家耳熟能详的故事:相传在春秋时代的宋国,一个农夫有一天在田里耕作,突然一个兔子跑过来,由于跑得太快了,一头撞在了树上,撞死了。农夫捡了一个大便宜,觉得这样挺好,什么也不做,就能捡到兔子。于是,他每天什么都不做,就坐在那棵大树旁,准备再捡到兔子(图 6-1)。结果大家都知道,田也荒了,兔子自然再也没有捡到。

　　为什么会有这样的结果呢? 就是因为这个农夫把一次偶

图 6-1　守株待兔

然的成功当成了一劳永逸。事实上，如果他不是只坐在树下等，而是主动出击，就是兔子跑得再快，也总有抓住它的机会。

积极主动(Pro-active)这个词最早是由著名心理学家维克托·弗兰克推介给大众的。弗兰克本人就是一个积极主动、永不向困难低头的典型。

弗兰克原本是一位受弗洛伊德心理学派影响颇深的决定论心理学家，但是，他在纳粹集中营里经历了一段凄惨的岁月后，开创了独具一格的心理学流派。

弗兰克的父母、妻子、兄弟都死于纳粹魔掌，而他本人则在纳粹集中营里受到严刑拷打。有一天，他赤身独处于囚室之中，突然意识到了一种全新的感受——也许，正是集中营里的恶劣环境让他猛然警醒："在任何极端的环境里，人们总会拥有一种最后的自由，那就是选择自己的态度的自由。"

弗兰克的意思是说，在一个人极端痛苦无助的时候，他依然可以自行决定他的人生态度。在最为艰苦的岁月里，弗兰克选择了积极向上的态度。他没有悲观绝望，反而在脑海中设想，自己获释以后该如何站在讲台上，把这一段痛苦的经历介绍给自己的学生。凭着这种积极、乐观的思维方式，他在狱中不断磨炼自己的意志，直到自己的心灵超越了牢笼的禁锢，在自由的天地里任意驰骋。

弗兰克在狱中发现的思维准则，正是我们每一个追求成功的人所必须具有的人生态度——积极主动。

美国作家史蒂芬·柯维在其《高效能人士的七个习惯》中说：

不要忽略人性最可贵的一面，那就是人有"选择的自由"(freedom to choose)。这种自由来自人类特有的四种天赋。除自我意识外，我们还拥有"想象力"(imagination)，能超出现实之外；有"良知"(conscience)，能明辨是非善恶；更有"独立意志"(independent will)，能够不受外力影响，自行其是。

积极主动是人类的天性，如若不然，那就表示一个人在有意无意间选择消极被动(re-active)。消极被动的人易被自然环境所左右，在秋高气爽的时节里，兴高采烈；在阴霾晦暗的日子里，就无精打采。积极主动的人，心中自有一片天地，天气的变化不会发生太大的作用，自身的原则、价值观才是关键。如果认定工作品质第一，即使天气再坏，依然不改敬业精神。

消极被动的人，同样也受制于社会"天气"的阴晴变化。如果受到礼遇，就愉快积极，反之则退缩逃避。心情好坏建立在他人的行为上，别人不成熟的人格反而是控制他们的利器。

太多人只是坐等命运的安排或贵人相助，事实上，好工作都是靠自己争取而来的。采取主动并不表示要强求、惹人厌或具侵略性，只是不逃避为自己开创前途的责任。在未来的职场中，守株待兔还是主动出击，这是我们必须要做的一个态度选择。

二、你离主动有多远

2008年哈尔滨科学技术职业学院针对企业对高职学生就业能力的要求做了一个调查。调查显示，越来越多的用人单位认为，高职毕业生正确积极的工作态度和道德修养水平比专业技能更重要,特别是有 85.6% 的外企在招聘毕业生时把正确积极的工作态度作为最重要的因素进行考虑,道德修养水平也被用人单位认为是第二重要的因素。

在访谈中,用人单位表示,目前大部分学生在言行上存在较大差距,企业往往在培训方面花费大量的人力物力,学生在追求较高报酬的同时,往往忽略了对等付出和多一点奉献的思考,不安心工作,跳槽频繁,不辞而别的现象越来越多。

团队合作精神和人际交往能力等也受到了用人单位的重视,重视程度几乎与专业基础技能持平。究其原因,当前在社会化大生产的条件下,无论是生产、管理或服务第一线,工作岗位越来越需要团队合作和沟通,这是胜任工作的一个重要条件。

专业发展能力受重视的程度从受访企业来看排位比较靠后,这与企业类型的差异有关。在生产型企业中,80% 以上的高职毕业生在从事中职毕业生就可以胜任的普工岗位,或与没有学历教育的打工者处在同一个职业群。但在管理、服务型企业当中或者是在生产型企业的管理岗位中,高职毕业生的学习能力、创新能力及分析和解决问题的能力受重视程度相当靠前,提及率高达 67.3%,是用人单位考虑的重要因素(见表 6-1)。

表 6-1   企业考查选用高职毕业生就业能力时的因素(%)

	选项	第一因素	第二因素	第三因素	提及率(合计)
专业基础技能	专业理论知识	3.3	2.6	4.2	10.1
	实践操作能力	15.4	16.3	17.8	49.5
社会适应能力	正确积极的工作态度	31	21.4	18.3	70.7
	思想道德水平	17.6	22.7	18.1	58.4
	团队合作精神	10.9	12.1	13.5	36.5
	人际交往能力	8.8	9.8	4.9	23.5
	心理素质	2.3	3.5	6.8	12.6
专业发展能力	学习能力	3.4	4.7	8	16.1
	创新能力	3.3	2.1	4.7	10.1
	分析和解决问题能力	4	4.8	3.7	12.5

李开复在《给中国学生的第五封信:做个积极主动的你》中指出,在中国的教育体制下,学生们事事要听从父母和老师的安排,遇到问题也可以直接从父母和老师那里获得帮助,这很容易养成被动的习惯。因此,许多中国年轻人不善于主动规划自己的成长路线,不知道如何积极地寻找资源,使自己的学业和人生迈上更高的阶梯。

为了成为国际化的人才,为了在信息时代发挥自己的最大潜能,每一个有进取心的中国青年都应该努力迫使自己从被动转向主动,大家必须成为自己未来的主人,必须积极地管理自己的学业和未来的事业——没有人比你自己更在乎你的工作与生活,没有人比你自己更适于管理你的人生和事业,只有积极主动的你,才能找到真正的"自我",才能让自己在成功的道路上永远快乐。

三、"主动"创造机会

在竞争异常激烈的当今时代,被动就会挨打,主动则可以抢先占据优势地位。我们的事业、我们的人生不是上天安排的,无不需要我们去主动争取、去拼搏。在职场中,有很多事情也许永远没有人安排你去做,有很多的职位空缺永远都需要有人去做。这就要看谁能把握住机会,主动去做,主动去争取了。因为你主动,所以不但锻炼了自己,同时也为自己争取到了机会,积累了经验,积蓄了力量。但如果你不去主动争取,不去主动行动起来,等到什么事情都需要别人来告诉你时,你已经很落伍了,机会已经溜走了,这样的职位早已经被那些主动行动者捷足先登了。

所以,学会主动是为了给自己增加机会,增加锻炼自己的机会,增加实现自己价值的机会。社会、企业、职场只能给你提供舞台,而演出则要靠自己,能演出什么精彩的节目,有什么样的效果,决定权完全在你自己。

今天人们对人才的定义已经发生了很大的变化,因为在现代化的企业中,大多数人的工作不再是机械式的重复劳动,而是需要独立思考、自主决策的复杂过程。著名的管理学家彼得·德鲁克(Peter Druker)曾指出:"未来的历史学家会说,这个世纪最重要的事情不是技术或网络的革新,而是人类生存状况的重大改变。在这个世纪里,人将拥有更多的选择,他们必须积极地管理自己。"所以,今天大多数优秀的企业对人才的期望是:积极主动、充满热情、灵活自信的人。

要想在现代化的企业中获得成功,就必须努力培养自己的主动意识:在工作中要勇于承担责任,主动为自己设定工作目标,并不断改进方式和方法;此外,还应当培养推销自己的能力,在领导或同事面前要善于表现自己的优点。

作为当代中国的青年一代,你应该不再只是被动地等待别人告诉你应该做什么,而是应该主动去了解自己要做什么,并且做出规划,然后全力以赴地去完成。想想今天世界上最成功的那些人,有几个是唯唯诺诺、被动消极的人。只要有了积极主动的态度,没有什么目标是不能达到的。

所以,每一个年轻人都要拥有一个积极、主动的心,你必须善于规划和管理自己的事业,为自己的人生作出最为重要的抉择。没有人比你更在乎你自己的事业,没有什么东西像积极主动的态度一样更能体现你自己的独立人格。

【案例】有一个名叫维莉的女孩,她的父亲是有名的外科医生,母亲是一所大学的教授。她的家庭对她有很大的帮助和支持,她完全有机会实现自己的理想。从念中学的时候起,维莉就一直梦想着当电视节目的主持人。她觉得自己具有这方面的才干,因为每当她和别人相处时,即使是陌生人也都愿意亲近她并和她长谈,她知道怎样从人家嘴里"掏出心里话"。她的朋友们称她是他们的"亲密的随身精神医生"。维莉常常在父母或是朋友面前说:"只要有人愿意给我一个机会,让我在电视上一展身手,我一定可以成功!"

然而,维莉为了这个理想做出了什么努力呢?其实什么也没有!她只是在等待,等待一个机会从天而降,正好砸在她的头上,然后,她一举成名,成为著名的电视节目主持人。维莉就这么一直等啊,等啊,但是天空依然静默,并没有掉下一个机会。

而另一个名叫曼迪的美国女孩,却实现了维莉一直想实现的理想,成了著名的电视节目主持人。曼迪的成功之道正是因为她懂得"天下没有免费的午餐",一切成功都要靠自己的努力去争取。她没有像维莉那样,空等机会的出现。她白天去做工,晚上在大学的舞台艺术系上夜校。毕业之后,她开始谋职,跑遍了洛杉矶每一个广播电台和电视台。但是,每个地方的经理对她的答复都差不多:"不是已经有几年经验的人,我们不会雇用的。"

但是,曼迪没有放弃,她坚持走出去寻找机会。她一连几个月仔细阅读广播电视方面的杂志,最后终于看到一则招聘广告:有一家很小的电视台要招聘一名预报天气的女孩子。曼迪并不介意电视台有多小,她只是希望找到一份和电视有关的职业,干什么都行!于是,她抓住这个机会,前往面试。结果,她通过了考核,成为一名天气预报播报员。曼迪在那家很小的电视台一做就是两年,后来又去了一家较大的电视台。又过了5年,她终于得到提升,成为她梦想已久的节目主持人。

【小提示】 机会有时会经过你的身旁,但更多的时候,它却披着隐身衣,等着你去寻找、发现,甚至是创造。不要凡事都守株待兔,更不要寄希望于"机会"。机会是相对于充分准备而又善于创造机会的人而言的。职场上的道理又何尝不是这样呢?

四、这样才主动

主动是一种宝贵的素质与美德,并和"责任心"一样,是塑造团队灵魂、打造团队执行力的核心要素。现代企业非常重视员工工作主动性的发挥与养成。

(一)积极主动勤为先

成功人生的原因虽然多种多样,但主动的积极进取却是许多成功人士的共同特点。积极进取体现在一个"勤"字上。"一生之计在于勤"是先哲的遗训,更是被实践检验过的一条放之四海而皆准的真理。一个人要想学有所成,业有所成,就得使自己积极主动并勤奋起来。

人生中的任何一种成功,大多始于主动、勤奋,成之于主动、勤奋。"书山有路勤为径,学海无涯苦作舟",这说的是读书人的勤;"六月炎天不歇荫,锄头底下出黄金",这说的是种田人的勤;"勤能补拙是良训,一分辛劳一分才",这说的是普通人的勤;"哪里有超于常人的精力和工作能力,哪里就有天才",这说的是聪明人的勤。主动、勤奋,是点燃智慧的火把,是获取成功的法宝,是完善自我的捷径。主动、勤奋,是人们走向成功的共同的经验总结。

终生主动、勤奋是一个艰辛的过程。在我们小时候的启蒙读物里,有一个铁杵磨成针的故事:著名诗人李白少年读书贪玩,学业没有长进。后来看到一个老奶奶在孜孜不倦地用铁杵磨针而大受感动,从此勤奋求学,终于成为我国的"诗仙"(图6-2)。要把一根铁杵磨成绣花针,自然非一朝一夕的工夫。因此,我们不要老是说自己耕耘了而没有收获,不要总是埋怨成功老是远离自己。在这种情况下,我们要扪心自问:

图6-2 只要功夫深,铁杵磨成针

"我是否做到了主动、勤奋?"如果回答是肯定的,那收获就是早晚的事了。

在现代职场里,同样需要这种积极主动的勤奋精神。一个以薪水为个人奋斗目标的人是无法走出平庸的生活模式的,也从来不会有真正的成就感。虽然工资应该作为工作目的之一,但是从工作中能真正获得的更多的东西却不是装在信封中的钞票。如果你忠于自我的话,就会发现金钱只不过是许多报酬中的一种。试着请教那些事业成功的人士,他们在没有优厚的金钱回报下,是否还继续从事自己的工作?大部分人的回答都是:"绝对是!我不会有丝毫改变,因为我热爱自己的工作。"想要攀上成功之阶,最明智的方法就是选择一份即使酬劳不多,也愿意主动、勤奋做下去的事业。当你主动、勤奋地对待自己所从事的工作时,金钱就会尾随而至,你也将成为人们竞相聘请的对象,并且获得更丰厚的酬劳。

在职场上,主动、勤奋地去做老板没有交代的事情,并把这些事做好,你就能提升自己在老板心目中的位置,就会被调到更高的职位上,获得更大的成功。

在现代职场,过去那种听命行事的工作作风已不再受到重视,懂得积极主动、勤奋工作的员工将备受青睐。在工作中,只要认定那是要做的事,哪怕看上去是"不可能完成"的任务,都要敢于接受挑战,立刻采取行动,而不必等老板做出交代。

当今的时代是一个知识爆炸的时代,社会的发展和变化日新月异。要跟上时代的发展,要适应变化的要求,就得主动、勤奋,就得努力,否则就会落伍,就会被淘汰。所以,主动勤奋不仅是现实生存的需要,也是未来发展的需要。主动、勤奋不仅仅是一日之计,一年之计,更是一生之计。

(二)"眼中有事,心中有谋"

有一个高职毕业生刚来公司不久,培训一个星期了,从未见她提出什么问题,一直在办公室上网,一副百无聊赖的样子。问她的工作范围和职责是什么?她说看大家在忙,不知道该干什么,头儿没告诉我该干什么,所以只好上网了。

美国作家哈伯德有本很受美国商界精英追捧的小册子,叫《找准自己的位置》,他在论说员工实现自我价值必须具有的精神时,除了勤奋、敬业、忠诚之外,还特别强调了主动性的养成。他告诫人们,如果你想巩固自己的位置,你就要永远保持主动率先的精神,不等老板交代,便主动去做自己应该做的事。

主动性的基本构成要素是进取心,它会促使一个人主动去做他应该做的事,而不是总处于被动性的状态,等待领导吩咐后,才不得已而去做。具有强烈进取心的员工,总会积极主动地去做好本职工作,因此他工作时,不会有压迫感,而是享受到主动工作给他带来的快乐,有一种非常愉悦的感觉。而要想成为一个有进取心的人,首要的是必须克服得过且过、拖延时间的恶习,养成一种主动性、自发性的良好习惯。

但是在许多企业里,很多员工常常要等老板吩咐什么事、怎么做之后,才开始工作。真可以说是拨一拨,转一转,不拨他不转。这样的员工没有一点主观能动性,缺乏主动做事的精神,不仅做不好事,而且也很难获得老板的认同。

服务生雅各布的故事

一个阳光明媚的中午，一个喧嚷繁忙的餐厅。

"先生，有人招呼您了吗？"一个端着满满一托盘脏碟子的小伙子匆匆从我身边经过。

"还没有。我赶时间，给我一份沙拉和面包圈。"

"好的，这就给您拿来。您喝点什么？"

"健怡可乐，谢谢。"

"对不起，我们只卖百事可乐，行吗？"

"那就柠檬水吧。"

我的餐点很快就来了。小伙子仍旧匆忙地在餐厅中穿梭。

过了一会儿，突然在我的左边有人直冲过来，长手臂越过我的右肩，你猜怎样？我的眼前出现了——一罐冰凉解渴的健怡可乐！

"哇，谢谢你！"

"不客气！"小伙子又赶到别处去忙了。

我的第一个念头是："把这家伙挖过来！成为我的雇员！"他显然不是个一般的服务员。

我越是想到他做的那些额外的事，就越想找他聊聊。趁他注意到我的时候，我招手请他过来。

"抱歉，我以为你们不卖健怡可乐。"

"没错，先生，我们不卖。"

"那这是从哪儿来的？"

"街角的杂货店，先生。"

我惊讶极了。

"谁付的钱？"我问。

"是我，才2块钱而已。"

听到这里，我不禁为他的专业服务所折服，但是我还有一个疑问——

"你忙得不可开交，哪有时间去买呢？"

小伙子雅各布面带笑容，说："不是我买的，先生。我请我的经理去买的！"

当时是中午就餐的高峰时段。他已经忙不过来了，但是，他注意到有位顾客没人招呼。尽管这位顾客不在他负责的桌区。

——让他们去招呼吧，反正不是我管的。

——老板真是抠门死了，忙成这样也不增加点人手！

——为什么中午值班的总是我！！！

但雅各布显然没这么想。

我如何能帮上忙？

我如何为你提供更好的服务？

几个月之后，雅各布不在这家店做服务生了。他升任为经理。

（约翰·米勒《QBQ问题背后的问题》）

【小提示】 这个服务生表现的正是作为一个职业人最重要的责任意识。面对餐厅混乱的局面,他没有抱怨"经理是怎么做的管理"、"为什么人手不够",而是想"我能做些什么"、"我如何尽自己的力量改变现状",在这样的思路指引下,他主动去多做事,为客户带来了方便,也为公司赢得了忠诚客户,同时也为自己的职场发展奠定了基础。

(三)"分外"的事也要做

很多时候,领导安排的工作并不在明显的职责范围之内,在这种情况下,是消极怠工,还是立即执行? 当然是立即执行。

要站在领导和公司的立场上看问题,努力做好领导安排的每一件事情。要知道,领导为什么把不是你职责范围之内的事交给你做。说明领导相信你的能力,也可能对你进行考验。每一家公司,每一个领导都欣赏愿意勇挑重担、不讨价还价的员工。领导把不是你职责范围之内的事交给你做,是领导对你的重视和考验,从表面看是实现了公司的近期利益,实则有利于你自己的长远利益。

不要满足于完成分内的任务。因为严格地说,只是单纯地执行任务,你只是一个"执行者"。只做上司吩咐的工作并不足够,乐于"多管闲事"才是高等境界。付出多少,得到多少,这是一个众所周知的因果法则,一如既往地多付出一点,多做一些分外的事情,回报可能会在不经意间,以出人意料的方式出现。

如果你能在分内的工作之外多做一点,那么,不仅能够彰显你勤奋的美德,而且能发展一种超凡的技巧与能力,使你具有更强大的生存力量,从而摆脱困境。社会在发展,公司在成长,个人的职责范围也随之扩大。不要总是告诉自己"这不是我分内的工作",做一些"分外"的事,会为你带来更多的机遇。

【案例】

做好分外之事

一位成功学家曾聘用一名年轻女孩当助手,替他拆阅、分类信件,薪水与相关工作的人相同。

有一天,这位成功学家口述了一句格言,要求她用打字机记录下来:"请记住,你唯一的限制就是你自己脑海中所设的那个限制。"

她将打好的文件交给老板,并且有所感悟地说:"你的格言令我深受启发,对我的人生大有价值。"

这件事并未引起成功学家的注意,但是,却给受雇女孩心中打上了深深的烙印。从那天起,她开始晚饭后回到办公室继续工作,不计报酬地干一些并非自己分内的工作——譬如替老板给读者回信。

她认真研究成功学家的语言风格,以至于这些回信和自己老板写得一样好,有时甚至更好。她一直坚持这样做,并不在意老板是否注意到自己的努力。终于有一天,成功学家的秘书因故辞职,挑选合适人选时,老板自然而然地想到了这个女孩。

在没有得到这个职位之前就已经身在其位,这正是女孩获得提升的最重要原因。在下班的铃声响起之后,她依然坚守在自己的岗位上;在没有任何报酬的情况下,她依然刻苦训练,最终使自己有资格接受更高的职位。

故事并没有结束,这位年轻女孩的能力如此优秀,引起了更多人的关注,其他公司纷纷提供更好的职位邀她加盟。为了挽留她,成功学家多次提高她的薪水,与最初当一名普通速记员相比已经高出了四倍。

【小提示】 年轻女孩的成功绝不是一个偶然。因为积极主动已成了她的生活态度。她坚信"请记住,你唯一的限制就是你自己脑海中所设的那个限制",积极主动地思考,积极主动地学习,积极主动地"不计报酬地干一些并非自己分内的工作"。如果我们也做到女孩这样,成功就指日可待了。

(四)让主动成为一种习惯

在《高效能人士的七个习惯中》这本著名的畅销书中,作者史蒂芬·柯维将积极主动列为七个重要习惯之首。当主动成为一种自觉,一种习惯,你就离成功不远了。

一般来说,主动性可以分为四个层次:

1.不用别人告诉你,便能积极出色地完成自己的各项工作;

2.老板安排任务后,才去做老板安排的职责范围内的工作;

3.老板安排任务后,多次督促,迫于形势才去做;

4.老板安排任务后,告诉他怎么做,并且盯着他才去做。

显而易见,企业所希望的主动工作便是主动性的第一个层次,即不论老板是否安排,都能积极主动并出色地完成自己的工作。但是,在日常工作中,我们为什么常出现被老板认为是"缺乏主动性"的情况呢?原因可能有以下几点:

1.自己的意见和老板不一致,又很少和老板及时沟通。自己和老板的意见不一致是很正常的事,这说明你和老板的想法有分歧,这就需要及时和老板沟通,多请示,早汇报,和老板的意见达成一致。不然,自作主张肯定得不到老板认可,又耽误工作进程。

2.自己制定的工作标准低,没完成任务的借口太多。对每一件工作,老板的要求往往比较高,我们自己有时标准低一点也正常,问题是,当老板提出高标准时,我们要按老板的要求积极努力地想办法完成,千万别认为老板要求太离谱,太苛刻,不可能完成;或认为,我反正就这水平,要么老板另请高明。老板的要求高,对我们来说,既是一个锻炼学习的机会,又是一次自我挑战和升华。

3.老板没给标准和时间,思想上松懈。老板之所以没给出完成任务的标准和时间,要么时间紧忘记了,要么还没考虑成熟。但这不等于老板没有标准和时间意识,从而可以拖延办理。要记住,老板没给标准和时间,你自己要有标准和时间,并把你的理解向老板汇报,千万不能思想松懈。任何工作,能及时完成的尽量及早完成。

4.工作中牵涉到别人的配合,而别人配合不力,又不去催促,怕得罪人。我们的大多数工作都需要别人配合,要么是同事,要么是商业合作伙伴。如果别人配合不力怎么办?就要恳求、督促对方配合,但是要注意语气,不能一副居高临下的样子,否则,只能适得其反,欲速则不达。

5.老板安排的工作自己认为"不在我的职责范围内",从而消极怠工。要知道,老板为什么把不在你职责范围内的事交给你做。说明老板相信你的能力,也可能对你进行考验。每一家公司,每一个老板,都欣赏愿意勇挑重担、不讨价还价的员工。老板把不在你职责范围内的事交给你做,是老板对你的重视和考验,从表面看是实现了公司的近期利益,实则有利于你自己的长远利益。

这是几种基本的"缺乏主动性"的情况及解决办法。事实上,老板都希望自己的员工能自觉主动地工作,他绝不愿把员工变成工作的机器,只知道被动地接受指令,也不愿接纳没有头脑的员工,这样会使老板不得不分出精力去指导具体业务事项的进行。

一位老板曾说过,请示老板分派工作要比顺从老板分派工作更高一层,这是一种变被动为主动的技巧,它不仅体现了员工的工作积极性、主动性,还增加了让老板认识自己的机会。

工作积极主动就是:掌握老板的指令,然后加上自身的智慧与才干,把指令内容做得比老板预期的要完美;主动学习更多的跟工作有关的知识,以便随时用在工作上;有高度的自律能力,不经督促,自行把工作保持在较高效率水平之上;了解公司及老板的期望,认真去完成每一个任务目标;准确进行自我定位,随时调整自我去适应不同的工作环境。

【案例】

差　别

两个同龄的年轻人同时受雇于一家店铺,并且拿同样的薪水。

可是一段时间后,叫阿诺德的那个小伙子青云直上,而那个叫布鲁诺的小伙子却仍在原地踏步。布鲁诺很不满意老板的不公正待遇。终于有一天他到老板那儿发牢骚了。老板一边耐心地听着他的抱怨,一边在心里盘算着怎样向他解释清楚他和阿诺德之间的差别。

"布鲁诺先生,"老板开口说话了,"您现在到集市上去一下,看看今天早上有什么卖的。"

布鲁诺从集市上回来向老板汇报说,今早集市上只有一个农民拉了一车土豆在卖。

"有多少?"老板问。

布鲁诺赶快戴上帽子又跑到集市上,然后回来告诉老板一共四十袋土豆。

"价格是多少?"

布鲁诺又第三次跑到集市上询问价格。

"好吧,"老板对他说,"现在请您坐到这把椅子上一句话也不要说,看看阿诺德怎么说。"

阿诺德很快就从集市上回来了。向老板汇报说到现在为止只有一个农民在卖土豆,一共四十袋,价格是多少多少;土豆质量很不错,他带回来一个让老板看看。这个农民一个钟头以后还会弄来几箱西红柿,据他看价格非常公道。昨天他们铺子的西红柿卖得很快,库存已经不多了。他想这么便宜的西红柿,老板肯定会要进一些的,所以他不仅带回了一个西红柿做样品,而且把那个农民也带来了,他现在正在外面等回话呢。

此时老板转向了布鲁诺,说:"现在您肯定知道为什么阿诺德的薪水比您高了吧!"(图 6-3)

(节选自张健鹏、胡足青主编的《故事时代》)

> 到现在为止只有一个农民在卖土豆一共四十口袋,价格是……

图 6-3　主动与不主动的差别

【小提示】 阿诺德和布鲁诺的区别就在于一个主动为店铺考虑,为老板考虑,最终提高了工作效率,自己也从中受益;一个虽没有消极怠工,但他只会本本分分地做好老板分配给自己的本职工作,不会主动思考,相比之下,孰优孰劣就泾渭分明了。可见,在职场发展,离开主动是不行的。

五、工作主动性测试

你的工作主动性怎样?下面是一份测试题,每道题有三个答案,请你根据实际情况,选择适合自己的一项:

1. 在工作中你愿意:

A. 与别人合作　　　　　　B. 说不准　　　　　　C. 自己单独进行

2. 在接受困难任务时:

A. 有独立完成的信心　　　B. 拿不准　　　　　　C. 希望有别人的帮助和指导

3. 希望把你的家庭设计成:

A. 有自己活动和娱乐空间的个人世界　　　　B. 与邻里朋友活动交往的空间

C. 介于 A、B 之间

4. 解决问题借助于:

A. 独立思考　　　　　　　B. 与别人讨论　　　　C. 介于 A、B 之间

5. 在以前与异性朋友的交往:

A. 较多　　　　　　　　　B. 一般　　　　　　　C. 比别人少

6. 在社团活动中,是不是积极分子?

A. 是的　　　　　　　　　B. 看兴趣　　　　　　C. 不是

7.当别人指责你古怪不正常时：

A.非常生气　　　　　　　B.有些生气　　　　　　C.我行我素

8.到一个新城市找地址,一般是：

A.向别人问路　　　　　　B.看地图　　　　　　　C.介于A、B之间

9.在工作上,喜欢独自筹划或不愿别人干涉：

A.是的　　　　　　　　　B.不好说　　　　　　　C.喜欢与人共事

10.你的学习多依赖于：

A.阅读书刊　　　　　　　B.参加集体讨论　　　　C.介于A、B之间

测评标准：

得分　　　　　题号　　答案	1	2	3	4	5	6	7	8	9	10
A	2	2	2	0	2	0	2	2	2	
B	1	0	0	1	1	1	2	1	0	1
C	0	1	1	2	0	0	1	0	1	0

测评分析：

15~20分：自主性很强。自立自强,当机立断；

11~14分：自主性一般。对某些问题常常拿不定主意；

0~10分：自主性低。依赖、随群、附和。

【知识吧台】

积极主动的七个步骤

要达到积极主动的境界,我建议大家按照七个步骤,循序渐进地调整自己的心态,培养自己的习惯,学习把握机遇、创造机遇的方法,并在积极展示自我的过程中收获成功和快乐。

步骤一：拥有积极的态度,乐观面对人生

心理学家早已发现：一个人被击败,不是因为外界环境的阻碍,而是取决于他对环境如何反应。埋怨不会改变现实,但是积极的心态和行动可能改变一切。

根据心理学家的统计,每个人每天大约会产生5万个想法。如果你拥有积极的态度,那么你就能乐观地、富有创造力地把这5万个想法转换成正面的能源和动力；如果你的态度是消极的,你就会显得悲观、软弱、缺乏安全感,同时也会把这5万个想法变成负面的障碍和阻力。

消极的人允许或期望环境控制自己,喜欢一切听别人安排,但在这样的情况下,他不可能拥有控制自己命运的能力,也无法避免失败的厄运；相反,积极的人总是以不屈不挠、坚忍不拔的精神面对困难,他的成功是指日可待的。积极的人总是使用最乐观的精神和最辉煌的经验支配、控制自己的人生；消极者则刚好相反,他们的人生总是处在过去

的种种失败与困惑的阴影里。

步骤二：远离被动的习惯，从小事做起

消极被动的习惯是积极主动的最大障碍，如果你从小就在消极、被动的环境下长大，你就更应该努力剔除自身所拥有的那些消极因素。

要改掉这个习惯，你就需要下定决心，每一件小事都要表达出自己的意见，就算你不是很在乎。例如，自己决定在餐馆点什么菜，自己决定自己的衣着打扮，周末时自己决定要去哪里玩，等等。你应该学会对自己的生活作出合理的安排，而不是"别人怎样我就怎样"。当自己感觉"无所谓"，想依从别人的意见时，记得提醒自己，一定要把自己的选择展现出来。

遇到困难时，不要找借口，应该多想一想，有没有别的解决方案？能不能将问题分解开来，一步一步地加以解决？或者，是否需要先提高自己在某方面的能力，然后再回头来处理这个难题？不要因为逃避而说自己没有选择或没有时间——没有人缺少时间，只不过，每个人分配时间的方式有所不同而已。

步骤三：对自己负责，把握自己的命运

每一个人都有选择，都有机会，但是，先天和环境因素造成每个人的机会多少不同。所以，这个世界不是完全公平的。但如果你因为世界不公平而放弃了自己的机会和选择，那就是你自己的责任，就不能怪世界不公平了。

"积极主动"的含义不仅限于主动决定并推动事情的进展，还意味着人必须为自己负责。责任感是一个很重要的观念，积极主动的人不会把自己的行为归咎于环境或他人。他们在待人接物时，总会根据自身的原则或价值观，做有意识的、负责任的抉择，而非屈从于外界环境的压力。

对自己负责的人会勇敢地面对人生。大家不要把不确定的或困难的事情一味搁置起来。比方说，有些同学认为英语重要，但学校不考试时，自己就不学英语；或者，有些同学觉得自己需要参加社团锻炼沟通能力，但因为害羞就不积极报名。对此，我们必须认识到，不去解决也是一种解决，不作决定也是一个决定，消极的解决和决定将使你面前的机会丧失殆尽，你终有一天会付出沉重的代价。

步骤四：积极尝试，邂逅机遇

在和学生的交流中，我发现，一些学生因为受到一些挫折就丧失了奋斗的勇气。例如，有的学生因为应试教育在大学中延续而后悔念大学，有些学生因为专业不合适就虚度时光，还有的学生因为在研究生期间遇到种种学术上的难题而感到气馁……不知道大家有没有想过，这些都是可以直面的挫折，它们都需要你具有积极主动的态度。生命中随处是机遇，许多机遇就藏在一个又一个挫折之中，如果你在挫折面前气馁，你很可能会与自己的机遇擦肩而过。

积极尝试是学习最好的方法。在一个先进的公司，你不需要担心失败。在一项针对美国公司的首席执行官的调查中发现，他们最欣赏的就是那些主动要求做某项新工作的员工。无论是否能做好，至少这些员工比那些只会被动接受工作的员工要令人欣赏，因为他们有勇气、积极上进，而且会从中学习。

美国人很喜欢尝试不同的工作，他们一生中平均要换四次工作。在长期计划经济的思想影响下,更多的中国人不愿意换工作,而更倾向于终生做一件事。其实,换工作岗位的意义在于,你一开始作的决定并不一定是你的终生决定,你仍然有机会去尝试更多的东西,只有这样才能真正找到自己的兴趣所在,才能最大限度地发挥自己的潜力。

步骤五:充分准备,把握机遇

不要坐等机遇上门,因为那是消极的做法。屠格涅夫说:"等待的方法有两种,一种是什么事也不做地空等,另一种是一边等,一边把事情向前推动。"也就是说,在机遇还没有来临时,就应事事用心,事事尽力。

如果被苦难或挫折阻挡,我们应该学习把挫折转换成动力,而不要一遇到困境就躲在阴暗的角落里怨天尤人,更不要在需要立即行动的时候犹豫不决。人生不能用这种消极的方式度过。我们终有一天要面对自己,对自己的生命负责。因此,我们必须在平时做好充分的准备,掌握足够的信息,以便在必要时作出最好的抉择,把握住稍纵即逝的机遇。

步骤六:积极争取,创造机遇

当机遇尚未出现时,除了时刻准备之外,我们也应该主动为自己创造机遇。

记得当我在苹果工作时,有一段时间公司经营状况不佳,大家士气低落。这时,我看到了一个机遇:公司有许多很好的多媒体技术,但是因为没有用户界面设计领域的专家介入,这些技术无法形成简便、易用的软件产品。

于是,我写了一份题为《如何通过互动式多媒体再现苹果昔日辉煌》的报告。这份报告被送到多位副总裁手里,最后,他们决定采纳我的意见,发展简便、易用的多媒体软件,并且请我出任互动多媒体部门的总监。

多年以后,一位当年的上司见到我,他深有感触地对我说:"当时,看到你提交的报告,我们感到十分惊讶。以前,我们一直把你当做语音技术方面的专家,没想到你对公司战略的把握也这么在行。如果不是这份报告,公司很可能会错过在多媒体领域发展的机会,你不会有升任总监和副总裁的可能。今天,在iPod的成功里,也有不小的一部分要归功于你和你那份价值连城的报告。"

步骤七:积极地推销自己

在全球化和信息化的时代里,那些能够积极推销自我的人更容易脱颖而出。

在公司里,经常得到晋升机会的人,大多是能够积极推销和表达自己的、有进取心的人。当他们还是公司的一名普通员工时,只要和公司利益或者团队利益相关的事情,他们就会不遗余力地发表自己的见解、贡献自己的主张,帮助公司制定和安排工作计划;在完成本职工作后,他们总能协助其他人尽快完成工作;他们常常鼓励自己和同伴,提高整个队伍的士气;这些人总是以事为本、以事为先——他们都是最积极主动的人。

要想把握住转瞬即逝的机会,就必须学会说服他人,向别人推销自己、展示自己的观点。一般来说,一个好的自我推销策略可以让自己的人生和事业锦上添花。好的自我推销者会主动寻找每一个机会,让老板或老师知道自己的业绩、能力和功劳。当然,在展示自己时,不要贬低别人,更不可以忘记团队精神。

有些人可能会认为:"要求我们展示自己,这是不是要我从一个内向的人彻底转变为外向的人?"其实,一个内向的人很难彻底地改变自己的性格。所以,我建议大家可以在自身性格允许的范围内往"外向"靠拢,尽量寻找一些"比较外向但又不给自己带来太大压力"的机会。

只有积极主动的人才能在瞬息万变的竞争环境中赢得成功,只有善于展示自己的人才能在工作中获得真正的机会。

(节选自李开复:《给中国学生的第五封信——做个积极主动的你》)

【互动空间】

"你来我往"学主动

1. 结合自己所学专业,谈一谈学会主动的意义。

2. 联系实际,谈一谈自己应该怎样学会主动。

3. 阅读下面材料,谈一谈自己的感想:

某知名企业曾经在某重点大学的礼堂举行专场招聘会。会上许多学子都积极应聘,希望自己能进入这家企业工作,但严格的招聘条件将许多热情的学子挡在了门外。招聘会散场时,礼堂里有一把椅子的座套被碰掉在地上。学子们陆续从旁边经过,一个、两个、三个……这时一个年轻人从旁边经过,主动弯腰捡起座套,掸掉灰尘重新把它套在了椅子上。这一幕被前来招聘的该企业人力资源部经理看在眼里,他马上问身边的学校领导:"这个人是大四的毕业生吗?"学校领导回答说:"是礼堂的工作人员。"这位经理惋惜地说:"如果他是应届毕业生,将不需要任何面试,只要他愿意,我马上录用他!"

第七单元
学会坚持　拥有亮丽的人生

锲而舍之,朽木不折;锲而不舍,金石可镂。——荀子

古之成大事者,不唯有超世之才,亦必有坚忍不拔之志。——苏轼

有罪是符合人性的,但长期坚持不改就是魔鬼。——乔叟

一位哲人曾说过:"耐力就是能力,坚持就是胜利。"人的一生是要经历一次次的挫折与失败的。有的人把挫折视为磨刀石,学会了坚持,挖掘出自身潜力,激发出无穷动力,从而实现了自己的理想。有的人则自叹命运不佳,甘于退缩,轻言放弃,结果人生之舟永远不能到达理想的彼岸。学会坚持是一种理智,是一种豁达,是一种境界,是人生的一种升华和选择。学会坚持需要胆略和勇气,需要决心和信念。在人生的征程上,只要站起来比倒下去多一次就是成功。学会坚持才会成为强者,学会坚持才会拥有亮丽的人生。

一、成功没有秘诀

人生不会总是一帆风顺的,总会面临许多挫折。面对挫折时,人们一般有两种选择:一种人选择消极地逃避,也许他可以逃避一时但最终的受害者是自己;另一种人则是迎难而上,愈挫愈勇。于是,他们的命运也在不知不觉中被定格了。

荀子在《劝学》中说:"骐骥一跃,不能十步;驽马十驾,功在不舍。"说的就是坚持的重要性。一匹骏马虽然脚力非凡,然而它只跳一下,最多也不能超过十步,这就是不坚持所造成的后果;相反,一匹劣马虽然脚力不如骏马,然而它若坚持不懈地拉车走十天,照样也能走得很远,它的成功就在于走个不停,也就是坚持不懈。这和龟兔赛跑的故事是一样的:兔子腿长,敏捷,跑起来比乌龟快得多,无论怎样也应该是兔子赢得这场比赛。然而结果恰恰相反,最后的胜利者却是乌龟。因为兔子骄傲自满,自高自大,自恃自己腿长,敏捷,跑得快,以为稳操胜券,跑了一会儿就在路边酣然入睡了。而乌龟则不同,他没

有因为自己的腿短、爬得慢而气馁,相反,它却更加锲而不舍地坚持前行,一爬到底,最终赢得了比赛(图7-1)。

纵观古今中外的历史,许多杰出人物几乎都是在走过艰辛、漫长的勤奋之路后,最终才攀上了人类文化的高峰:司马迁写《史记》用了十三年;李时珍写《本草纲目》用了二十七年;达尔文写《物种起源》用了二十八年;哥白尼写《论天体运动》用了三十年。马克思写《资本论》用了四十多年,他生前只出版了第一卷,第二、三、四卷还是在他

图7-1 龟兔赛跑

逝世后由恩格斯等人整理出版的,可谓是耗尽了毕生的精力。我国当代科学家袁隆平培育水稻良种,也是几十年如一日,持续不断地奋斗才修成正果的,他那500万元人民币的国家大奖,也不是凭一日之功就可以得到的,没有毕生的坚持,就很难取得辉煌的成果。

"水滴石穿,绳锯木断",这个道理我们每个人都懂得,然而为什么对石头来说微不足道的水能把石头滴穿?柔软的绳子能把硬邦邦的木头锯断?说穿了,这还是坚持。一滴水的力量是微不足道的,然而许多滴的水坚持不断地冲击石头,就能形成巨大的力量,最终把石头冲穿。同样道理,绳子才能把木头锯断。

当今的时代是一个知识爆炸的时代,社会的发展和变化日新月异。要跟上时代的发展,要适应变化的要求,就得学会坚持,否则就会落伍,就会被淘汰。在我们现在的学习生活中,一定要学会坚持,只有坚持才能取得成功,只有坚持才能走向胜利。所以说,坚持就是胜利。

【案例】

成功没有秘诀

1987年,她14岁,在湖南益阳一个名叫衡龙桥的小镇卖茶,1毛钱一杯。茶水盛在一个透明的杯子里,上面盖块方方正正的小玻璃片遮挡烟尘。那时,小镇上的农贸市场人来人往,她的茶水小摊就设在市场旁边。因为她的茶杯比别人大一号,所以卖得最快。没人清楚1毛钱一杯的茶水一天下来她究竟能收成几何,大家看到的,只是她总在欢天喜地地忙忙碌碌。

1990年,她17岁,原来的同行要么嫌卖茶收入太低而早早鸣金收兵了,要么赚点钱赶紧转行另谋出路了。唯有她,还在卖茶。只是,她不再在小镇上卖了,而把摊点搬到了益阳市里。不卖最简单的从大茶壶里倒出的茶水了,却卖当地特有的擂茶。擂茶制作起来很麻烦,但也卖得起价,小杯3元,大杯5元。而不管大杯小杯,她的杯又是比旁人的大小杯都要大一圈。所以她的小生意又是忙忙碌碌。

1993年,她20岁,居然仍在卖茶。不过卖的地点又变了,在省城长沙,摊点也变成了小店面。屋子中央摆一根雕茶几,客人进门,必泡上热乎乎的茶请你品尝。客人尽情享受后出门时,或多或少会掏钱再拎上一袋两袋茶叶。

不知我们中间有几人能把一杯杯茶水坚持卖十年之久?何况在如今这风起云涌的商界,总是不时冒出各种各样快速致富的神话。但她做到了,长达十年的光阴她始终在茶叶与茶水间打滚。只是,她已经拥有37家茶庄,遍布于长沙、西安、深圳、上海等地。

福建安溪、浙江杭州的茶商们一提起她的名字,莫不竖起大拇指。这是 1997 年,她 24 岁,还是一个女人最美丽而成熟的年龄。事业有成又天生丽质的她,甜美的笑容在一本知名财经刊物的封面上格外灿烂地绽放。在照片下面有行文字:我的成功没有秘诀,只不过是一条道走到底。

翻开这本杂志的第一页,就能读到有关她的报道,在文中的最末一段,她说了一句:"我只是个卖茶的,也永远会是卖茶的。"接着她又说:"我一定会一条道走到底,若干年后,你会发现本来习惯于喝咖啡的国度里,也会有洋溢着茶叶清香的茶庄出现,那也许就是我开的——"

她的名字叫孟乔波,我认识她是在 2003 年 10 月 16 日。她递给我的名片,我仔细看了,我发现那上面印有香港和新加坡的茶庄地址。她果真已经把茶庄开到海外去了!面对我采访时的一连串发问,她旧话重提:成功没有什么秘诀,仅仅需要一条道走到底。

(文/蔡成 摘自《杂文报》)

【小提示】 从这个故事中可以发现:成功没有秘诀,贵在坚持不懈。任何伟大的事业,成于坚持不懈,毁于半途而废。其实,世间最容易的事是坚持,最难的,也是坚持。说它容易,是因为只要愿意,人人都能做到;说它难,是因为能真正坚持下来的,终究只是少数。巴斯德有句名言:"告诉你使我达到目标的奥秘吧,我唯一的力量就是我的坚持精神。"学校生活如此,职场生涯如此,人的一生又何尝不是如此?

二、挖井的启示

大科学家爱因斯坦曾做过这样一个实验:他从一个村子里找了两个人,一个愚钝且软弱,一个聪明且强壮。爱因斯坦找了一块两英亩左右的空地,给他俩同样的工具,让他们在其间比赛挖井,看最终谁先挖到水。

愚钝的人接到工具后,二话没说,便脱掉上衣大干起来。聪明的人稍做选择也大干起来。两个小时过去了,两人均挖了两米深,但均未见到水。聪明的人断定自己选择错误,觉得在原处继续挖下去是愚蠢的,便另选了一块地方重新挖。愚钝的人仍在原处吃力地挖着,又两个小时过去了,愚钝的人只挖了一米,而聪明的人又挖了两米深。愚钝的人仍在原处吃力地挖着,而聪明的人又开始怀疑自己的选择,就又选了一块地方重新挖。又两个小时过去了,愚钝的人挖了半米,而聪明的人又挖了两米,但两人均未见到水。这时聪明的人泄气了,断定此地无水,他放弃了挖掘,离去了,而愚钝的人此时体力已经不支了,但他还是坚持在原处挖掘,在他刚把一锹土掘出时,奇迹出现了,只见一股清水汩汩而出(图 7-2)。

图 7-2 坚持到底就是胜利

比赛结果,这个愚钝的人获胜。

爱因斯坦后来对学生说:看来智商稍高、条件优越、聪明强壮者不一定会获得成功,成功有时需要一种近乎愚钝的力量啊!

关于这个实验的真实性我们无从考证,也无须考证。我们只要明白并牢记故事告诉我们的道理就足够了。当然,和其他的故事一样,这个故事也蕴含着很多道理。但很浅显也很简单直接的道理就是:坚持到底就是胜利。

但是,高职学生的现状又是怎样的呢?武汉职业技术学院人文学院的调查统计数据显示,仅有45.5%的高职学生制定了学习目标,但真正严格执行了学习计划的只有9%,更有超过半数的高职学生没有制定自己的学习计划。87.1%的高职学生学习的目的是为了未来的就业,但对未来没有明确的奋斗目标,不知道该朝哪方面努力,在具体目标上存在盲目性。在对课余时间的安排上,只有30%的高职学生选择了把大部分时间花在学习上,上网睡觉、逛街娱乐这些休闲项目占据了高职学生的大量时间,79.4%的高职学生对自己的学习感到茫然,心有余而力不足,甚至是盲目随大溜。

由此可见,中国的高职学生在EQ(情商)方面是存在很多问题的。大部分高职学生对学习缺少恒心和毅力,容易气馁和灰心。出现这种情况主要是因为高职学生文化基础差,进入大学后听不懂,学习兴趣不大,尤其是认为文化课对将来工作作用不大,干脆不想学。高职院校缺少文化积淀,学习氛围不浓,对学生的学习情绪有着一定的影响;高职学生对自己要求不高,家长寄予的期望也不高,要求不严格,更容易使他们"自暴自弃",产生厌学心理,从而引起恶性循环,造成成绩越来越差,自信心越来越少,意志力越来越薄弱,做事浅尝辄止,三分钟热度,持之以恒就成了很奢侈的事了。

【案例】

故事二则

故事一:南方某个高山村庄,村民世世代代为吃水所苦,需要到很远的山下背水,姑娘都不愿嫁到这个穷村。然而该村却有一不识字的老农突发奇想,要在村后的山上挖洞取水,被村里人讥笑为神经不正常。老农不为耻笑所动,一人挖山不止,数年无功,用尽储蓄,还得了一身疾病。但老农坚信一定会挖出水来。后来他又把打工的儿子从城市里拉了回来,与自己一起继续愚公移山的事业。最后终于奇迹出现,竟然真的挖出水来了,从此结束了该村没水吃的历史。有人建议老农收费卖水,老农坚决不答应,他说我找水不是为了卖钱,他在乡政府的帮助下,为村民安上了自来水,村民无不佩服感恩。

故事二:烟台市某个高山村,世代缺水。一青年村民因做生意小有成就,当上了小老板,就动了为乡亲们义务打井的念头,全村人无不欢欣鼓舞。可是连打了数眼井,全是干窟窿,资金用尽,一无所获,觉得脸上无光,一病不起,甚至连大街都不敢上了,怕见乡亲们。后来他重整旗鼓,自己去贷款继续打井不止,最后终于如愿以偿,打出了甘甜的井水,解决了困扰全村数代人的吃水问题。

【小提示】　这两个挖井人,都是文化不高的农民,一个老农,一个青年。前者虽不能识文断字,且已至暮年,然不坠青云之志,败而弥坚;后者虽为老板,依然心怀乡梓,报恩之心不逾。他们所做的事情与现代工程相比,实在不足挂齿,但其精神价值却无法估量。他们像与风车战斗的骑士,敢举一人之力与天地抗衡,真可谓惊天地泣鬼神! 世界上的许多事情能否成功,并不在于一个人有多大的力量,而在于有多大的恒心,只要坚持不懈,终会有所成就,就像这两个挖井的农民一样。

也许,我们可以把职场比做一块土地,把我们自己比做是职场的"掘井人"。要做一个成功的掘井人,必须得有锲而不舍的毅力。如果我们像爱因斯坦实验中的聪明人一样,无论多么强壮,最终也很难挖出一口"井"来。而如果我们向故事二则中的老农和青年学习,无论职场多么艰难,你最终也会获得成功。

三、坚持就是胜利

有人说人生就像是一条永无止境的跑道,每个不同的人生阶段都面临着长短不一的赛程。生活中每个人在跑道上都有起点,但并不是每个人都能够抵达胜利的终点。因为不是所有站在跑道上的人都具备坚持不懈的精神。某高职院校老年康复专业毕业生在上海工作,三个月内换了三份工作,原因是嫌工作枯燥乏味,又脏又累又闹心,结果呢,一年过去了,仍处于待业状态。在深圳闯荡的白领帅哥半年之内吹了四个女友,原因是感情久了就淡了,结果呢,至今还是光棍一条。很多参加自考的学生总是犹豫不定,这山望着那山高,不停地改报专业,希望寻找快捷方式早日拿到一张文凭,结果呢,三年了也只过了两门公共课……

现代社会的生活节奏越来越快,五光十色的诱惑越来越多,面对生活,面对压力,作为高职学生难免在滚滚红尘中变得盲目,变得焦躁不安。但仔细反省一下,就不难发现这些浮躁现象的背后,透露出我们精神世界的贫乏,凸显出我们内心定力的不足,暴露出我们意志品格的薄弱。

世界在飞速发展,生活在与时俱进。但我们仍然还需要坚持一些东西:人生的信念需要坚持,宝贵的生命需要坚持,终生的学习需要坚持,必要的工作需要坚持,纯洁的爱情需要坚持,美丽的梦想需要坚持……还有很多很多都需要坚持。没有科学工作者对科学研究的坚持,就没有一项项科学发明;没有农民辛苦劳作的坚持,就没有丰收的硕果;没有工人师傅严格规范的坚持,就没有优质的工业产品……每个行业,每个领域乃至每个人生,要想成功都离不开坚持,每一条成功的路上,留下的都是一串串坚持不懈的足迹。

当然,坚持不是盲目地蛮干,更多时候,坚持表现为渗透了智慧的执著;坚持也不是顽固不化,而是一种坚定的信念,是一种崇高的追求,更多时候表现为一种义无反顾,一种不屈不挠的精神。

因此,作为高职学生和职场新人,更应该定位好自己的人生,找准位置,坚定信念,既不朝秦暮楚,也不浅尝辄止,更不轻言放弃。如果我们心无旁骛地朝着理想的目标迈进,无论遇到什么挫折,都能够勇敢地坚持下去,我们就会有意想不到的收获。

不要太羡慕别人的辉煌,好好学习别人成功背后的那种坚持不懈的精神吧,在人生的跑道上,不要幻想能够投机取巧,因为成功没有所谓的快捷方式,如果一定要找一条捷径,那么我告诉你:那就是永不放弃的坚持精神!

古希腊杰出的思想家亚里士多德曾经说过:"抱着尝试的心理,是那些永远也不会成功的人的愚蠢的做法。"我们的世界是五光十色、精彩纷呈的,我们要做的事情是那样的繁多复杂,要做成任何一件事,都要付出艰辛的劳动,如果没有锲而不舍的勇气,那肯定是一事无成。相反,如果你能抱着坚持到底就是胜利的信念,情况就会改观。因为事业的成功与否,关键在于是否有不折不挠的斗志,是否有锲而不舍的精神!

愿我们每一个人都来做生活中锲而不舍的掘井人!

四、怎样坚持到底

我们从小就听"小猫钓鱼"的故事。小猫在钓鱼的时候看到蝴蝶、蜜蜂,便放下手头的事去嬉戏,最后一条鱼也没钓到。但当它一心一意钓鱼时,却收获不少(图 7-3)。这实在是世上最简单的道理,然而,能做到的人却少得可怜。

怎样才能坚持到底呢?下面几条建议也许能给你一点帮助。

图 7-3 小猫钓鱼

(一)树立明确的目标

目标明确,人们的行动才会有方向,目标才会产生强大而又稳定的吸引力。有些人虽然有财富的愿望,成就的愿望,但缺乏明确的目标来表达这种愿望,体现这种愿望,从而不能产生有效的吸引力,不能使思想、行动集中在固定的目标上,工作效率很低,时间一长,很容易使人丧失毅力,丧失信心。明确、具体的目标,使人们的毅力大为增加,这主要是由行动的效率和目标的吸引力而产生的。另外,目标的价值大小,对毅力也很有影响。有的目标价值不大,甚至没有价值,人们就不可能有太大的心情、热情去做这件事。因此,对这样的事情也就很难有毅力。人们在做一件事情之前,一定要清楚这件事情价值的有无、大小。必须选择那些有价值,并且价值大,且有长远价值的事情。这样,人们才会对目标有热情,从而保证有毅力。有人对所确立的目标价值估计不足,匆忙干一件事情,但在干的过程中,却对所做的事情的价值产生怀疑,热情降低,精力不集中,思想不专注,工作深入不下去,没有太大进展,对完成这件事情没有足够的毅力。

(二)积跬步至千里

千里之行,始于足下;不积跬步,无以至千里。目标容易树立,但必须有切实可行的计划做支撑。只有针对目标制定出实施计划,人们才能按照计划行动,否则,人们仍然是茫然的,是老虎吃天,无处下口。有了计划,人们就会按照计划,先干什么,后干什么,在

什么时间干什么事情。一切经过精心地计划,就会心中有数,有条不紊。工作才会有效率,对所干的事情才会有信心、有毅力。

【案例】

青蛙与海

青蛙很想看看海是什么样子。他去问鹰怎样才能看见海。

鹰说:"哦,这很容易,只要你登上前面这座高山,就能看见海了。"

"天哪,那么高的山!"青蛙仰起头,吓得吸了一口冷气,"我既没有像你那样有力的翅膀,也没有像鹿那样善跑的长腿,这么高的山,我怎么上得去呢?"

"是啊,这山的确太高了。不过,除此之外,再没有别的办法了。"鹰说完,展翅飞走了。

青蛙很沮丧,正要准备回去,一只松鼠跳到了他面前问:"你叹什么气呀?"

青蛙回答说:"我想上山去看海,可这山太高了,我上不去。"

"这石阶你能跳上去吗?"松鼠说完,跳上了一个石阶。

"这有什么不能。"青蛙说着,也跟着跳了上去。

就这样,青蛙跟着松鼠一级级跳石阶。他们累了就在草丛中歇会儿,渴了喝点山泉水。不知过了多少天,他们终于跳完所有的石阶,到了山顶。大海展现在他们眼前。

正在山顶歇脚的鹰看见青蛙,十分惊讶地问:"你不是说你登不上这么高的山吗?"

"是啊。"青蛙回答,"你让我登高山,我连想都不敢想。但松鼠教我跳石阶,却是我能做到的。"

【小提示】 我们每个人心中都会有高远、美好的梦想,千万不要整天看着不可企及的目标和梦想长叹,要学会从手边的力所能及的事做起,每迈一步你都正在向着那个目标和梦想接近,随着时间的推移,美好梦想的实现便近在眼前。

当然,有了计划,就要积极行动,这就犹如登山,不要站着不动,不要被眼前的高山所吓倒,唯一可做的事情是在选择了登山路径之后,就立即行动,只有行动才能缩短攀登者与山顶的距离。多走一步,就会多一份信心,就会多产生一份毅力,也就多一份成功的机会。因此,要坚持到底,就要行动,不停地行动!

(三)"不抛弃,不放弃"

光荣,始于平淡;艰巨,在于漫长。正如长篇小说《士兵突击》封面上赫然入目的一句话:"步兵就是一步一步走出来的兵!"许三多的坚持让我们感动。许三多这样一个连杀猪都不敢看的"胆小鬼";这样一个被人欺负时能逃就逃,逃不掉就抱头倒地挨揍的"瘪犊子";这样一个无论别人说什么都只会傻笑着应声的"呆头鹅",在钢七连却成长为令我们敬佩的士兵英雄,他的每一步都令我们感动。

他咬着牙做333个腹部绕杠,是坚持;独守营房半年,让仅有一个兵的连队成为全团卫生标兵,是坚持;自己修成了一条几代老兵都没能修成的路,是坚持。他不会顾及任何"潜规则",不会因为别人的脸色不好而放弃自己的看法,不会因身边环境的好坏而随大溜,尽管连队只剩下他一个兵,他照样一丝不苟地坚持出早操,坚持在饭前吼出响彻云霄的歌声。他是古希腊神话中永不言败的滚石英雄,让我们在感受悲壮的同时,更感受到一名真正军人的坚强,感受到一名士兵虎倒不散架的雄风。

老子曰:"慎始如初,即无败事。"许三多靠信念和坚持,一次一次战胜了自己,最后成为名副其实的士兵。坚持使许三多积聚起力量,有了军人的血性,被激怒后敢在训练场上嗷嗷叫着和老兵伍六一"血拼"到底。他脑子里只有"一根筋"——坚持"做有意义的事"。因为坚持,尽管许三多看起来有点"傻",可骨子里却让你佩服,令你回味。因为他的认真,让全连为之感动;因为他的执著,让战友为之骄傲。许三多之所以如此坚韧,因为他身上延续着钢七连从革命战争岁月中保留下来的血脉:"从尸山血海里爬起来,默默地掩埋好战友的尸体后跟自己说我又活下来了,还得打下去!"

可以说,正是钢七连"不抛弃,不放弃"的宗旨成就了许三多,也是他最令我们感动的地方。这句话是对军人情感特质最经典的提炼。不抛弃什么? 不抛弃亲情、友情、战友情;不放弃什么? 不放弃信念、理想、原则。许三多没有抛弃马班长、史班长给予他的关怀,没有抛弃团长和队长对他的赏识,没有抛弃他的战友,没有抛弃他的家庭,也从不放弃自己的理想并为之矢志奋斗。

钢七连对许三多来说是一个转折,他在这里学会了"不抛弃,不放弃"。在只有他一个人留守被解散了的钢七连的营地时,他一守就是半年,并且跟其他连队的兵一样操练。在一同竞争进老 A 部队时,他死死背着受伤的伍六一不放,直到伍六一自己宣布放弃。在袁朗导演的一场所有人不知情的演习中,他在联络不到组织,又有毒气这样最绝望的情况下,他开走了那辆已经起火的装着 TNT 炸药的车子。或者他没有想过开出去是什么后果,但他一定想过在工厂里爆炸是什么后果。在失去希望的情况下尽自己最大努力,这就是一个士兵的真正成长。

"不抛弃,不放弃"(图 7-4)已经是当前的流行语,它表明了一个普通人是如何走向成功的。

图 7-4 不抛弃,不放弃

(四)再来一次

在成功的过程中需要有过人的毅力和恒心。面对挫折时,要告诉自己:坚持住,再来一次!

因为这一次失败已经过去,下一次才是成功的开始。人生的过程都是一样的,跌倒了,爬起来。只是成功者跌倒的次数比爬起来的次数要少一次,平庸者跌倒的次数比爬起来的次数多了一次而已。最后一次爬起来的人称之为成功者,最后一次爬不起来或者不愿爬起来,丧失坚持毅力的人,就叫失败者。

缺乏恒心是大多数人最后失败的根源,一切领域中的重大成就无不与坚韧的品质有关。成功更多依赖的是一个人在逆境中的恒心与忍耐力,而不是天赋与才华。

数百年前,苏格兰有位名叫罗伯特·布鲁斯的国王,在那个危险动乱的年代,智勇双全的他大有用武之地。当时英格兰的国王正与其交战,率领大军欲将其赶出苏格兰,好把苏格兰变成英格兰的一部分。

两军交战频繁,罗伯特·布鲁斯的部队不大,却相当英勇,他带领部队与敌人打了六次仗,可六次都失败了,最后被迫仓皇出逃。后来苏格兰军队彻底溃散,他们的国王也不得不藏身于深山老林之中。

一个雨天,罗伯特·布鲁斯躺在洞穴里倾听洞口外的雨声。他心力交瘁,痛苦不堪,准备放弃所有的希望——对他而言似乎做什么都无济于事了。

正当他躺着思索的时候,他注意到自己头的上方有只蜘蛛正准备结网。他仔细观察着它缓慢而小心翼翼地工作。那只蜘蛛从洞壁的一边向另一边搭网丝,尝试了六次,可六次都够不着。"可怜的东西!"罗伯特·布鲁斯说道,"你也尝到连续六次失败的滋味了吧。"

然而蜘蛛并没有放弃希望,它更加谨慎地准备第七次尝试。罗伯特·布鲁斯看得入了迷,几乎忘却了自己的烦恼。蜘蛛在细丝上晃动着身子。它还会失败吗?不会了! 蛛丝顺利地拉到了洞壁并固定在上面。"太好了!"罗伯特叫道,"我也要尝试第七次!"

于是,他把自己的部下又召集到一起。他向大家表明了自己的计划,让他们带着充满希望的消息鼓励那些气馁的人。很快在他的周围又组织起一支勇敢的部队,第七次战斗打响了,英格兰国王被迫撤退。不久,英格兰便承认苏格兰为独立的国家,罗伯特·布鲁斯为苏格兰合法的国王。

正是因为那只在洞穴内一次又一次尝试结网的蜘蛛,让苏格兰国王罗伯特·布鲁斯得到了启发,从而使苏格兰迎来了胜利和独立的这一天。

(五)学会等待

世上大多数的成功都不是一蹴而就的,梦想的达成需要耐心而漫长的等待。学会等待就是练就一种耐力、一种毅力、一种品格,以一种顽强不屈的精神去做一件自己想做的事,等待水到渠成,梦圆时刻。在此过程中,虽然痛苦、艰辛,却要心存梦想与希望,坚守下去。对于青年人而言,辛勤的付出,更要伴以寂寞的坚守,耐心的等待,才能获得最后的成功。

【案例】有这样一个传说:曾有两个人偶然与神仙邂逅,神仙授他们酿酒之法,叫他们选端阳那天饱满起来的米,冰雪初融时高山流泉的水,调和后装入紫砂陶瓮里,再用初夏第一眼看见朝阳的新荷覆紧,放入幽深无人处,紧闭九九八十一天,直到鸡叫三遍后才能启封。

二人历尽千辛万苦,终于找齐了材料,把梦想一起密封,然后专心等待那个时刻。

多么漫长的等待啊! 第八十一天终于等来了,两人整夜都不能入眠,等着那激动人心的鸡鸣声。远远地传来了第一声鸡鸣,过了很久,依稀响起了第二遍,而第三遍似乎比第一遍、第二遍显得更漫长。其中一个人再也忍不住了,他打开了他的紫砂陶瓮。然而他惊呆了,瓮里的一汪水像醋一样酸。他惆怅了,失望了,后悔了,无奈地把水洒在地上。

而另外一个人,虽然也想伸手把瓮打开,但他想起了神仙的话,咬着牙坚持到第三遍鸡鸣。瓮打开了，多么甘甜醇香的酒啊，只是多坚持了一刻而已。

可见，坚持也许是成功边缘的最后一次考验，也许是意志的试金石。假如我们在关键的时候总是能坚持住，哪怕只是很短的一瞬，也许成功的曙光便离我们更近了。

【小提示】　其实，成功者与失败者的区别，往往不是机遇与天赋，而在于成功者多坚持了一刻——有时是几年，一年；有时是几天，几小时；而有时，仅仅只是一遍鸡鸣。

【案例】

坚持就一定会成功

时间过得真快，走上工作岗位已经五个年头了。回想起这一路走来，有欢笑也有泪水。但不论遇到什么样的困难，坚持已经成了自己时刻不会忘记的信念。

我的大哥是教会我学会坚持的第一个人。

小时候家里很穷，由于贫困，大哥早早地就离开了学校，去工厂上班。作为家里老小的我，大哥是绝不容许我辍学去打工的。他告诉我，家里再穷也不能苦着我，只要我能坚持好好读书，将来考上一所好大学，这也是为了了却已故父亲的夙愿。就这样，我没有辍学而是在大哥的鼓励下坚持着！坚持着练专业，坚持着学习文化课，坚持着为了我的理想与家人坚持着……

就这样，我的坚持和家人给予我的鼓励最终把我送入了音乐学院的大门。拿到录取通知书的那天，我和大哥来到了父亲的坟边，我要把我的喜悦与他老人家分享。我和大哥没有说话，静静地在父亲的坟边坐了许久，我知道他老人家一定会为我高兴的！

走入自己理想的大学，让我第一次体会到了坚持的喜悦。在音乐学院里，高职学生们的专业水平都是非常棒的，从小学习专业的他们与我这个专业学得较晚的人相比，一个是天一个是地，以至于在第一次专业考核时我得了最后一名。

此时，差距已经摆在了我的面前，没有别的办法，坚持练专业是我唯一可以选择的路。学艺术的人有一句话，一天不练功自己知道；两天不练功老师知道；三天不练功全世界都会知道！就是说明坚持练功是非常重要的，没有好的基础，将来有一天上台演出出了丑，大家就全认识你了！每一天我与琴为伴，起得最早，回寝室最晚，为了我的理想坚持着，期中考试专业成绩我进入了前十名。当我第一次拿到大学的奖学金时，我哭了，说不清原因，只觉得心里很酸。专业成绩的提高又一次让我体会到了坚持的喜悦。

大学毕业前正赶上我现在的工作单位公开招聘老师，我就来考考试试，没想到顺利地通过了专业考核和各方面考核，登上了大学的讲台。能在大学教书一直就是我的梦想，而为了这一梦想我一直努力坚持着。

看了我的文章，大家定会觉得老土，这样的故事经常在电视或广播里报道，但我写的是我的亲身经历，来不得半点虚假。有时候人们都有可能成功，但就是缺少了些许坚持，可能你再多坚持一下，得到的结果就会和现在大不一样！

最后送给即将步入职场的新人一句话：坚持就有可能，坚持就会实现梦想，坚持就一定会成功！

【小提示】　本文是笙磬同音的一篇博文。作者通过准备高考、专业考试倒数第一、进入前十名拿到奖学金、顺利通过考核登上大学讲台等亲身经历，告诉人们只有坚持才能取得成功，只有坚持才能走向胜利。文章质朴感人，引人深思，对于初入职场或者在职场遭遇挫折的高职学生是很有借鉴意义的。

学会坚持不是一朝一夕的事。作为学生或者职场新人，我们要知道，不管我们做什么，都要有一种坚持不懈的信念；不管最后的选择是什么，都要选择一条路始终如一地走下去，不要动摇，不要随意改变前进的方向。学业如此，事业如此，感情亦如此……学会坚持，成功即悄然而至。

五、坚持必胜信念的测试

信念是旗帜，信念是灯塔。没有信念，人就会失去前进的方向，失去前进的动力，变得十分脆弱，遇到困难不堪一击。人世间真正的强者，就是那些在任何情况下都能坚持信念的人，在每时每刻都不违背信念的人。你有坚持必胜信念的毅力吗？让我们来测试一下。

1.规定的目标一定要实现。（　　　）

2.成就是我的主要目标。（　　　）

3.心中思考的事情往往立即付诸实践。（　　　）

4.对我来说，做一个谦和宽容的胜利者与取胜同样重要。（　　　）

5.不管经历多少失败也毫不动摇。（　　　）

6.谦虚常常比吹嘘会获得更多的益处。（　　　）

7.我的成就是不言自明的。（　　　）

8.我实现目标的愿望比一般人更强烈。（　　　）

9.充满只要做就必然能成功的自信。（　　　）

10.他人的成功不会诋毁我的成功。（　　　）

11.我所做的工作本身蕴含着价值，我并不是为了奖赏而工作。（　　　）

12.我有自己独特的其他任何人不具备的优点。（　　　）

13.认准的事情坚决干到底。（　　　）

14.对工作的集中力高、持久性长。（　　　）

15.往往马上实现大脑的闪念。（　　　）

16.失败不能影响我的真正价值。（　　　）

17.对自己的评价不受别人的观点左右。（　　　）

18.信赖他人一起合作。（　　　）

19.一件一件地实现要做的事情。（　　　）

20.为了实现目标往往全力以赴。（　　　）

21.相信自己有应付困难的能力。（　　　）

22. 常常盼望良机来临。（　　）

23. 很少对自己有消极想法。（　　）

24. 与专心思考相比，更多的是身体力行。（　　）

25. 目标一旦确定马上实施。（　　）

26. 一直得到许多人的帮助。（　　）

27. 尽可能地充分利用自己的才干与能力。（　　）

测试说明：

每题答"是"计 1 分，答"否"计 0 分。各题得分相加，统计总分。

0～5 分：说明你实现目标的信心很低，几乎没有坚持不懈的毅力。

6～11 分：说明你实现目标的信心较低，缺乏坚持不懈的毅力。

12～17 分：说明你实现目标的信心一般，有时有一些坚持不懈的毅力

18～23 分：说明你实现目标的信心较高，有一定的坚持不懈的毅力。

24～27 分：说明你实现目标的信心很高，有坚持不懈的毅力。

【知识吧台】

《肖申克的救赎》与《阿甘正传》：两个关于坚持的故事

《肖申克的救赎》与《阿甘正传》是美国电影史上的两部经典之作，虽然情节和内容完全不同，但讲述的都是关于坚持的故事。

电影《肖申克的救赎》（The Shawshank Redemption）改编自美国著名小说家斯蒂芬·金《不同的季节》（Different Seasons）中收录的《丽塔海华丝及肖申克监狱的救赎》，讲述了银行家安迪因为妻子有婚外情，酒醉后误被指控用枪杀死了妻子和她的情人，被判无期徒刑，在肖申克监狱中度过 19 年，但坚守着内心的希望与自由，最后成功逃出监狱，重获新生的故事。《阿甘正传》（Forrest Gump），也是一部根据同名小说改编的电影，作者是温斯顿·格卢姆（Winston Groom）。电影讲述了一个智商只有 75 的人，由于为人和做事"一根筋"，"傻里傻气"，但非常执著，成为了橄榄球、乒乓球巨星，参加了越南战争，几次受到美国总统的接见，最后成为百万富翁，并收获了青梅竹马的爱情的故事。

这两部影片自上映以来，受到全世界无数人的喜爱，影片所反映的主题——希望与坚持，也为无数人所解读。

关于《肖申克的救赎》与《阿甘正传》的影评：

生活就像一盒巧克力，你永远不知道你会得到什么。当一片羽毛缓缓飘荡的时候，生活被幻化成了一首优美的圆舞曲，因为不管拿到的是什么，巧克力永远都是可口的。《阿甘正传》展现给我们的也永远都是生活中最美好的那一面，也会让我们时刻为生活的美好而满足。

忙着去活或是忙着去死（Get busy living or get busy dying）？《肖申克的救赎》把生命变成了一种残酷的选择。肖申克的救赎是我们简单的生活中值得一再回味的东西。相信自己，不放弃希望，不放弃努力，耐心地等待生命中属于自己的辉煌，这就是肖申克的救赎。

虽然最后找到了通向天堂的那条路，但是在这追寻的过程中却充满着坎坷。

它们都是极为优秀的影片，至少都是那种让你看完以后就绝对不会忘记的影片，而且每次看完都会有不同于前一次的感觉和感受。这两部影片都是在探讨人生、人性以及社会。只不过一个充满了阳光和希望，而另一个则显得阴暗和压抑，恰恰是这种鲜明的对比，让我们把这两部影片放在一起比较有了更多的意义。

坚持不懈的莫泊桑

莫泊桑(1850—1893)，法国批判现实主义作家。一生写了近 300 篇短篇小说和 6 部长篇小说，形象地揭露了资产阶级虚伪、自私的反动本质。

莫泊桑 13 岁那年，考入了里昂中学，他的老师布耶，是当时著名的巴那斯派诗人。布耶发现莫泊桑颇有文学才能，就把他介绍给福楼拜。

福楼拜是世界闻名的作家，当时在法国享有崇高的声誉。他看了看莫泊桑的作品，对他说："孩子，我不知道你有没有才气。在你带给我的东西里表明你有某些聪明，但是，你永远不要忘记，照布封(法国作家)的说法，才气就是坚持不懈，你得好好努力呀！"

莫泊桑点点头，把福楼拜的话牢牢记在心里。

福楼拜想考一考莫泊桑的观察能力和语言功底。一天，福楼拜带莫泊桑去看一家杂货铺，回来后要莫泊桑写一篇文章，要求所写的货商必须是杂货铺的那个货商，所写的事物只能用一个名词来称呼，只能用一个动词来表达，只能用一个形容词来描绘，并且所用的词，应是别人没有用过甚至是还没有被人发现的。

多苛刻的要求啊！但莫泊桑理解福楼拜的良苦用心，他写了改，改了写，反反复复，努力朝福楼拜提出的要求奋斗着。

在福楼拜的严格要求下，莫泊桑的学业进步飞快。后来，他就写剧本和小说了，写完就请福楼拜指点，福楼拜总是指出一大堆缺点。莫泊桑修改后要寄出发表，但是福楼拜总是不同意，并且告诉他，不成熟的作品，不要寄往刊物上发表。

刚开始，莫泊桑唯命是从，福楼拜不点头，他就把文稿放在柜子里。慢慢的，文稿竟堆起来有一人多高，莫泊桑开始怀疑：福楼拜是不是在有心压制自己？

一天，莫泊桑闷闷不乐，到果园去散心。他走到一棵小苹果树跟前，只见树上结满了果子，嫩嫩的枝条被压得贴着了地面，再看看两旁的大苹果树，树上虽然也果实累累，但枝条却硬朗朗地支撑着。这给了他一个启示：一个人，在"枝干"未硬朗之前，不宜过早地让他"开花结果"，"根深叶茂"后，是不愁结不出丰硕的"果实"来的(图7-5)。从此，他更加虚心地向福楼拜学习，决心使自己"根深叶茂"起来。

1880 年，莫泊桑已经到而立之年了。一天，他拿着小说《羊脂球》向福楼拜请教。福楼拜看后拍案叫绝，要他立即寄往刊物上发表，果然，《羊脂球》一面世，立即轰动了法国文坛，莫泊桑顿时成为法国文学界的新闻人物，同时，他也登上了世界文坛之巅。

图 7-5　"根深叶茂"方能"硕果累累"

【互动空间】

1.联系自己所学专业,举例说明学会坚持的重要性。

2.介绍自己的人生格言,并作出解释。

3.仔细观察下面这幅漫画,然后回答问题。

这下面没有水,再换个地方挖!

(1)向没有看过这幅漫画的人介绍画面内容;

(2)根据这幅漫画的内容,联系专业实际谈一谈你的感受。

职业发展篇

第八单元
学会学习 才会步步高

英国技术预测专家J·马丁的测算结果表明,人类的知识在19世纪是每50年增加一倍,20世纪初是每10年增加一倍,20世纪70年代是每5年增加一倍,而20世纪80年代则为每3年增加一倍。最近30年人类新增加知识的数量已超过过去2000年人类所积累知识的总和。20世纪90年代,计算机网络的出现使得知识增长速度进一步加快,据测算,互联网上的数字化信息每12个月就会翻一番。从存储的角度来看,一张高密度的光盘就可以储存一套24卷本百科全书的所有内容。知识增长速度之快,令人瞠目结舌。企图通过接受式学习掌握全部知识显然是天方夜谭。况且,"经验类知识"和创新意识、实践能力这些在当代来说最为重要的知识、技能,都不能通过接受式学习获得。正因如此,强调学习,进而强调学会学习就成了每一个人都要面对的时代话题,有了特殊的重要意义。

一、学习新观念

学、习二字较早见于《论语·学而》:"学而时习之,不亦说乎?"后人对学习二字的解释有两种观点:第一种观点认为,"学而时习之,不亦说乎?"意思是学了知识、技能之后,经常温习、实习、练习,不是一种很快乐的事情吗?这里的学,是获得知识,有时指接受感性知识和书本知识;而习则是温习、实习、练习,是巩固知识。第二种观点认为,"学"和"习"是两种不同的获取知识的方式。"学"是从书本上、从教师口头上获取知识;"习"是从经验中、从个体的实践活动中获取知识。把这两种方式加以配合,以学为主,以习为辅,这就是"学而时习之"的本义。但我们这里强调的则是如何学会学习。

学习,是人类认识自然和社会、不断完善和发展自我的必由之路。无论一个人、一个团队,还是一个民族、一个社会,只有不断学习,才能获得新知,增长才干,跟上时代。早在1972年5月,联合国教科文组织国际教育发展委员会主席埃德加·富尔在为递交《学会生存》报告而致函联合国教科文组织总干事勒内·马厄时,曾明确指出:"我们再也不能刻苦地一劳永逸地获取知识了,而需要终身学习如何去建立一个不断演进的知识体系——学会生存。"该报告特别强调两个基本观念"终身教育"和"学习化社会",并希望据此改造现行的教育体制,使之达到一个学习化社会的境界。

20世纪80年代美国未来学家阿尔温·托夫勒在《第三次浪潮》中提出了新的观点:"未来的文盲不再是那些不识字的人,而是那些没学会学习的人。"这一观点得到了世人的普遍认可。

1996年4月11日,联合国教科文组织"国际21世纪教育委员会"正式提交教科文组织总干事马约尔的报告,该报告已十分明确地题名为《学习——内在的财富》,强调要通过持续的学习,让像财富一样隐藏在每个人灵魂深处的全部才能都能充分发挥出来,从而把超越启蒙教育和继续教育之间传统区别的终身学习放在社会的中心地位并将终身学习概念视作进入21世纪的一把钥匙,将学会学习置于21世纪教育的核心。学习已经不仅仅是国家强加于公民的义务,学习应该成为每一个公民的基本需求和权利。

学习新观念还包括另外一个层面的含义。那就是未来的学习是"终身学习"。

作为社会中的人,从幼年、少年、青年、中年直至老年,学习将伴随整个生命过程,并对人一生的发展产生重大影响。这是人类生存的需要,也是不断发展变化的客观世界对人们提出的要求。人类从诞生之日起,学习就成为整个人类及每一个个体的一项基本活动。不学习,一个人就无法认识和改造自然,无法认识和适应社会;不学习,人类就不可能有今天取得的一切进步。学习的作用不仅仅局限于对某些知识和技能的掌握,学习还使人聪慧文明,使人高尚完美,使人全面发展。正是基于这样的认识,人们始终把学习当做一个永恒的主题,反复强调学习的重要意义,不断探索学习的科学方法。同时,人们也越来越认识到,实践无止境,学习也无止境。庄子在《养生主》中曾经说:"吾生也有涯,而知也无涯。"世界在飞速变化,新情况、新问题层出不穷,知识更新的速度更是日新月异。人们要适应不断发展变化的客观世界,就必须把学习从单纯的追求知识变成生活的方式,必须做到活到老、学到老、终身学习(图8-1)。目前,在一些青年学生中依然存在着自满、短视、厌学、60分万岁等错误思想,一些青年学生仍然看不到学习的前瞻性、长效性、使命性,缺乏时代感,不懂得"不积跬步无以至千里,不积小流无以成江海"的基本道理。一句话,

图8-1 活到老,学到老

他们不会学习。这是不符合终身学习的时代学习理念的。

【案例】

从拣信工人到翻译家

何国良中学毕业后，为了谋生做了拣信工人，这还是新中国成立前的事。新中国成立后，他被安排到刚刚组建的华南热带作物研究所当图书管理员。每当新进一批外国的科学书籍，他都把这些可贵的资料整理得井井有条。但是，没过多久，他就发现，这些宝贵的外国科学资料，很少有人问津。原来大部分研究员只懂得英、法等几种外文，而懂得其他外文的人很少，这是对资料的极大浪费。看在眼里、急在心里的何国良，下了一个常人无法想象的决心，一定要将其他外文的资料翻译出来，以供需要的研究员查阅。

于是，他一边做图书管理员，一边自学起外文。学习的条件很艰苦，然而，"半路出家"的何国良毅然决然。在酷热夏天的夜晚，别人都到外面去乘凉，他却把自己关在热得像蒸笼一样的屋子里学习外语。有时为了弄清一个疑难问题，他要花费好几天时间，翻阅一本又一本的字典。他利用字典，阅读外文书籍，从中摸索句法、文法。

通过几年的自学，他掌握了英、法、俄、日等6种外语。周总理听说了他的事迹后，表扬了他，给了他很大的鼓舞。之后，他又自学起德、意、捷、波等其他8种外语，先后掌握了14种外文。为了能更好地翻译科技外文，他在坚持自学外文的同时，还自学了数学、化学以及物理等相关的知识。就这样，何国良从一位普普通通的工人变成了一位出色的翻译家。

【小提示】　学习可以使人把崇高的目标变成美好的现实——只要你能把决心和勤奋结合起来。

二、学会学习与学会生存

在未来世界里，学会学习与学会生存是息息相关的。不会学习的人，生存就成了问题。学习对于未来世界的重要性是显而易见的，具体体现在如下三个方面：

（一）科学技术的迅猛发展要求人们学会学习

科学技术的迅猛发展，导致知识生产量的空前增长，并呈现出以下两个特点：

第一，知识总量递增的速度愈来愈快。当今时代，知识不再是以算术级数增长，也不再是呈几何级数、指数级数增长，而是像原子裂变般地爆炸式增长。据英国技术预测专家 J. 马丁测算，人类的知识，在 20 世纪 80 年代，每 3 年就会增长一倍；

第二，知识的陈旧周期愈来愈短。西方白领阶层中流行着这样一条"知识折旧率"：一年不学习，你所拥有的全部知识就会折旧 80%。随着知识经济浪潮席卷而来，简单扼要的"裂变效应"将会导致知识更新速度的不断加快。面对信息的裂变，学会学习就成为每个现代人的生存和发展之路。面对挑战，我们的教育唯有转变教学观念，将重点放在培养和开发学生智能、教会学生怎样学习、提高学生学习能力上，才能适应知识日新月异迅速增长的需要,才能教会学生怎样学会生存而不被时代淘汰。

(二)知识经济时代的生存,需要人们学会学习

知识经济时代,也就是"学习化的时代"。在知识经济时代,如果不学习,社会就不能进步,国家就不能强盛,个人就不能成才发展,甚至难以生存。终身学习是打开 21 世纪光明之门的钥匙。

对于生存和发展来说,我们最大的危机就是一不小心就成了"文盲"。今天谁是文盲?过去,文盲是指不识字的人;现代的文盲则是指不会主动探求新知识,不能适应社会需求变化,不会学习的人。这不是危言耸听,这种危险可能随时都潜伏在你我的身边。假如有一天,你不知道"文化管理"的含义,听不懂"搜索引擎",不理解"期待视野",面对陌生城市闪烁跳动的触摸式电子问路屏不知所措,面对图书馆的计算机检索系统一脸茫然时,也许,你该警惕了:自己是不是正在滑向功能性文盲的行列。

功能性文盲,是一个全球性的问题。即使是欧美等一些发达国家和地区,功能性文盲仍然占人口比例的 20%。而对于 20 世纪 80 年代才加入全球经济发展的中国来说,这个挑战将更为严峻。为了不使自己成为"文盲",唯一切实可行的办法就是时时保持学习的习惯,掌握信息时代的学习方法,把学会学习当做终生最基本的生存途径。

(三)成功者的经验告诉我们,学会学习是新时代成功者的必由之路

新时代的成功者大多是那些知识丰富,对新知识敏感且善于学习,在自己专业领域不断进取的人;是那些敢于并善于运用新知识,将其物化为满足人们需求的产品和服务的人;是那些善于将分散的知识融会贯通、组合集成,创造出新的知识并付诸应用的人。

在知识经济时代,面对科技革命对人类社会的巨大推动作用,面对以信息产业为代表的知识行业所创造的巨大财富,知识的拥有者有理由乐观地相信,未来是属于自己的。毫无疑问,乐观和自信的生存态度,对于大学生来说,是十分重要的。但与此同时,还必须保持一份清醒。知识能够使人成功,但并不意味着拥有知识就一定能够成功。要真正做到让知识为社会、为人类创造财富,让知识的拥有者成为成功者的一员,必然有一个在实践中不断学习、不断创新的过程。未来成功的人生之路,将依赖于我们自己一生不断学习、不断适应、与时俱进的学习能力。所以学会学习将成为 21 世纪成功者的第一张通行证。因此,作为新时代的大学生要让自己学会学习,做终生学习的人,只有这样才能不断地适应外部环境的变化,才能不断获得新信息、新知识,才能不断提高素质和能力,才能不断走向成功,才能更好地生存。

【案例】

一颗求知上进的心

弗雷德·道格拉斯的成功之路比别人更加困难重重。他的人生起点甚至比一无所有还要恶劣,他连自己的身体都属于别人——在他还没出生的时候,为了还清庄园主的债务,他的父母只好把他抵押出去。为了获得一个自由之身,弗雷德·道格拉斯必须付出百倍的努力,他所有时间都不属于自己。

每一年,他最多只能和母亲见上两次面,每一次都是在夜晚,母亲长途跋涉十二英里

才能和他在一起待上一个小时,然后匆匆地赶回家,这样才能在拂晓时分照常下地劳动。至于他的父亲,在他二十岁以前,记忆中就没有父亲的容貌和影子。他没有机会学习,没有人可以教他。当时的种植园里规定,奴隶不准阅读和写字。但是这一切都挡不住他那颗求知上进的心。他趁着主人不注意,在一些碎纸片和历书上偷偷学会了字母表。文字的大门一旦开启,知识便源源而来,他所能见到的所有文字都成了学习的内容。

二十一岁那年,他抓住一个机会,毅然逃往北方的自由世界,从此摆脱了被奴役的命运。

为了生存,他在纽约和新贝德福德干起了搬运工。虽然这份工作也非常辛苦,但比起在种植园时,却多了一份尊严。后来他又来到马萨诸塞州的楠塔基特,偶然参加了一次反奴隶制的会议,并在会议上发了言。他的演讲非常朴实感人,结果感动了所有的与会者,他因此成为了马萨诸塞州反奴隶制协会的成员。虽然巡回演讲很繁忙,但他也决不放过任何学习的机会。后来,协会又安排他到欧洲进行废奴宣传,在那里他认识了几位英国友人,这些人捐赠给他七百五十美元,用这笔钱,他赎回了自己真正的自由之身,从此彻底丢弃了"奴隶"的身份。

再次回到纽约之后,他在罗彻斯特创办了一份报纸,此后又在华盛顿的《新世纪报》从事编辑工作,直至后来成为哥伦比亚特区的执法官。

【小提示】 对知识的渴求让弗雷德抓住一切机会学习,正是这种学习为他日后的生存与成功奠定了基础。如果没有弗雷德的刻苦学习,他的生存也便成了问题。

【案例】

对于学习永不服输

1948 年,12 岁的丁肇中随着父母辗转来到中国台湾。1950 年,丁肇中凭着自己的能力,通过转学考试,转入了台北市一流的中学——建国中学。

开学第一天,丁肇中就被学校内的一条横幅吸引住了,横幅上写道:古之成大事者,不唯有超世之才,亦必有坚忍不拔之志。

丁肇中凝视着这条横幅,心中暗下决心,一定要把它的勉励当做自己以后学习、工作的座右铭。

中学时代,丁肇中读书非常刻苦,成绩也非常优秀,在与同学讨论问题时总是追根究底,而且总是以胜利告终,再加上丁肇中的头长得非常大,班上的同学都戏称他为"丁大头"或"大头丁"。

高中毕业,丁肇中的数学、物理、化学都是满分,其他科目也都是优良,学校保送他上台湾地区的成功大学。成功大学在当时是二流甚至三流的大学,丁肇中想读的却是一流的大学。是接受保送,还是参加联考呢?

丁肇中觉得应该给自己一个机会,他仔细分析了自己的实力,最后做出选择:"我要参加考试,我应该可以考个状元。"

于是,他找机会与父亲商量:"爸爸,我不参加考试就可以保送上成功大学。"丁肇中很平静地说道。

爸爸很高兴："那太好了!"

"可是,爸爸,我想参加联考! 凭我自己的实力,我完全可以考一所一流的大学。"丁肇中的语气中带着自信和倔强。

几个月后,联考揭榜的时间到了。丁肇中拿着录取通知书,呆了。录取通知书上写着:"经过联考,祝贺你被录取到成功大学机械工程系。"

丁肇中没想到自己失败了,这样的打击是无比沉重的。同学们也很吃惊,谁也没有想到"丁大头"居然会失败。丁肇中久久地沉浸在失败的痛苦中。但是,丁肇中并没有被失败打倒。他站了起来,他要上一流的大学。他怀着失落步入了成功大学的校门,但是他没有一味失落下去。在步入成功大学校园的第二年,丁肇中便通过自己坚忍不拔的意志,到美国底特律的密歇根大学留学了。后来,丁肇中成了获得诺贝尔物理学奖的科学家。

【小提示】 成大事者必然有坚忍不拔的意志,即使失败了,也要有勇气再站起来。学会了学习,也就学会了生存。

三、"成功方程式"的启示

20 世纪最著名的科学家爱因斯坦在回答关于他取得成就的诀窍时,写下了一个公式:$X+Y+Z=W$。他解释说,"X"代表艰苦劳动,"Y"代表正确的方法,"Z"代表少说空话,"W"代表成功。有人称此为"成功方程式"。爱因斯坦这个方程式,得到人们的普遍赞同。"成功方程式"不但适用于科学研究,也同样适用于学习。艰苦劳动,少说空话,一般都能注意到,而正确的方法"Y"——往往不被重视。许多青年,虽然知道勤奋拼搏,学习古人"头悬梁、锥刺股"的精神(图 8-2),却很少注意讲究科学的方法"Y"。所以,"Y"——正确的方法更为重要。因为好的方法可以使你的学习过程事半功倍,你如果有科学的学习方法,学习的过程就会变得非常轻松。因为如果你有好的方法,你学习的效率就会特别高,你就能节省出很多时间,或者是你在相同的时间中就能够学到比别人更多的东西,你的学习过程自然变得轻松了。

图 8-2 头悬梁,锥刺股

(一)科学的学习方法有利于培养和提高青年学生的学习能力

我们在这里所说的学习能力主要包括:

1.获得积累知识(技能)的基本学习能力。这种学习能力主要有五个方面的基本内容:看的能力即阅读和观察的能力;听的能力;问的能力;写的能力;思维的能力(辩证思维与逻辑思维能力,理解消化能力,发现问题、提出问题的能力等)。

2.巩固掌握知识(技能)的能力。这种学习能力主要包括:练习能力(实验操作能力、动手能力等)、复习能力和记忆能力三个方面。另外还包括我们通常所说的自学能力。

除了人们先天素质这个基础因素外,人们学习能力的产生、培养和提高,在很大程度上取决于后天的学习实践。科学的学习方法是构成人们学习能力的灵魂,实际的学习能力主要是科学学习方法在人们学习实践中直接、具体的运用。例如,学习活动中的阅读和观察能力,实际上就是阅读和观察的科学方法在实践中的具体运用。谁掌握科学的阅读和观察方法并能把它正确地运用于实践中,谁就会在学习中拥有较高的阅读和观察能力。谁掌握的阅读和观察方法科学、完整,谁的能力也就愈强。一个根本不懂得科学阅读和观察方法的人,不可能具有很强的阅读和观察能力。

(二)科学的学习方法有助于人们在学习活动中少走弯路,沿着正确的道路前进

恩格斯在自然辩证法中指出:"从歪曲的、片面的、错误的前提出发,循着错误的、弯曲的、不可靠的途径行进,往往当真理碰到鼻尖上的时候还是没有得到真理。"方法科学,我们就可以少走弯路。17世纪捷克著名教育学家夸美纽斯在其名著《大教学论》中也说过:"时间与精力的无益浪费当然是从错误的方法产生的。"这两段话,深刻地揭示了科学的方法在人们学习和研究过程中的重要性。掌握了循序渐进的科学学习方法并按照这种方法给我们指出的正确方向由浅入深、由简到繁、一步一个脚印循序渐进地学习,我们就离成功越来越近了。

(三)科学的学习方法是人们学会学习、学有成就的重要因素

古往今来,千千万万的学者无不希望自己能学有所成。为了达到目的,人们都在自己的学习活动中进行了孜孜不倦的艰苦劳动和探索;然而,尽管如此,学有成就、登峰造极者仍然是凤毛麟角。其中一个非常重要的原因就是学习方法不科学。正如笛卡尔所说:"没有正确的方法,即使有眼睛的博学者也会像瞎子一样盲目摸索。"所以,勤奋刻苦的学习态度加上科学的学习方法,才能使人们扬帆远航,最终到达成功的彼岸。

俄国第一位诺贝尔奖获得者,也是世界上第一位诺贝尔生理学奖获得者巴甫洛夫认为:"科学是随着研究方法所获得的成就前进的。"而另一位法国著名生理学家贝尔纳认为:"良好的方法能使我们更好地发挥运用天赋的才能,而拙劣的方法则可能阻碍才能的发挥。因此,科学中难能可贵的创造性才华,往往由于方法拙劣可能被削弱,甚至被扼杀;而良好的方法则会增长、促进这种才华。"早在两千多年前,我国杰出的思想家荀子也在《劝学篇》中指出:"吾尝跂而望矣,不如登高之博见也。登高而招,臂非加长也,而见者远;顺风而呼,声非加疾也,而闻者彰。假舆马者,非利足也,而致千里;假舟楫者,非能水也,而绝江河。君子生非异也,善假于物也。"把荀子的思想运用于我们的学习实践中,只要我们能"善假于物",再加上勤奋刻苦的态度,那么,我们也一定能够达到学有所成的目的。

【案例】

吉林省文科状元孙一丁谈学习方法的重要性

掌握一个好的学习方法对一个学生来说意味着什么呢? 我有一些学弟学妹,他们非

常努力、用功。但是他们到达一定的层次以后，却不能再前进一步。其实并不是他们智商的问题，而是因为他们没有掌握一个好的学习方法，其结果是事倍功半。有一个小女生，她每天都在很努力很努力地学习，非常非常努力，她比任何一个人都要刻苦，但是全年级的排名就是100多名，为什么呢？就是因为她一直只是去用蛮力，就像我们干活一样，她没有去用那个巧劲，像劈柴火一样，我们没有用斧子锋利的一面。如果你没有掌握一个好的学习方法，就像你用斧子钝的那一面，一直劈一直劈，那样你只可能把柴火给砸碎了，而不是劈成一块一块的。我觉得好的学习方法就像你兵器上很锋利的一面，它可以帮你开山破海，或者像华山救母，都有可能。它是一个很好的工具，我们十年磨一剑，但是如果剑磨得不锋利，怎么能去试它的刃呢？其实我是在去年的时候总结出这一套的，因为我当时觉得知识的积累达到一定程度，而且对以前有一些反思，后来发现，原来这些方法真的很有用处，自从掌握了这些以后，我觉得最大的益处就是我学得更轻松，也更明白了。以前我是很盲目的，我决心要努力学习，我跟着老师去完成一些作业，有时还盲目地去为自己补课。但是，自从掌握了这些关于学习的方法以后，我发现我可以省出很多时间，很有目的性地来完成自己的课业了。这些关于学习的方法既提高了自己的学习效率，也使我在复习的时候做到了知己知彼，百战不殆。

【小提示】 没有科学的学习方法，如盲人骑瞎马，夜半临深池；而有了科学的学习方法，则会收到事半功倍的效果，真正做到知己知彼，百战不殆。

四、进行一场学习革命

随着时代的变化，学习的内涵也有所不同。青年学生要想适应社会发展，学会学习进而学会生存，就必须认真审视自己在学习上是否存在这样或那样的问题，是否掌握了符合时代要求的学习方法，然后对自己进行一场学习革命。

具体来说，进行一场学习革命，让自己学会学习，可以从如下几个方面入手：

(一)认识自己，找出问题

当前青年学生中普遍存在的问题有：

1.不爱学习。一些青年在进入大学或找到工作以后便产生了"船到码头车到站"的思想，没了求知压力；

2.分配体制的影响。"专业好，学业精，不如家里靠山硬"的观念极大地挫伤了青年学生的学习积极性；

3.缺少学习的精神动力和基本的学习能力。现在的青年学生大多缺乏高尚的理想和奋斗的精神，缺乏自学能力等；

4.对知识的实用主义心态。对目前社会上实用的知识就学，而对基础知识唯恐避之不及，缺乏对知识的科学理解；

5.对"学问"二字缺乏深刻而全面的认识，只知道标新立异，对学问赶时髦，图新鲜，从而误入歧途；

6.就业的压力。就业的压力导致青年学生对成才的焦虑,对知识功能的曲解,因判断能力的低下而对社会需求缺乏全面理解和深刻认识。种种迹象表明,青年学生受眼前利益的驱动,其学习行为也就表现出很大的功利性和被动性。

(二)志存高远,追求卓越

树立高尚的理想,确定远大的目标是青年学生学会学习的前提。青年学生对学习的态度如何,直接影响学习的效果。青年学生是否会学习又直接关系到他们的未来,甚至关系到国家和民族的未来。大家知道,理想是一个人前进的方向。人生没有理想,就像一只船没有了航向,不会到达成功的彼岸。目标的远大与渺小也决定着成功的大与小。因为理想和目标是一种精神力量,是青年学生学习的内在驱动力。只有树立了高尚的理想,才能确定远大的奋斗目标,从而产生巨大的前进动力,激励自己锲而不舍、坚忍不拔、努力拼搏、奋勇向前直达理想的彼岸。

青年学生应该脚踏实地,从职业生涯规划做起,把对学习和生活的目的进行过渡性的分解,通过渐进性和阶段性的方式逐步实现志存高远,追求卓越的人生目标。

(三)自主学习,打好基础

所谓自主学习就是学生自己主动地学习,自己有主见地学习。自主学习包括四个方面:

1.要对自己现有的学习基础、智力水平、能力高低、兴趣爱好、性格特长等有一个准确的评价;

2.在完成学校统一教学要求并达到基本培养标准的同时,能够根据自身条件,扬长避短,有所选择和有所侧重地制定加强某方面基础、扩充某方面知识和提高某方面能力的计划,优化自己的知识和能力结构;

3.按照既定计划积极主动地培养自己、锻炼自己,并且不断探索和逐步建立适合自己的科学学习方法,提高学习能力和学习效率;

4.在实践中能够不断修正和调整学习目标,在时间上合理分配和调节,在思维方法及处理相互关系上注意经常总结、调整和完善,以达到最佳效果。树立了自主学习的学习观,就会意识到自己是学习的主人,学习要靠自己的艰苦努力,从而才能在受教育的过程中发挥自己的主动性、积极性和创造性,同时,不断增强自我教育意识,具备独立学习能力,不断探究学习规律,以适应科技迅猛发展、知识不断更新的需要。

自主学习,应掌握一定的方法与技能。如学会利用图书馆,学会使用工具书,学会文献检索、资料查询,学会做学习笔记,学会积累和整理资料,学会对所学知识(包括书本上的和实践中的)进行分析、归纳和总结等。善于自学是学会学习的基本途径。

(四)掌握方法,突破重点

所谓学会学习,在某种意义上就是学会学习的方法。科学的学习方法不仅有助于在学习活动中少走弯路,有利于培养和提高各种学习能力,提高学习效率,而且更重要的是它是人们攀登学习高峰、学有所成必不可少的重要因素。学习方法就是青年学生学习时所采用的方式、手段、途径和技巧。科学的学习方法是人们的认识规律和学习规律的反映,它具有共同性和普遍性。同时,学习方法由于受学习目的、学习内容、学习条件、教育者的个体特征(如教授方法,学识水平,教育、教学思想)、学习者的个体特征(如年龄、文化基础、素质、个性)等因素制约,而这些因素又是复杂多变的,因此,学习方法就呈现出多样性并具有个性化特征。另外,教育是随着社会生产力的发展而发展的,教育的内容不但是社会科学技术发展水平的反映,同时教育的手段和方法也是由社会生产力发展水平决定的,因此与教育内容、教育手段和方法相适应的学习方法也必然具有时代特征。

所以,青年学生要研究学习规律,掌握基本的学习方法。掌握了学习规律,就会自觉地遵循学习规律进行学习。合乎学习规律的学习方法是科学的学习方法,它具有普遍的意义,比如:巧妙地利用时间;科学地运用大脑;循序渐进地安排内容;不厌其烦地巩固记忆;格物致知地认真实践等等,都是对青年学生很有效的学习方法,对于抓住实质、突破重点很有帮助。

(五)学会学习,从"学会"到"会学"

对于青年学生,这是一个"授之以鱼"与"授之以渔"的问题。如果是在校的学生,学会学习就需要注意这样几个环节:

第一,抓好课前预习。在预习过程中,边看、边想、边写,在书上适当勾画和做批注。看完书后,最好能合上书本,独立回忆一遍,及时检查预习的效果,强化记忆。同时,可以初步理解教材的基本内容和思路,找出重点和不理解的问题,尝试做笔记,把预习笔记作为课堂笔记的基础。做好预习,就抢在了时间的前面,使学习由被动变为主动了。简而言之,预习就是上课前的自学,也就是在老师讲课前,自己先独立地学习新课内容,使自己对新课有一个初步理解和掌握的过程。预习抓得扎实,可以大大提高学习效率。

第二,掌握听讲的正确方法,处理好听讲与做笔记的关系,重视课堂讨论,提高课堂学习效果。学生上好课、听好课首先要做好课前准备,包括心理上的准备、知识上的准备、物质上的准备、身体上的准备等;听课时要专心听讲,尽快进入学习状态,参与课堂内的全部学习活动,始终集中注意力;还要学会科学地思考问题,重理解,不要只背结论,要及时弄清教材思路和教师讲课的条理,要大胆设疑,敢于发表自己的见解,善于多角度验证答案;最后,还要及时做好各种标记、批语,有选择地做好笔记。

学习成绩的优劣,固然取决于多种因素,但如何对待每一堂课则是关键。要取得较好的成绩,首先就必须利用课堂上的四十五分钟,提高听课效率。所以,听课时要做到以下四点:

1.带着问题听课;

2.把握住老师讲课的思路、条理;

3.养成边听讲、边思考、边总结、边记忆的习惯,力争当堂消化、巩固知识;

4.踊跃回答老师的提问。

做到了以上四点,基本上就达到了上好课与听好课的要求。

第三,课后复习应及时。针对不同学科的特点,采取多种方式进行复习,真正达到排疑解难、巩固提高的目的。课后要复习教科书,抓住知识的基本内容和要点;尝试回忆,独立地把教师上课内容回想一遍,养成勤思考的好习惯;同时整理笔记,进行知识的加工和补充;课后还要看参考书,使知识的掌握向深度和广度发展,形成学习上的良性循环。

复习是预习和上课的继续,它将完成预习和上课所不能完成或没有完成的任务。既在复习过程中达到对知识的深刻理解和掌握,在理解和掌握知识的过程中提高运用的技能技巧,进而在运用知识的过程中,使知识融会贯通,举一反三;并且通过归纳、整理达到系统化,使知识真正被消化吸收,成为自己知识链条中的一个有机组成部分。这样,在复习过程中,既调动了大脑的活动,又提高了分析问题和解决问题的能力,知识也在理解的基础上得到巩固记忆。从某种意义上讲,知识掌握得如何是由复习效果而定的。

第四,正确对待作业。为什么要做作业呢?完成作业对于检查学习效果、加深对知识的理解和记忆、提高思维能力、为复习积累资料等有着重要作用。青年学生要把预习、上课、课后复习衔接起来;审好作业题、善于分析和分解题目,理清答题的思路;准确表达,独立完成;最后还要学会检查,掌握对各学科作业进行自我修正的方法。托尔斯泰说过:"知识只有当它靠积极思维得来的时候,才是真正的知识。"无论学哪一门功课,课堂上老师讲的,笔记本上记的,课外阅读的等等,都是书本上的知识,要转化为自己的知识,使自己能够自如地运用,就必须通过作业实践来加以转化。这才是对待作业的正确态度。

第五,课外学习。课外学习能有效地使课内所学知识与社会生产实践、生活实际密切地联系起来,帮助青年学生加深对课内所学知识的理解,扩大自己的知识范围,拓宽思路,激发求知欲望和学习兴趣,培养自学能力,养成自主学习习惯,增长工作才干。这也就是常说的"课内打基础,课外出人才"。课外学习,包括主动进行课外阅读,参加课外实践活动等。课外学习要掌握正确的方法,如泛读法、精读法、深思法、实验实践法等;要掌握读书要求,如逐渐积累、持之以恒、博专结合、读思结合、学用结合等等。

总之,课前预习要做到知己知彼,课中听讲要做到心领神会,课后作业要做到温故知新,课外学习要做到博学笃行。这样你就是一个真正从"学会"到"会学"的合格青年学生了。

(六)与时俱进,不断创新

在农耕经济时代,学习是以劳动者言传身教的方式传授简单的劳动技能和经验;在工业经济时代,人们通过工业化大信息量的群体化传播工具,如教材、报纸、广播和电视等,从较大的范围里获取知识和各种信息;而在知识经济时代,计算机网络变化和信息高速公路的出现,为学习开辟了更加广阔的道路。计算机已经成为信息收集、加工、存储、处理、传递、使用的必不可少的工具,计算机网络也已成为现代化的学习工具。我国已经出现了相当一批网络学校,并在进一步向双向交互式网络学习发展,前景极为广阔。信息高速公路的触角已经伸向世界的各个角落,为人们提供了一个取之不尽的信息资源库,全世界的学习资源都可以用来为一个人的学习服务。信息手段的革命性变化为人们的学习展示了美好的前景,与此同时也对学习者提出了更高的要求。青年学生学会使用现代信息和传授技术,会使其学习活动达到事半功倍的效果。

要在学会学习的前提下,做学习的主人,提高学习效率,变被动学习为主动学习,就要重视借鉴古今中外的学习经验,使自己少走弯路。在学习中,一定要联系学习实际,研究具有不同针对性的学习方法。学习活动作为一种认知活动,有其带规律性的一些基本学习方法,但在研究具体的学习方法时,它又具有针对性、有不同的特点。如:不同的学习阶段、学习目标、学习内容、学习对象与学习环境,学习方法是不同的;专业性质和课程特点不同,学习方法也是有差异的;教学环节不同,教学形式不同,学习方法也自然不可能一样。因此,学习方法要与时俱进,做到针对不同的内容和要求,采取不同的学习方法。

在知识经济时代,具有不断掌握新知识进而创新知识的能力,比掌握现成的知识更为重要。青年学生要从个人实际出发,采用和创新适合自己特点的科学学习方法。个人的发展基础不同,智力和非智力因素就会有所差异,学习习惯、特点也就会有所不同,因此,青年学生在学习当中,必须做到切合个人实际,切忌千篇一律。所以,最好的学习方法应当是与时俱进,不断创新的,科学的,适合自己个性特点的方法。

以上就是我们所说的进行一场学习革命。也许你已经做得很好了,也许你会在这里受到启发,也许这里介绍的内容不能完全适合所有青年学生的需要。但是,一定要记住:"未来的文盲不再是那些不识字的人,而是那些没学会学习的人"。

【案例】

学习的妙法

陶渊明是晋代著名的大文学家。在他隐居田园后的某一天,有一个读书的少年前来拜访他,向他请教求知之道。

见到陶渊明,那少年说:"老先生,晚辈十分仰慕您老的学识与才华,不知您老在年轻时读书有无妙法? 若有,敬请授予晚辈,晚辈定将终生感激!"

陶渊明听后,捋须而笑道:"天底下哪有什么学习的妙法? 只有笨法,全凭刻苦用功、持之以恒,勤学则进,怠之则退。"

少年似乎没听明白,陶渊明便拉着少年的手来到田边,指着一棵稻秧说:"你好好地看,认真地看,看它是不是在长高?"

少年很是听话,可怎么看,也没见稻秧长高,便起身对陶渊明说:"晚辈没看见它长高。"

陶渊明道:"它不能长高,为何能从一棵秧苗,长到现在这等高度呢? 其实,它每时每刻都在长,只是我们的肉眼无法看到罢了。读书求知以及知识的积累,便是同一道理! 天天勤于苦读,天长日久,丰富的知识就装在自己的大脑里了。"

陶渊明又指着河边一块大磨石问少年:"那块磨石为什么会有像马鞍一样的凹面呢?"

少年回答:"那是磨镰刀磨的。"

陶渊明又问:"具体是哪一天磨的呢?"

少年无言以对,陶渊明说:"村里人天天都在上面磨刀、磨镰,日积月累,年复一年,才成为这个样子,不可能是一天之功啊,正所谓冰冻三尺,非一日之寒! 学习求知也是这样,若不持之以恒地求知,每天都会有所亏欠的!"(图 8-3)

图 8-3 学习的妙法

陶渊明的话让少年恍然大悟。陶渊明见此子可教，又兴致极好地送了少年两句话：勤学似春起之苗，不见其增，日有所长；辍学如磨刀之石，不见其损，日有所亏。

【小提示】　学习的方法虽然有很多，但刻苦用功、持之以恒才是基础。日积月累，天长地久，丰富的知识自然而然地就装在你的大脑里了。

五、学习能力与习惯测试

(一)学习能力测试

本测试可用来测验你的学习能力。本测试由 20 道题目组成，每道题目只可选择一个答案，请选择最符合自己实际情况的答案，然后填写在题后的括号内。

可选择答案如下：

A.非常符合　B.有点符合　C.无法确定　D.不太符合　E.很不符合

1.我习惯记下阅读中的不懂之处。 （　　）

2.我经常阅读与现在专业无直接关系的书籍。 （　　）

3.在观察或思考时，我会多角度培养我的思维。 （　　）

4.我在做笔记时，把材料归纳成条文或图表，以便理解。 （　　）

5.听人讲解问题时，我会眼睛注视着讲解者。 （　　）

6.我注意归纳并写出学习中的要点。 （　　）

7.我善于运用较新的手段解决问题。 （　　）

8.我不喜欢一成不变的生活方式。 （　　）

9.我经常查阅字典、手册等工具书。 （　　）

10.认为重要的内容，我格外注意听讲和理解。 （　　）

11.阅读中若有不懂的地方，我非弄懂不可。 （　　）

12.我会联系其他学科内容进行学习。 （　　）

13.阅读中认为重要或需要记住的地方，我就画上线或做上记号。 （　　）

14.我善于借鉴别人好的学习方法。 （　　）

15.我对需要牢记的公式、定理等关键部分会反复进行记忆。 （　　）

16.我喜欢观察实物或参考有关资料进行学习。 （　　）

17.我能够制定出切实可行的学习计划。 （　　）

18.我喜欢了解自己不知道的东西。 （　　）

19.遇到自己不知道的事情，我能够主动地请教他人。 （　　）

20.我能够较快地掌握新的学习方法。 （　　）

评分标准：

选择答案 A 得 5 分；选择答案 B 得 4 分；选择答案 C 得 3 分；选择答案 D 得 2 分；选择答案 E 得 1 分。

得分在 20～40 分：能力差；41～60 分：能力一般；61～80 分：能力良好；81～100 分：

能力优秀。

(二)学习习惯测试

请仔细阅读下面的每一个问题,结合自己的具体情况,想想看,认为符合自己的实际,就在题号后面的括号里打"√"号,不符合的打"×"号。

*1.上课时,必要的学习用品都带齐了。   (   )

2.经常迟到。   (   )

*3.总是在前一天备齐学习用品。   (   )

*4.课堂上能积极提问或回答问题。   (   )

5.上课时,在笔记本上乱写乱画。   (   )

*6.能爱护教科书和参考书。   (   )

*7.考试答卷写得很认真。   (   )

*8.总是在规定的时间和地方学习。   (   )

9.学习时有朋友来找我就跟他出去了。   (   )

*10.在书桌前坐下就开始学习。   (   )

*11.出声读课文。   (   )

*12.在自习时能马上动手完成必需的作业。   (   )

*13.课堂上学过的功课课后认真复习。   (   )

*14.发回的作业每次都会认真地查看。   (   )

15.预习明天的课程。   (   )

*16.每天按规定好的时间学习。   (   )

*17.对自己不明白的问题有查字典或参考书的习惯。   (   )

*18.对自己学得不太好或不喜欢的功课也能努力学。   (   )

19.因其他事占用了学习时间。   (   )

20.有一边学习、一边看电视或听收音机的习惯。   (   )

21.休息和学习的时间划分得很清楚。   (   )

22.起床和睡觉的时间每天都不同。   (   )

23.一边学习,一边吃东西。   (   )

24.有时会讲"我做了可怕的梦"这样的话。   (   )

*25.喜欢开玩笑引人发笑。   (   )

26.受到批评后总是闷闷不乐。   (   )

27.说过"学习无用"一类的话。   (   )

28.学到的知识经验经常忘记。   (   )

29.考试分数不好,总放在心上。   (   )

*30.辅导员在与不在时,表现一样。   (   )

*31.愿意和老师在一起。   (   )

32.在背后说老师的坏话。   (   )

*33.受到哪位老师表扬,感到学习有乐趣,就喜欢听他的课。   (   )

34. 受到哪位老师批评,讨厌学习,就不愿听他的课。　　　　　　（　　）

＊35. 喜欢参加运动会、汇报演出、文化娱乐活动等。　　　　　　（　　）

36. 常常受到老师的警告。　　　　　　　　　　　　　　　　　（　　）

＊37. 常常受到老师的表扬。　　　　　　　　　　　　　　　　　（　　）

＊38. 每周制定自己的生活计划。　　　　　　　　　　　　　　　（　　）

＊39. 每学期开始,能明确提出新的努力目标。　　　　　　　　　（　　）

＊40. 能合理安排寒暑假生活,并认真执行计划。　　　　　　　　（　　）

＊41. 对自己擅长的功课能更加努力去学。　　　　　　　　　　　（　　）

＊42. 在学习上能与同学互教互学。　　　　　　　　　　　　　　（　　）

＊43. 在学习上表现出竞争意识。　　　　　　　　　　　　　　　（　　）

44. 在背地里讲同学的坏话。　　　　　　　　　　　　　　　　（　　）

＊45. 能充分利用图书馆或阅览室学习。　　　　　　　　　　　　（　　）

46. 不愿在自己寝室学习,常到同学那去学习。　　　　　　　　（　　）

＊47. 除了做功课以外,还喜欢做其他事情。　　　　　　　　　　（　　）

48. 时常感到睡眠不足。　　　　　　　　　　　　　　　　　　（　　）

49. 允许别人随便动用自己的学习用具。　　　　　　　　　　　（　　）

50. 欢迎家长了解、参与学院举行的各种参观、教学及文娱活动。（　　）

评分标准:

凡题前有＊标记的题打"√"的,在括号旁边写2分,打"×"的给0分,评完后再看题前没有＊标记的题,打"√"的给0分,打"×"的给2分。最后把所有的分加起来,得出总分。

86～100分为优,说明学习习惯非常好;71～85分为良,说明学习习惯比较好;46～70分为中,说明学习习惯一般,需要改进;31～45分为较差,说明学习习惯需要努力改进;0～30分为很差,说明学习习惯需要大力改进。

【知识吧台】

高职院校学生学习心理状况调查

一、高职学生学习状况调查的背景

1. 高职学生学习现状是此次调查的诱因。许多高职院校的教师认为,学生不会学习。许多学生也感到学习困难,那么高职学生的学习特点是什么,学习中存在哪些问题,最突出的问题是什么,是什么原因致使学生不热爱学习。这是此次调查的一个重要目的。

2. 社会评价褒贬不一。目前,由于我国经济发展的不平衡,对高职学生的需求在部分地区出现一种尴尬现象。部分用人单位认为高职学生理论水平不及本科生,职业技能与中专学生无异,而在同等情况下,宁愿选择中专学生,减少工资成本。就学生而言,他们的就业心态反映出不能安心在企业一线工作,这使部分企业对高职学生的质量褒贬不一。

3. 高职院校的学生管理工作困难重重。学生的学习兴趣低，精神萎靡，占用学习时间上网现象普遍。打架斗殴、夜不归宿也常有发生。有的学校到了晚上，整个教室空无一人，图书馆内也是寥寥无几。学生去了哪里，为什么不愿意在教室里学习，是此次调查的一个间接原因。

4. 高职扩招，生源质量普遍受到质疑。由于职业技术学院的高考录取分数普遍低于普通本科院校，加上生源竞争及受部分省或地区职业技术教育招生政策的影响，人们开始怀疑职业院校学生的学习状况和学习质量。

二、调查发现的问题

本次调查采用问卷调查和访谈的形式，以高职院校的 258 名学生和 27 位教师为对象进行。调查的内容涉及学生的学习动机（态度）、学习方法（认知策略、知识的迁移、记忆策略）、学习目标、学习效果、学习品质、教师的教法和教学中学生与老师的互动沟通等方面。

1. 学习目的基本明确但不清晰、不具体。获得较强的专业和活动能力，提高自身的综合素质是高职院校学生学习的主要目的。其中 36.5％的学生希望通过学习获得专业和活动能力，29.7％的学生以提高自身的综合素质为目标。但也有 21.6％的学生主要目的是拿到毕业证和技能证。

2. 学习兴趣不高。面对学习，35.8％的学生认为这是目前最大的困难。43.9％的学生学习兴趣不高，其原因在于专业课学习难度较大。有 17.6％的学生认为自身学习基础相对较差。尤其是文科生学习理科的内容，常常感到力不从心。有 44.6％的同学感到学习压力大。我们也从一些职业技术学院的心理咨询中心获悉，学习压力大、害怕被学校劝退而来咨询的学生也为数不少。不可忽视的是有 7.4％的学生感到学习困难，无所适从。相当多的同学感到学习压力大（44.6％），但认为没有压力的也占到了 16.9％，认为压力合适的为 31.8％。面对压力，许多学生采用消极的应对方式，上课分心，下课揪心，平时上网，考试作弊。

3. 学习方法欠缺。从与教师和学生的座谈以及调查问卷的结果来看，高职学生的学习方法有待改进。在调查中我们发现，有 6.1％的学生不考虑学习方法；有自己的方法、效果不佳的为 50.7％，而有自己的方法、效果佳的只有 16.9％；不知道如何学习的同学也占到 7.43％。许多学生的学习没有计划性，不考虑各学科之间的关联性，基本上是被动上课，课后也以完成作业为主，基本上不涉及预习、学习、复习的简单而基本的过程。由于学习的主动性和探索性不够，学生几乎不提问题，对不懂的学习内容也难以表达哪里不懂，为什么不懂。

4. 学习取向趋于务实。30.4％的同学最感兴趣的是实验实训课，其次是专业课和外语。对基本理论和发展能力类的课程感到没有实际用途。

三、问题原因分析

1. 学习能力有待提高。高职学生的学习缺乏主动性、探究性、联系性。许多学生没有意识到这是学习的方法问题。由于学习缺乏探究性，许多学生难以体会学习的乐趣，也激发不了学习的热情，缺乏对学科的整体把握。因此，学习缺乏兴趣，知识尤其是专业知识难以拓展，学习的深度以及所能达到的高度受到限制。由于就业的压力、学习的务实心理，许多学生片面重视实践操作，而忽视理论基础的夯实，也使学习的心态变得浮躁，难以坚持。

2.学习动机层次不高。高职学生的学习动机是不稳定的，具有机会主义倾向。由于高职教育以技能培养为主，部分学生片面理解为突出技能、忽略理论，学习追求实用，致使理论课的学习情绪低迷，而在操作中遇到理论问题又感到难以扩展和提高自己。

3.学习焦虑现象存在。部分学生的学习认知能力不高，学习方法如认知策略、知识的迁移、记忆策略等缺乏，学习习惯不良，使得学习效果不佳、学习目标难以达到，学习信心由此发生动摇，心理压力也因此而产生。对考试或某些课程的学习存在一定的恐惧心理，有的有厌学情绪。

四、对策探寻

针对学生学习困难，高职院校要加强对教育教学方法和学生学习心理的研究，采取有效措施，激发学生的学习兴趣，提高学习效率和学习水平。

1.帮助学生建立目标导向激励系统。虽然每个学生的学习都有一个基本的目的，但是具体目标以及达到目标的途径和方法并不明确，甚至根本没有。由于不能把学习的目的具体和细化到现实的学习中，成为激发学习的原动力，因而难以达到学习的最终目的。为此，应对学生进行职业生涯规划和激励教育，指导学生对学习和生活的目的进行过渡性的分解，使学生通过渐进性和阶段性的方式逐步实现目标。

2.进行科学合理的教学、课程排列。处理好上课与实习之间的冲突。有一所学院一学期有一个班七周不上课。学生在上课、实习、放假这样大量交错的情况下，心理上产生一种不安定感。因此，科学地安排实习与上课、合理协调不同科目之间内容与实习之间的关系，对学生学习的连续性、巩固性将会产生一定的影响。

(1)合理设置课程。对课程设置的有效性、适度性、合理性进行研究，突出学科重点，把握学科发展的脉搏。向学生传授有益、科学、实用的理论与实践知识。

(2)合理安排作息时间。由于高职教育目前仍有本科教育压缩的痕迹和高职课程设置等原因，有的学校作息时间打破了教学常规，采用两节课连上，缩短中午休息时间，增加下午上课时数的方式，这样虽有利于教学进度的完成，但学生白天极度紧张，晚上处于情绪放松状态。早、晚自习的效果不尽如人意。因此，要合理科学地安排作息时间，提高学习效率。

3.需要帮助学生进行正确归因。教育心理学的研究发现，对考试成败的不同归因，直接影响随后的学习，正确而合理的归因有利于激发学习的动机，错误消极的归因会打击学习的热情。因此，优化学生的认知模式，引导学生进行正确归因，用科学合理的理念替换不合理的思想，以形成积极的心态，从而输出健康和积极的行为。

4.利用网络优势，引导学生正确利用网络来为学习和成才服务。调查表明，网络在学生学习和生活中起着越来越重要的作用，成为学习生活不可缺少的一部分。学校可以利用校园网络，本着"充分利用、积极建设、加强管理、趋利避害"的原则，加大推进网络的工作力度。一方面，充分利用网络让学生接触更多精彩的学习内容，使网络成为学生学习的重要手段；另一方面，要通过因势利导，抵制网络传媒中不良信息对大学生的负面影响，对于个别学生沉迷网络的现象，更要善于谆谆教诲，帮助学生更好地完成学业。

5.教师要加强研究型教学。现代教师不仅要加强教学的现代意识，把握学科内在的规律和科学性，更要对学生的学习心理进行研究，及时调整授课的计划、内容、进度、方法,本着与时俱进、科学有效、以学生为本的原则进行教学。目前,有些院校采用小组学习法、项目学习法、教学工厂等方法,激发学生的自主学习能力,取得了一定的成效。关注学生学习方法的研究,从学生的认知策略、知识的迁移、记忆策略、学习效果、学习品质等方面,采用符合学生特点的、直观的、有效的方法来提高学习效率。(徐畅)

【互动空间】

阅读感言

1. 根据下面材料写一篇阅读感言。

孔子幼年家境贫寒,没有受过正式启蒙教育,但他较早地接触社会,领悟了人生世态。孔子十五岁以后向往学习,《论语》里记载了许多孔子关于学习的论述:"敏而好学,不耻下问","吾尝终日不食,终夜不寝,以思,无益,不如学也","三人行,必有我师焉,择其善者而从之,择其不善者而改之"……孔子的实际行动也为后人树立了榜样。他曾问礼于老聃,学乐于苌弘,学琴于师襄。公孙朝向子贡诘问孔子的师门,遭到子贡雄辩而有力的反诘:圣人无处不可以学习,无人不可以学习,只要是合于文武之道的就可以学习。韩愈《师说》里更是阐述得淋漓尽致:"生乎吾前,其闻道也先乎吾,吾从而师之;生乎吾后,其闻道也亦先乎吾,吾从而师之。吾师道也,夫庸知其年之先后生于吾乎?是故无贵无贱,无长无少,道之所存,师之所存也。""道之所存,师之所存也"就是子贡在这里描述孔子的求学精神。

在《论语》中有这样一段记载:"子曰:'由也!女闻六言六蔽矣乎?'对曰:'未也。''居!吾语女。好仁不好学,其蔽也愚;好智不好学,其蔽也荡;好信不好学,其蔽也贼;好直不好学,其蔽也绞;好勇不好学,其蔽也乱;好刚不好学,其蔽也狂。'"文中的"六言"就是指仁、智、信、直、勇、刚六种道德的标准,"六蔽"指与标准相对的愚、荡、贼、绞、乱、狂。"蔽"同"弊",就是在践行道德的过程中所容易出现的毛病。这段话翻译成现代汉语就是:孔子说:"仲由!你听说过六种品德和六种弊病吗?"子路回答:"没有。"孔子说:"来,坐下!我告诉你。喜好仁德却不喜好学习,弊病是容易被人愚弄;喜好聪明却不喜好学习,弊病是容易放荡不羁;喜好信实却不喜好学习,弊病是拘于小信而贼害自己;喜好直率却不喜好学习,弊病是说话尖刻刺人;喜好勇敢而不喜好学习,弊病是捣乱闯祸;喜好刚强而不喜好学习,弊病是狂妄自大。"在孔子看来,个人成长的过程就是一个不断追求和学习的过程,在追求中学习,在学习中完善,所以人重要的不是做,而是怎么做才能符合标准。解决的办法只有一个,那就是不断学习。

2. 总结自己的学习方法和经验,制作一个图文并茂的PPT并与同学交流。

第九单元
学会自控 从学生到职业人转化

青年时种下什么,老年时就收获什么。——易卜生

要是没有独立思考和独立判断的有创造能力的个人,社会的向上发展就不可想象。——爱因斯坦

富贵不能淫,贫贱不能移,威武不能屈,此之谓大丈夫。
——《孟子·滕文公下》

自控就是自我控制,是个人对自身心理与行为的主动掌握。它是人所特有的,以自我意识的发展为基础,以自身为对象的人的高级心理活动。希腊人将自我控制作为第四种美德,也就是他们所谓的节欲,它能控制我们的情绪表达及行为方式,节制自身的肉欲和激情,去追求平静、合法、适度的快乐。它是抵制诱惑的力量。面临同一情境,个体可以有许多情绪表达形式。人们可以从多种可能形式中选取一个最适合的方式,来抒发自己的情感。在缺乏自我控制的时候,不顾后果和犯罪的行为总是大量发生。有一句古老的谚语道出了自我控制对于人生的重要性:"要么是我们控制自己的欲望,要么是欲望控制我们。"

今天,在这个丰富多彩的世界里,处处充满着诱惑,人人都有可能碰到来自四面八方的各种各样的诱惑,稍有不慎就有可能掉进诱惑的陷阱。诱惑是多彩的,迷人的,它具有不可抗拒的吸引力,使意志不坚或贪图小利者上钩,结果,自然是掉进身败名裂的陷阱之中,造成无法弥补的损失。

从学生到职业人要完成从宏大的"人生理想"向现实的"职业理想"、从青苹果式的"学校人"到成熟的"职业人"、从单纯的处理问题方式向复杂的人际关系、从系统的理论学习向多方位的实际应用、从散漫的校园生活向紧张的工作模式、从浮躁的心态向逐步理性化思考等的一系列转化。如果这时你还不能学会自我控制,那将是十分危险的。因此,要想很好地完成从学生到职业人的转化,就必须从我做起,从现在做起——学会自控。

一、高职生的自控能力

自我控制能力,也称自控能力或自控力,是自我意识的重要组成部分,它是个人对自身的心理和行为的主动掌握,是个体自觉地选择目标,在没有外界监督的情况下,适当地控制、调节自己的行为,抑制冲动,抵制诱惑,延迟满足,坚持不懈地保证目标实现的一种综合能力。简而言之,自控能力就是在日常生活和工作中,善于控制自己情绪和约束自己言行的能力。良好的自控能力是 21 世纪创新型人才的必备素质。美国学者对一些 3 岁半至 4 岁半的幼儿进行自我延迟满足追踪 30 年研究,结果表明,那些在幼儿期能够等待的青年人都较为成功,而那些在幼儿期等不得、控制不住自己的人,长大后事业都少有起色。

作为高等教育的重要组成部分,高职教育是我国高等教育的一个新的教育类型,是职业技术教育的高等阶段,在促进经济、社会发展和劳动力就业方面,有着重要的现实意义。与普通高等教育相比,高职教育具有自身的特殊性,这种特殊性首先在高职学生身上体现出来。作为敏感的社会群体——高职院校的大学生,在心理上、思想上均表现出鲜明的两面性。从积极的一面来看,高职教育毕竟是高等教育,高职学生也是大学生,所以高职学生有积极的一面。但目前在教育界的共识是:相当一部分高职学生综合素质较差,主要表现在以下几个方面:

1. 自我要求不严,不良习气较重,缺少责任感

部分学生缺乏远大的理想抱负及克服困难的毅力,缺乏艰苦奋斗的创业精神,尤其随着独生子女学生的增加,怕吃苦,表现懒散,缺乏劳动观念,追求享乐的现象日益明显;知识观念、艰苦奋斗观念淡化,早恋、男女不正常交往及不受纪律约束现象严重。个别学生上课迟到、早退、吸烟、打架斗殴,直接影响到教学秩序和校园稳定。

2. 学习不刻苦,学习方法欠缺,不求上进

许多学生学习没有计划性,不考虑各学科之间的关系,基本上是被动上课,基本没有预习、复习等简单而基本的过程。学习主动性和探索性不够,几乎不提问题,对不懂的学习内容也难以表达哪里不懂,为什么不懂。同时,多数高职生源的文化素质较低,部分学生学习积极性较差,有的学生到课堂听课,一是受学校纪律约束,二是应付考试,但真正参加考试也是一脸茫然,没有接受专业知识的欲望,学习纪律涣散,自习或上课时看小说、睡觉,混时间的大有人在(图 9-1);相反,在会老乡、谈恋爱、泡网吧方面兴趣浓厚,情绪高涨。

图 9-1 上课混时间

3. 对高职教育的认可度低

高职学生大多是由于高考成绩不佳,不能被普通高校录取,退而求其次,只能上职业院校,因此往往是非完全自愿的或是被家长安排的被动式的无奈选择。这种高考失利的挫折感和选择学校的被动与无奈使得他们对所就读的高职院校缺乏信任感与认可度,逆反心理严重。近几年入学的高职学生,有的出生在 20 世纪 80 年代,90 年代后出生的也开始陆续入校,绝大部分都是独生子女,在家受到父母、老人们的宠爱,以自我为中心,全家围绕他转。到学校后,进入新的环境,不适应周围的一切,经受不了挫折,不服从学校严格制度的管理,管理越严,逆反心理越严重。

4. 学生心理问题日渐明显

大部分高职学生文化基础差,学习吃力,加之有的因生活和就业的压力及感情波折等原因,个别学生存在程度不同的心理疾患,影响到他们的身心健康和学习生活。学生的心理健康状况不容乐观,有的学生感到迷茫、苦闷、烦躁、焦虑等,多因学习压力、经济压力或就业压力等几方面的负担。面对压力,许多学生采用消极的应对方式,上课分心,下课揪心,平时上网,考试作弊。

5. 缺乏明确的人生奋斗目标及学习动力

高职学生在高中时,是以考大学为唯一的学习目标和学习动力,进入高职之后突然缺失了奋斗的方向和目标。有调查显示,40％的学生认为"入学后最迫切的愿望"是"希望大学有丰富多彩的文娱活动";55.5％的学生甚至没有明确的目标。另据调查,高职学生的学习勤奋程度同高中生相比,自认为有所提高的占 9％,大体相当的占 29％,有所下降的占 37％,大大下降的占 25％;学习积极主动的占 23％,一般能完成学业但学习比较被动的占 45％,对学业采取应付态度的占 24％,不能完成学业、学习放任的占 10％。这说明学习动力不足的问题在相当一部分高职学生身上不同程度地存在着。

【案例】

十几年的亏空 被退学大学生的沉重思考

见到李奇(化名)的时候,他已经在网吧里奋战了 20 多个小时了。2006 年 2 月末,距离李奇正式被学校除名已经半年多了。被学校退学,似乎让他有了更充裕的时间在网吧打游戏:他赤着双脚蹲坐在椅子上,头发蓬乱、面色苍白,布满血丝的眼睛依旧盯着显示器,嘴里叼着香烟还不停地嘟囔着什么,在他身边放着几个无人收拾的面碗,碗里满是烟头和痰迹,令人作呕。

2003 年 9 月,李奇是以接近一本线的成绩考入我市某高校的。他的"金榜题名",是当时家乡朝阳郊区一个小村庄的一件大喜事。背负着亲人厚重希望的李奇,在大学生活期间却发生了令人难以置信的变化。

大一时,他还是那么优秀,以至同学们送了他一个雅号"奖学金专业户"。而上了大二,不知怎的他就变成了"另类学生"。"上了大二我才明白过来,学习成绩、奖学金,这些都不重要。要有钱,还要会玩,别人才会觉得你酷。我原来并不怎么喜欢游戏,是在室友的怂恿下,开始打一款叫做《魔兽世界》的网络游戏,升级让我感受到了前所未有的快乐。以后,只要有时间就往网吧跑,一玩就是一个通宵,最后,就连有些只需要签名的选修课也'没时间'去了。"就这样,李奇在大二时成了网吧的常客(图 9-2)。而到学期末,一共五门课程,他就挂

图 9-2 沉迷网吧

了四门。之后，挂科依旧，很快收到了退学通知书。

李奇的家长是老实巴交的农民，他们做梦都没有想到，辛辛苦苦供养上了大学的儿子竟然被开除了。"我们就这么一个孩子，省吃俭用供他读大学，就盼着他出人头地。真要让他退学，我们也不活了。"得知儿子被退学的消息后，李奇的父母赶到学校，双双跪在学校教务处办公室里，求学校给孩子一个机会。

退学以及由此带给年迈父母的打击，却没有影响李奇的游戏热情。他拒绝跟父母回家，依然滞留在学校里。玩游戏仍然是他的主业，常常包夜之后再包天，最多时在网吧昼夜连战40多个小时……

许多个"李奇"被学校清退

在大连高校中究竟有多少个"李奇"？很多学校都称他们的退学人数是机密，无可奉告。但从记者掌握的各种情况可以推断出，"红牌"大学生，已经成了我们必须关注的一个为数不少的群体。

2005年年底，某高校进行了一次宿舍清理工作。"部分已经退学的学生还住在学校宿舍，这严重影响着宿舍的秩序和安全。"一位负责人说，大约有近百人在这次大清理中被学校清了出去。

同在去年，另一所高校有300多名大学生成为试读生。此时的他们距离"红牌"，可说仅有一步之遥——如果再挂科，就会被"红牌"罚下。"我们的淘汰率在1%左右。"某高校的一位负责人这样告诉记者。就按这个1%计算，全市现有大学生约为25万人，"红牌"大学生将有2500人左右。这是一个多么让人揪心的数字啊。"红牌"大学生缺少哪些免疫基因？

听说过李奇故事的人都说，是网络害了李奇。如果按照这个推论，我们很容易找到这些大学生被亮"红牌"的元凶，无非是网络、爱情、小说。可仔细想想，问题并非如此简单，每个大学生都生活在类似的环境中，为什么网络、爱情、小说就独独成了他们退学的元凶？

"大学课程难吗？"记者采访到的每个"红牌"大学生对这个问题的回答都是"不"。

"其实，只要有高中时三分之一的努力，我们每个人都可以轻松过关。"退学学生赵威（化名）说。赵威，某高校土木工程专业2002级学生，2005年11月被学校劝退，和他一起被劝退的还有他的三个室友。"其实课程并不难，只是我们四个人经常在一起打牌、通宵上网，根本没有心思学习。"赵威坦言道。

"他们的自控能力太差了。"某高校教务处副处长告诉记者这样一件事：一位已经有了两次退学警告的大二学生，竟然在上午考完试后，中午又去网吧打游戏，以至于把下午的考试都忘了。

为什么经过十几年努力考取的大学，在他们看来还不如一次玩游戏值得珍惜？

"一个人不能管理自己，一定是在他的内心有着巨大的痛苦，或者强烈的快乐需求。"大连医科大学心理学博士孙月吉教授说，现在很多大学生心理压力大，又不懂得怎样去发泄和排解，自然会造成痛苦郁积。

"除了一些心理因素外，我觉得这些同学普遍有点'忘本'，缺乏对社会、对父母的责任感。如果把他们父母的照片天天挂在书桌旁，他们肯定就不会这么沉沦了。"大连交通大学学生严岩认为"不懂报恩"是这些大学生沉沦的原因之一。

震惊、懊悔、质疑 家长难以接受

"你们肯定弄错了,我的儿子怎么会退学?"很多家长都难以接受孩子在大学被亮"红牌"这一事实。一位河南父亲接到学校下发的退学通知后,匆匆赶到大连,一直说着这样一句话。当他亲眼看到儿子在电脑前痴迷的样子,扭头就走了。

"孩子每次要增加生活费时,我都没问他要那么多钱干什么。现在想想真后悔。"一位福建的学生家长说。

"我的孩子从小到大都很听话,很优秀,怎么一上大学就变了呢?为什么直到不可挽回了,学校才告诉我们孩子在学校的情况?之前他们难道连打个电话的时间都没有?"很多家长同时对学校的教育提出质疑。校方观点:亮"红牌"实属不得已,"红牌"大学生的产生几乎源于一个共同的理由——在规定的时间里没有修完规定的最低学分,或者说,考试中不及格科目太多。在李奇所在学校的《学籍管理条例》中,记者看到这样的规定:学生每学期获得学分数不足规定应得学分 1/3 者,给予退学警告,连续三次或累计四次受到退学警告者应予退学。

至于造成"红牌"的原因,学校方面说得也很直接:"80% 以上的'红牌'学生是因为痴迷网络、沉迷网吧,可校外的网吧都是自主经营,我们对此无能为力。"

"对'红牌'学生,学校有不可推卸的责任。"一位老教授认为学校的推词毫无道理。他说,现在很多学校不重视教学,一些教学经验丰富、职称高的老师都忙着搞科研,写论文,根本没心思给学生上课,承担教学任务主体的往往是刚毕业的助教或讲师,甚至有的教授让研究生代课。

消除"沉迷网吧"现象学校并非无所作为

教育人的地方怎么会对人的教育这样无奈?是无奈还是缺乏足够重视?孙月吉教授认为,对受到"退学警告"或者"退学"处分的学生,学校应该有专门的心理辅导,帮他们树立信心。而事实上,这样做的高校很少。

这里我们不妨借鉴一下合肥工业大学的做法。据报道,合肥工业大学把消除学生"沉迷网吧"现象,纳入到各学院学生工作考评中,实行"一票否决"。提出"凡学生沉迷网吧现象严重的单位和个人在学校学生工作评比和表彰中不应评为优秀,凡是有学生沉迷网吧的学生班级应取消其参加评选达标班级的资格"。简单的一条与评优有关的规定即从根本上调动起各院系参与管理的主动性。老师们开始密切关注网迷学生的动向,并且时常进入网吧暗访。只用了两个月时间,该校通宵上网的学生由 250 多人锐减至 10 多人。许多长期沉溺网络的学生在老师和同学的帮助下补上了功课,开始了健康的学习生活。

从这一并非先进也非难为的做法中,我们是否应该受到这样的启示,只要高等教育工作者能调整一下思路,发现学生的问题,及早进行教育,及早和家长沟通,或许能避免许多个"李奇"的出现。

"红牌"背后是十几年的亏空

"其实'红牌'大学生带给我们的应该是对整个教育体系的反思,大学有责任,但不能把板子都打在大学身上。"一位不愿透露姓名的教育学教授这样对记者说。

大连大学教务处副处长冯明功说，很多大学生被退学都因为缺乏自控能力。从小到大，家长都把孩子管得死死的，忽视了对孩子自控能力的教育和锻炼。而一上大学，家长猛然撒手，孩子哪能不摔跤？

"从小到大，考大学是他们唯一的奋斗目标。单一的目标使他们上大学后，立即丧失了动力，迷失了方向。"东北财经大学博士生导师张凤林说。

"一报定终身也催生了'红牌'学生。"大连大学学生处副处长赵玉娟说，他们经过调查了解到，很多大学生的退学源于对专业没兴趣。从小学到中学，老师和家长把孩子的一切行动都对准了高考指挥棒，却忽视了对孩子职业理想的教育。到了高考填报志愿，很多孩子并不知道自己要学什么，更不知道以后要干什么，志愿是家长或是学校代学生填报的。有些学生直到入学后半年才知道所学的专业以后是做什么的。

"其实职业生涯规划应该贯串学生教育的始终，如果等到上大学再恶补，当然就来不及了。"张凤林教授说。

"李奇"们振作起来重新设计自己的未来

"你要敢回家，我就打断你的腿。"这是父亲在得知王伟（化名）被退学后，留下的一句话。如今王伟还一直挤在同乡的寝室里度日。

像王伟一样，被劝退之后还在学校周围逗留的"红牌"大学生还有不少。他们一方面是迷恋学校周围的网吧或者其他已经熟悉的生活环境，另一方面则是因为他们还在等待家庭的呼唤或者学校的"再关怀"。

不管是学校、社会，还是学生自己，我们必须形成这样的共识：被学校退学，并不意味着学生的一生被判了"死刑"，即使是学校的大门也应当向他们敞开。现实中还真有这样的典型事例让我们欣慰：张某，我市某高校2002级学生，2004年被退学后，在家长和老师的鼓励下，从头再来，如今已考上了另一所重点大学。

"我羡慕他有这份恒心，我更羡慕他有这么明事理的家长，那么友善的老师。"王伟说，他现在在上语言培训班，计划学好日语，找份工作。这也是一种很好的设计。

"李奇"们，振作起来吧，毕竟我们还年轻。从头开始，一点不晚。

（来源：大连日报；作者：莫凡，钟启钢；日期：2006年03月07日）

【小提示】 案例中介绍的是普通高校的大学生。高职院校怎样？目前没有具体的统计数字。但通过与高职院校的师生接触，我们了解到，由于高职院校的特殊性，高职学生的自控能力与"李奇"们相比，有过之而无不及。可见，学会自控已经不是针对个别高职学生才有意义的话题，从某种程度上说，它带有一定的普遍性。

二、学会控制自己的情绪

面对高职学生这一特殊群体，怎样弥补"十几年的亏空"，学会控制自己的情绪呢？根据专家的经验，下面四种方法非常有效：

(一)调动理智控制自己的情绪,使自己冷静下来

在遇到较强的情绪刺激时应强迫自己冷静下来,迅速分析一下事情的前因后果,再采取表达情绪或消除冲动的"缓兵之计",尽量使自己不陷入冲动鲁莽、简单轻率的被动局面。比如,当你被别人无聊地讽刺、嘲笑时,如果你顿显暴怒,反唇相讥,则很可能引起双方争执不下,怒火越烧越旺,自然于事无补。但如果此时你能提醒自己冷静一下,采取理智的对策,如用沉默为武器以示抗议,或只用寥寥数语正面表达自己受到伤害,指责对方无聊,对方反而会感到尴尬。

(二)用暗示、转移注意力法控制自己的情绪

使自己生气的事,一般都是触动了自己的尊严或切身利益,很难一下子冷静下来,所以当你察觉到自己的情绪非常激动,眼看控制不住时,可以及时采取暗示、转移注意力等方法自我放松,鼓励自己克制冲动。言语暗示如"不要做冲动的牺牲品","过一会儿再来应付这件事,没什么大不了的","冲动是魔鬼"等,或转而去做一些简单的事情,或去一个安静平和的环境,这些做法都很有效。人的情绪往往只需要几秒钟、几分钟就可以平息下来。但如果不良情绪不能及时转移,就会更加强烈。比如,忧愁者越是朝忧愁方面想,就越感到自己有许多值得忧虑的理由;发怒者越是想着发怒的事情,就越感到自己发怒完全应该。根据现代生理学的研究,人在遇到不满、恼怒、伤心的事情时,会将不愉快的信息传入大脑,逐渐形成神经系统的暂时性联系,形成一个优势中心,而且越想越巩固,日益加重;如果马上转移,想高兴的事,向大脑传送愉快的信息,争取建立愉快的兴奋中心,就会有效地抵御、避免不良情绪。

(三)在冷静下来后,思考有没有更好的解决方法

在遇到冲突、矛盾和不顺心的事时,不能一味地逃避,还必须学会处理矛盾的方法,一般采用以下几个步骤:

1.明确冲突的主要原因是什么,双方分歧的关键在哪里;

2.解决问题的方式可能有哪些;

3.哪些解决方式是冲突一方难以接受的;

4.哪些解决方式是冲突双方都能够接受的;

5.找出最佳的解决方式并采取行动,逐渐积累经验。

例如,小林这几天情绪不好,原来是和父亲因踢足球发生了矛盾:父亲希望他放弃所钟爱的足球,专心学习;小林自己对足球有浓厚的兴趣,不愿放弃驰骋绿茵场。明确了分歧的原因之后,接下来就考虑解决问题的方式有哪些。方案有如下四种:

第一,放弃足球训练,专心于学习;

第二,放弃足球训练,也不专心学习;

第三,坚持足球训练,因此影响学习;

第四,合理地安排时间,既坚持足球训练,又能兼顾学习。

其中,第二、三套方案是父亲不能容忍的,而第一、二套方案则是小林不愿接受的,既然第四套方案双方都能接受,不妨一试。

(四)平时可进行一些有针对性的训练,培养自己的耐性

可以结合自己的业余兴趣、爱好,选择几项需要静心、细心和耐心的事情做做,如练字、绘画、制作精细的手工艺品等,不仅陶冶性情,还可丰富业余生活。青年学生风华正茂、热情奔放、富有理想、朝气蓬勃,这是一个从幼稚走向成熟的时期;这是一个不轻易表露内心世界的时期;这是一个独立性与依赖性并存的时期;这也是一个思想单纯,少有保守观念,富有进取心的时期;同时也是应对方式情绪化,好走极端,易发生心理疾病的时期。学会管理和调控自己的情绪,是高职学生走向成熟、迈向成功人生的重要基础。

【案例】

韩信故事的启迪

《史记》被鲁迅先生誉为"史家之绝唱,无韵之离骚"。《史记》中有一篇《淮阴侯列传》,是太史公倾心书写的重要篇章之一。《淮阴侯列传》写了韩信的一生,其中写了这样一件事:

淮阴屠中少年有侮信者。曰:"若虽长大,好带刀剑,中情怯耳。"众辱之曰:"信能死,刺我;不能死,出我胯下。"于是信熟视之,俯出胯下,蒲伏。一市人皆笑信,以为怯。

这段话翻译成白话文就是:淮阴有一个年轻的屠夫侮辱韩信,对他说:"你虽然长得又高又大,喜欢带刀佩剑,其实你胆子小得很。"当众羞辱他说:"如果你不怕死,就用你的佩剑来刺我;如果不敢,就从我的胯下钻过去。"韩信注视他良久,当着众多围观人的面,从那个屠夫的裤裆下爬了过去,然后趴在地上。所有围观的人都笑了起来,以为韩信真的是胆小怕事。这件事被后人称为"胯下之辱"(图9-3)。

士可杀而不可辱。韩信为什么要忍受这样的奇耻大辱呢?苏轼《留侯论》中有这样一段话:"古之所谓豪杰之士,必有过人之节,人情有所不能忍者。匹夫见辱,拔剑而起,挺身而斗,此不足为勇也;天下有大勇者,卒然临之而不惊,无故加之而不怒,此其所挟持者甚大,而其志甚远也。"这段话可以作为韩信之所以忍受"胯下之辱"的注释。

图9-3 胯下之辱

事实证明,韩信是对的。韩信大破项羽之后被徙为楚王。《史记》写道:

信至国,召所从食漂母,赐千金。及下乡南昌亭长,赐百钱,曰:"公,小人也,为德不卒。"召辱己之少年令出胯下者以为楚中尉。告诸将相曰:"此壮士也。方辱我时,我宁不能杀之邪?杀之无名,故忍而就于此。"

韩信到了楚国,召见当年给他饭吃的漂母,赏赐了千金。等召见南昌亭长时,赏赐了百钱,说道:"你是一个小人,做好事有始无终。"又召见当年让他受胯下之辱的屠夫,授予楚中尉的官职。韩信对各位将相解释说:"这是一个壮士。当年羞辱我时,难道是我不能刺杀他吗?那是因为我杀了他没有任何意义,所以隐忍下来,才有了今天。"

韩信忍胯下之辱而图盖世功业,成为千秋佳话。假如他当初争一时之气,一剑刺死

羞辱他的屠夫,按法律处置,则无异于以盖世将才之命抵偿无知狂徒之身。假如他当初图一时之快,与凌辱他的屠夫斗殴拼搏,也无异于弃鸿鹄之志而与燕雀争一日短长。韩信深明此理,宁愿忍辱负重,也不愿毁弃自己的前程。这样的忍耐,不是屈服,而是退让中另谋进取;不是逆来顺受,甘为人下,而是委曲求全以使自己的愿望得以实现。一旦时机到了,他就能如同水底潜龙冲腾而起,施展才干,创建功业。

> 【小提示】   人活在世界上,应该有奋斗的目标,应该使生命活得有意义。如果心胸狭隘,目光短浅,逞匹夫之勇,图一时之快,情绪一冲动,就不计一切后果,那么你绝不会成就自己的事业。这是韩信的故事给我们的启迪。

三、学会控制自己的行为

控制自己的行为,简称自控行为,是指受到个体有意识、有目的的监控或调整的行为活动。个体的大多数行为受习惯反应模式的自动调节,一旦人们意识到其行为不能达到满意的结果,他们会想办法采取措施改变外部事件(如周围环境)或改变他们对于这些外部事件的行为反应形式。个体对于外部事件的有效控制是有条件和限度的,而个体对于自身行为反应的积极超前控制,即使在面临无法控制的外部情景下也是无限的。这种控制活动就是自我控制行为。自我控制行为改变了原有的行为后果,是一种有意识的意志行为。这一行为反应是指向个体自身的,而不是环境事件的。所以,人们也把这种情况称为"情绪化"。有的人只要情绪一来,就什么都顾不得了,什么难听的话都敢说,什么伤人的话都敢骂,甚至还作出后果严重的违法乱纪的行为来,这就是人的情绪化。

(一)人的情绪化行为特征

1.行为的无理智性

人的行为应该是有目的、有计划、有意识的外部活动。人区别于其他动物的特征之一,就在于人的行为的理智性。但是,人的情绪化行为的一个重要特征,往往缺乏这一点,不仅"跟着感觉走",而且"跟着情绪走"。行为缺乏独立思考,显得不够成熟,浮于表面,轻信他人,而且有时还依赖于他人。

2.行为的冲动性

人的行为本应受意志的控制联系,受意识能动地调节支配。但是,人的情绪化行为反映了意志控制力的薄弱,显得冲动。一遇什么不顺意的或不称心的事,就像一个打足了气的球一样,立即爆发出来。带有情绪化行为的冲动,看起来力量很强,然而不能持续很长的时间,紧张性一释放,冲动性行为就结束了。这种冲动性行为往往带来某种破坏性后果。

3.行为的情景性

它的显著特点是为生活环境中与自己切身利益相关的刺激所左右。满足自己需要的刺激一出现,就显得非常高兴;一旦发现满足不了,就会异常地愤怒。因此,这种行为就显得简单、原始,比较低级。如果他人故意制造一个情景,那么,一些人就会按照他人预计的方式行动,就会上当受骗。

4.行为的不稳定性、多变性

人的行为总有一定的倾向性,而且这种倾向性一经形成,会显得非常稳定。但是,人的情绪化行为却具有多变、不稳定的特点。喜怒哀乐,变化无常,给人一种捉摸不定的感觉。

5.行为的攻击性

这类人忍受挫折的能力相当低,很容易将自己受到挫折产生的愤怒情绪表现出来,向他人进攻。这种攻击,不一定以身体的力量方式出现,也可以语言或表情的方式出现:如不明不白地讽刺挖苦他人,在脸色上给他人难堪和下不了台等。

正因为人的情绪化行为具有上述特点,所以这种行为具有不少消极特点。例如,情绪化行为会成为个人心理发展的障碍,使人变得缺乏理智、不成熟,甚至成为后果不堪设想行为的起端;对于群体来说,过多的情绪化行为会妨碍青年人之间的融洽与和睦;对于社会来说,当人的情绪化行为成为一种倾向时,就比较难于为社会控制,甚至成为某个社会事件的起因,给社会造成重大损失。

(二)情绪化行为的控制

1.要承认自己情绪的弱点

每个人的情绪世界里都有他的优点弱点,长处短处,因此自己一定要认识自己情绪世界里的弱点和短处,不能回避,不能视而不见。譬如,有的人喜欢激动,而且一激动就控制不住自己。怎么办? 首先要承认自己有这个毛病,在承认的基础上再认真分析自己好激动的原因是什么? 在什么情况下容易激动? 然后再找一些方法去克服它。这样做的好处是,可以随时随地提醒自己:"可不能放纵自己啊!"

2.要控制自己的欲望

人的情绪化行为大都是自己的欲望、需要得不到满足而产生的。当一个人的行为都只与"我"字相关的"功"与"利"联系在一起而不能满足时,只与能不能满足自己需要的"物欲"联系在一起时,行为就会变得简单、浅显,就会产生短视、剧烈的反应。在"索取和获得尽量多一点,付出和贡献尽量少一点"的不正常心态下,产生情绪化行为是不足为怪的。因此,要降低过高的期望,摆正"索取与贡献、获得与付出"的关系,只有加强了理性认识,才可能防止盲动的情绪化行为。

3.要学会正确认识、对待社会上存在的各种矛盾

有很多情绪化行为是与不会认识、处理人与人之间的矛盾引起的,所以一定要学会认识问题的方法,不能走极端,不能片面化,不能以点代面,不能形而上学,不能主观主义,这样只能增加自己的消极悲观情绪,使自己越来越沉重;要学会全面观察问题,多看主流,多看光明面,多看积极的一面,从多个角度、多种观点进行多方面的观察,并能深入到现实中去,发现自己原来发现不了的意义和价值,使自己乐观一点,增加克服困难的勇气,增加自己的希望和信心,即使遇到严重挫折也不会气馁,不会打退堂鼓。

4.要学会正确释放、宣泄自己的消极情绪

一般来说,当人处于困境、逆境时容易产生不良情绪,而且当这种不良情绪不能释放、长期压抑时,就容易产生情绪化行为。怎么办? 要承认现实,要认识到,环境的不幸是难免的,关键是不要自己折磨自己,过度的压抑不会帮你摆脱痛苦,相反,它会加速缩短你的生理寿命和社会寿命。为此,就要旧地重游这种消极情绪,适时地将它释放、宣泄出去,譬如多找一找好朋友谈心,以自己最"拿手"的方式参与社会,多找一些有乐趣的事干,多参与社会活动,多出一点成果,从中去寻找自己的精神安慰、精神寄托等等。

【案例】

贪杯的猩猩

人们为了捕捉猩猩,就在路旁摆了一个盛满甜酒的酒樽,并放了些酒杯。一伙猩猩见了,知道人类的用意,坚持不去喝。可是熬了一会儿,一只猩猩就经不住诱惑:"这么香甜的酒,何不少尝一点!"于是猩猩们各自战战兢兢地喝了一小杯。喝罢,又相互嘱咐:"可千万不要再喝了!"谁知,一阵酒香随风扑来,猩猩们个个垂涎三尺,又都忍不住喝了一杯。"如是者三",最后猩猩"不胜其唇吻之甜",忘乎所以,竟相狂饮起来,结果一个个酩酊大醉,一并成为人们的猎物。

【小提示】　猩猩因为满足贪杯的欲望,所以被生擒活捉。究其缘由,乃是失去了行为自控能力所致。如果那伙猩猩面对飘香的甜酒,心既不痒,嘴也不馋,想必也绝不会被人们掠去。故事虽为虚构,但细细品味,对那些行为自控能力差的人还真有启迪和教化作用。

坏脾气与钉子孔

从前,有个脾气很坏的小男孩。一天,他的父亲给了他一大包钉子,要求他每发一次脾气都必须用铁锤在他家后院的栅栏上钉一颗钉子。第一天,小男孩共在栅栏上钉了37颗钉子。

过了几个星期,由于学会了控制自己的愤怒,小男孩每天在栅栏上钉的钉子少了……最后,小男孩变得不爱发脾气了。

他把自己的转变告诉了父亲。父亲建议说:"如果你能坚持一整天不发脾气,就从栅栏上拔下一颗钉子。"经过一段时间,小男孩终于把栅栏上所有的钉子都拔掉了。

父亲拉着他的手来到栅栏边,对小孩说:"儿子,你做得很好,但是,你看一看那些钉子在栅栏上留下的那么多小孔,栅栏再也不会是原来的样子了。当你向别人发过脾气之后,你的言语就像这些钉子孔一样,会在人们的心灵中留下疤痕。你这样做就好比用刀子刺向了某人的身体,然后再拔出来。无论你说多少次对不起,那伤口都会永远存在。其实,口头上对人们造成的伤害与伤害人们的肉体没什么两样。"(图9-4)

图9-4　坏脾气与钉子孔

【小提示】 小男孩的故事告诉我们,控制好自己的行为,就能在自己的人生道路上少一些失言、少一些失手、少一些失足;控制好自己的行为,就能在自己的人生道路上多一份自信、多一份珍重。在这个世界上,没有人要把你变成什么样,只有自己要把自己变成什么样。完善自己的人格修养,以自律为前提,控制好自己的行为,成功就会向你招手。

四、从学生到职业人转化

从学生到职业人的转化,是一种社会角色的重要转变,也是人生的一次重要选择。怎样更好地完成这一过程,学会自我控制是一个非常重要的问题。根据专家的研究结果,实现从学生到职业人的转化大体上应注意在如下几个方面学会自我控制:

(一)从宏大的"人生理想"向现实的"职业理想"转化

第一份工作对大学生们的冲击是巨大的,从象牙塔里走出来的大学生满怀对人生理想的憧憬和对未来的渴望,准备指点江山,挥斥方遒。然而就业压力大,选择余地小,能够找到专业对口的工作,已经是非常幸运了。残酷的现实让他们感到理想的落差,一时难以接受。宏大的人生理想,在现实面前已经失去目标,失去动力,取而代之的是迷茫和无奈。因此,难免受挫后情绪低落。因此,从"学校人"到"职业人"转化的当务之急是控制好自己如何把人生理想转化为职业目标,并制定出切实可行的实施方案,去实现自己的职业目标。

实现职业目标的途径有很多,关键是要结合自己的综合因素去选择一条最适合自己的途径,这样就能更快地实现自己的职业目标,并最终实现自己的职业理想。从实现职业理想的角度看,大学生应该尽最大可能调控好自己的心态,让自己所做的工作与职业目标有一定的相关性,否则,你所做的工作将不会对职业理想产生支持,那样,职业理想就有可能成为空想。

【案例】

机会之门总是向有准备的人敞开

某高职院校的毕业生小张,学的是生物,除了专业本身的就业难度外,他自己对这个专业也并不感兴趣。小张喜欢的是新闻,所以在读书期间,他除了使自己的专业成绩达到合格外,更注意在写作上做出努力。只要有空的时候他就坐在图书馆里查资料、读新闻著作,较为系统地自学了新闻理论。同时,小张积极参加学校新闻社团,在学校以及周边有重大新闻发生的时候他总能快速投入采访,写出了很多优秀的新闻稿件,一时间成了校园里的明星人物。快毕业时,刚好一家媒体来学校招生,看了小张的作品,立即拍板录用他。就这样,小张一举击败了一些新闻专业的毕业生,顺利进入了这家新闻单位。

【小提示】 幸运之神随时可能叩响你的大门,关键在于你是否已经做好了准备。在院校学生物、毕业招聘时去败学新闻的专业学生而进入新闻单位从事新闻工作的小张,如果不是前期根据自己的职业理想,制定了相应的职业生涯规划并努力实施,经受住了艰苦的磨炼,最终就很难脱颖而出。在今天的社会,什么事情都有可能发生。不要浪费自己宝贵的时间去倾听那些抱怨没有机会的人。审视你自己,如果机会出现,你能否把握? 你是否已经做好了准备? 如果没有,就不要抱怨没有机会。如果你觉得已经做好了准备,机会仍然没有出现,那么不要气馁,相信机会之门总会向有准备的人敞开。

(二)从青苹果"学校人"到成熟"职业人"的转化

大学生相对单纯,他们还是青苹果一样的"学校人",要想实现自己的职业理想,必须经过向"职业人"的转化。顶岗实习就是实现这一转化的重要一环。例如,同样的顶岗实习经历,可以出现不同的出路和结局,关键是你怎样控制好自己,走好自己的路。

从"学校人"转变成"职业人"的第一步,应从企业文化、业务流程、公司制度、仪态仪表、接人待物、为人处世等多个方面进行了解,企业需要的是什么人员,什么职位应该具备什么样的素质,如何更好地发挥自己的潜力。职业人最需要的就是敬业精神,职场新人要做的以日常性的事务工作居多,专业性的工作一般要经过企业的再培训之后才能上岗。要保持沉稳的心态,因为这是做好任何一份工作的关键。俗话说,良好的开端是成功的一半。你首先要学会适应,学会适应艰苦、紧张而有节奏的基层生活。你缺少基层生活经历,可能不习惯一些制度、做法,这时,千万不要用你的习惯去改变环境,而是要学会自我控制,入乡随俗,适应新的环境。好高骛远、自命不凡、放任自流,只能毁掉你的前程。

【案例】

改变自己的依赖思想

丘晓明毕业后依靠亲戚关系进了一家科技公司从事开发工作,因为创新意识和自身的一些性格特点,在担任创造性工作的过程中,还是能够胜任的。但是,具体到日常工作中与同事的交流以及业务来往,他就显得笨拙了。刚开始,因为部门经理与他父亲之间的私人关系,事事都在背后照顾着他,可以说他在职场上的历程还是比较顺利的。私下里,他也非常感谢部门经理对自己的照顾和重用。但是,过了半年后,这位部门经理被调到其他城市,他突然发现自己身后的支架空了,除了有关网络开发的事务外,公司里其他与自己相关的业务,他根本都不熟,也没有摸出门道。虽然说周围的同事也很多,但平时他不善于应酬,与大家的关系处得不是很好,于是受到别人的排挤,有苦都无法说,因此,他在无奈中决定离开这家待遇很不错的公司。

具有依赖倾向的人都习惯于借助别人来实现自己的工作目标,但是,在现实社会中,每一个人都有自己的私人工作事务,而不可能经常去挪用自己的时间无偿地帮助别人。因此,我们要尽量改变自己的依赖思想,纠正自己的"依赖"性格,学会在工作中亲自去解决一些与自己相关联的业务。这样,不但能够培养自己的独立人格,也有助于自己的长期发展。

(三)从单纯的处理问题方式向复杂的人际关系转化

新到一个公司,崭新的生活方式、陌生的社会环境、复杂的人际关系,都让他们感到不习惯。没有耐心去思考一些细节上的问题,因此,难以适应、四处碰壁。

在做人方面,首先要揭掉自我标签,低调做人。现代大学生的特点是张扬个性,彰显自我风格,追求与众不同。这种风气与氛围培养了不少"特别"的大学生。但工作岗位不是上演个人秀的舞台,因此,刚刚走向职场的大学生们一定要注意控制好自我形象问题,做事一定要低调。少说多看,尽快熟悉人际关系,融入环境。锐气藏于胸,和气浮于脸,才气见于事,义气施于人。对上司先尊重后磨合、对同事多理解慎支持、对朋友善交际勤联络,复杂的人际关系是社会构成的一部分,亲和力太小,摩擦力太大,一不小心,天时、地利、人和都会离你而去。

融入环境的手段之一是要学习基本的礼仪知识。职场有职场的规则,单纯地讲礼貌是不够的。身处其中,一言一行、一举一动都要符合职场规范。礼仪是构成形象的一个更广泛的概念,包括语言、表情、行为、环境、习惯等,相信没有人愿意自己在社交场合上,因为失礼而成为众人关注的焦点,并因此给人们留下不良的印象。对大学生来说,礼仪是一门必修课。免得在职场上碰了钉子才想去补课。

【案例】

大学生的尴尬

一个刚大学毕业的学生,好不容易找到了一份工作。但是,由于经验不足,能力欠缺,在工作中出现了失误,受到上级的严厉批评,他很不开心,没心思工作。

有人问他:"你为什么不开心?"

他说:"经理骂我了。"

又问:"你是不是工作没做好?"

答:"即便工作没做好,他也不应该对我这样态度恶劣,我长这么大,我爸、我妈都没对我大声喊过!"(图9-5)

问:"那你希望怎么样?"

答:"我希望我下次再犯错时,他的态度能好点儿!"

我长这么大,我爸、我妈都没对我大声喊过!

图 9-5 大学生的尴尬

【小提示】　这名大学生说的话意味着:第一,我出错是难免的;第二,我以后还会出错;第三,我再出错时,要改的是经理,不是我,他应该提高管理艺术。

试问,如果这名大学生有这样的想法,下次再做同样的工作、重复同样的错误,上级对他的态度会好一些,还是会更严厉一些呢?

作为一个职业人,正确的说法应该是:"我今天工作出错了,上级严厉地批评我,我很不开心。但是我下次一定把事情做好,让他说不着。"

(四)从系统的理论学习向多方位的实际应用转化

学校里学习的多是系统的理论,一科接一科,科科有现成的教科书,有教师讲解和辅导。到了工作岗位,实际动手能力靠培养、练习,而且,实际应用是多角度、全方位的。没有人告诉你哪个该学,怎么学,知识积累全靠自己探索。从而导致做了事却没有实现目标,甚至偏离了目标。或者不知从哪里入手,学些什么。

在应届毕业生进入公司的时候,企业都会对职场新人进行新员工入职培训,要多学多看,多虚心请教,才能积累工作经验。大学生缺乏实践经验就很难得到发展,公司的人都是有经验的人,没有经验,则只能打下手,心理又不平衡,就会越搞越糟,使自己处境尴尬,不懂装懂,让人笑话。刚入职的大学毕业生一定要控制自己,以谦逊的态度向别人请教,这并不是什么难事,放下架子,虚心请教,你会发现别人身上值得你学习的地方有很多,你自己身上也有别人值得学习的优点。虚心求教,进步会很快,又能建立良好的人际关系,把自己很快融入到集体中去。

【案例】

一分耕耘,一分收获

某职业技术学院 2000 届毕业生小周同学,在校期间勤奋好学,思想活跃,尤其重视实际能力培养,毕业的前半年因其专业成绩、操作技能、外语成绩均很优秀,被学校推荐到新加坡一个跨国公司从事模具制造工作。小周在工作中,踏实肯干,吃苦耐劳,同公司里的上司和同事的关系处理得十分融洽,工作得心应手,技术提高很快,两个多月后即能独立制造较复杂的模具。他还利用业余时间自学英语、管理和专业方面的知识,水平提高很快,薪金不但高于同去的其他同学,还高于新加坡籍员工。3 年工作期满后,公司再三挽留他继续留职,许诺大幅度提薪并帮助他办理"绿卡",但小周还是按时回到国内发展。他到深圳一家大型模具企业应聘业务主管,在面试中,人事部门经理看中了他的水平、能力和经历,但他的学历(当时仅是中专)远不符合公司要求,经理直接带他去见董事长,董事长与小周谈了 20 多分钟,当即任命他为项目工程师、业务主管,具体负责模具生产经营和生产安排,第二天即到公司上班,待遇非常优厚。2004 年 6 月,进公司不到一年的小周又被提升为主管拉美国家的业务主管,经常来往于美国、智利、澳大利亚等国洽谈业务,年薪 20 余万元,公司免费提供住房一套。小周成为公司十分倚重和看好的高级管理人才。

【小提示】 小周的例子告诉我们，无论是在哪里，有一分耕耘，就会有一分收获。

（五）从散漫的校园生活向紧张的工作模式转化

悠闲的校园生活方式被紧张的职场打拼所代替，使这些在家里备受呵护的"80后"独苗进入"断乳期"。像是在奶奶、姥姥娇惯下自由淘气的孩子，一下被送到幼儿园，受到纪律、时间的约束，感到浑身不自在，迟到、请假成家常便饭，总想找个借口、编个理由，请一次假去外面玩一玩。

每当新生力量进入单位，都会带来新的气息，同时也会带来一些新的问题。对于大多数刚刚走上工作岗位的高职毕业生来说，除了工作能力之外，还要有实干精神、懂得人际沟通。不但要完成属于自己的每一项工作，还要做自己不愿做的事情。能否做好那些自己不愿意做的事情是一个人是否成熟的标志，也是一个人能否取得人生成功的主要因素。所以，职场新人必须学会控制自己，做好自己不愿做而又必须做的事，学会妥协，向职场妥协、向现实妥协。

【案例】

美女医生的悲哀

有一个医学院的校花，长期担任班长、团支部书记，学习成绩优秀。毕业后分到市重点医院做内科医生，受到领导的关注，同事的青睐，上门求医的患者更是对她毕恭毕敬。然而，这位美女医生却厌烦了在诊室的工作。看到医药代表工作时间自由，工作方法灵活，挣钱更多，就决定下海。当了一周医药代表后，一天回到医药公司办公室，伏桌哭泣。经理关切地问："怎么了？"她非常委屈地说："那些药剂科的人，他们，他们，他们竟然……"经理开始担心，着急地问："他们怎么样了？是不是欺负你了？"美女泪流满面，非常痛心地说："他们竟然不理我！"经理舒了一口气，想引导她战胜困难："他们不理你，你打算怎么办？"美女坚定地说："他们不理我，我就再也不理他们！"经理心里凉了：你再不理他们了，可这药谁卖呢？"要不你还是别难为自己了，回到医院当医生吧！"美女号啕大哭，经理吓了一跳，关切地问："还有谁惹你生气了？"美女凤目圆睁："你！"经理不解："我劝你别干了，是为你好呀。"美女愤怒地说："要是不干，也得我先说！凭什么你先说出来？"经理连忙说："好、好，我收回刚才的话，请你先说。"美女大声说："我不干了，我立刻辞职！"经理点头表示同意，心里说："你快走吧，我的姑奶奶！"

【小提示】 美女医生没有意识到，自己集喜欢、怜爱、恭维于一身，是因为自己是父母疼爱的女儿、是社会重视的大学生、是常人喜欢的漂亮女人、是患者求助的医生，而从医生到药品推销员，是职业上的转变，从人求于我到我求于人，从坐在屋里等客户到登门拜访找客户，工作性质完全不同，最需要提升的是情绪智力和商务谈判技能。这位学生参加工作以及职业改变之后，心理并没有适时转化，还是一个学生的幼稚心态，抱怨别人、抱怨环境。如果不及时调整心态，其职业理想必将遭受更大挫折。

从"学校人"到"职业人"的转化要求你不能抱怨环境,不能抱怨父母、不能抱怨领导、不能抱怨同事,不能抱怨客户,也不能抱怨自己,你必须对自己的职业生涯、情感生涯和健康生涯负起责任,从而为自己、为家庭、为企业、为社会创造物质财富和精神财富。

(六)从浮躁的心态向逐步理性化转化

转型需要时间,与企业的磨合需要时间,积累经验也需要时间,具备竞争力同样需要时间。青年学生融入职场的时间,需要一个过渡过程。哪怕时间很短,这个过渡过程必须经过。企业会给实习生时间和机会,但自己不能以此为借口,要积极努力,从浮躁的心态中走出来,尽快进入符合企业要求的状态,这是理性化的成熟表现。正如苏格拉底所说:"让那些想要改变世界的人首先改变自己。"

企业看重应届大学生,主要就是看到了隐藏在这些年轻人身上的"发展基因"。实习是一个大学生走向社会的阶梯,如果实习好了,机遇也就会随时光顾你,或者受到实习单位的青睐,或者把实习经营成跳板。

不管什么用人单位,他们都需要一个谦虚谨慎、好学上进的员工;勤奋刻苦,把远大志向落到实处、树立责任感、执著追求事业的态度。对待实习兢兢业业,最后就能留在实习单位。在现实生活中,有些学生自以为不会留在实习单位,或者这山望着那山高,敷衍了事地对待实习工作,领导安排的工作不能完成,还总想搞点猫腻,偷偷出去应聘,结果,新的公司没聘上,实习的公司又丢掉了。

【案例】

全面培养自己的职业能力

小张是某高职学院计算机专业的学生。大三那一年,在父亲的一个朋友的介绍下,小张进入某大城市的一所著名科研机构实习。刚去的时候,他除了帮忙打扫办公室的卫生,打打开水,只能干坐着。领导看他有点可怜,就扔给他一个东西说:"3个月内完成就行,到时给你一个实习鉴定。"

后面的3天时间里,他干脆住在单位,完成了它。

第四天上午,当他告诉领导任务已经完成时,领导吓了一跳,立即对他刮目相看。领导又给了他几个任务,并且规定很短的时间要完成,他都提前完成了。

实习结束,领导没多说什么,但不久便指示人事部门负责人要亲自去小张的学校点名要他。人事部门负责人很奇怪:"来我们这里求职的名牌大学本科生、硕士生十几个,还有博士生,你都不要,却非要一个高职学生,不是开玩笑吧?""不开玩笑,他有专长,有能力并且踏实。"

小张进入单位后工作很努力。后来,这个科研机构的主管部门临时借调他去帮忙。结果是:这个部门以前的报表都是最后一个交,并且经常返工,但这一次,小张不仅第一个送上报表,而且一次性顺利通过。

于是上面点名要他,而下面不愿意放,但硬是被调走了。现在他已经成为一个部门的负责人了,并且下属多是本科生、硕士生。

在就业竞争激烈的形势下,小张何以如此轻松地找到体面而又重要的工作? 我们可以总结的经验是:把自己所学的知识对应于社会职业的一个领域,并在这方面强化,找一切机会将其转化为实践能力。

【小提示】 职业能力是一个综合的能力,学校成绩仅仅是其中的一个方面。随机应变的能力、人际交往与自我表达同样重要,在校的高职学生切不可将学习成绩当做大学期间唯一的评价标准,而是应该在学习理论知识的同时,注重理论知识的实际运用,注重参与社会实践,将理论知识应用于社会实践,全面培养自己的职业能力。

(七)从家长、老师的呵护向自我保护转化

许多大学生在进入就业大军时,往往对就业的相关期限、实习权益等,一知半解。原来依赖家长,现在需要自立,需要自己判断、自己选择。如果选择去一个根本不了解的公司,这是一种冒险,不要轻易决定第一份工作,一般来说,新人第一次对职场的体验是刻骨铭心的,它会使新人对职场产生一种固定印象,形成固定心理状态,从而影响到今后的职业心态和职业规划。因此,走好职场的第一步,能够使大学生更好地为企业及社会服务,更大地发挥自己的潜力。若是为了在毕业前找到一份工作,或者迫于其他同学签约带来的压力而草率接受一份自己并不满意的工作,都是不可行的。

对于一家自己向往的公司,作为实习生当然应该全力以赴地做好自己的工作,争取最终能被录用。但是我们也要警惕,一些用人单位由于制度不完善,有苦难诉,是不是侵犯了我们自己的权益。在毕业以前,我们作为在校生,无法享受劳动法的保护,但一旦我们毕业了,我们就要懂得保护自己,以防一些不法的公司将我们作为廉价劳动力使用。学会在社会上独立生存,学会保护自己。面对人生的种种挫折,学会应对,学会维权。

【案例】

牢固树立"五种意识"

构建有效的毕业生就业权益保护体系,切实维护多方主体利益,关系到和谐就业关系的建立,关系到学校和社会的稳定,是当前毕业生就业市场有序建设的当务之急。

毕业生就业权益的保护是一个系统工程,我们在强调从法律和制度层面营造一个良好的背景和氛围的同时,也必须加强对于毕业生就业权益自我保护的指导和教育,这种指导和教育必须贯穿于学生的整个大学生活,必须很好地体现在学校的职业生涯规划教育中。毕业生要能真正有效地做到就业权益的自我保护,必须牢固树立以下"五种意识"。

1. 法律意识

毕业生小王在新生入学教育的就业指导课上,得知现在的就业市场上陷阱重重。因此学计算机专业的她除了在大一时认真学好法律基础课外,还利用业余时间比较系统地看了《劳动法》《合同法》等法律法规,对于劳动就业的规定有了一个大致的了解。毕业签约时,单位提出"试用期8个月,试用期满后签订劳动合同"的要求时,小王依据自己掌握的法律知识,以《劳动法》规定试用期最长不得超过6个月,试用期必须包含在劳动合

同期限内为由与单位据理力争,最终使单位按照《劳动法》的规定签订了就业协议,较好地保护了自己的合法权益(图9-6)。

从"学校人"到"职业人"的转化,需要了解与就业相关的法律法规、政策制度,了解劳动用工的相关规定,并且在学习这些法律、政策、规定的过程中,逐步培养一种法律意识。

法律意识要求毕业生在求职过程中,运用法律的思维来思考碰到的一些问题,大体知道法律的规定是怎样的,了解哪些情况是违法的,哪些情况又是政策允许的。只有有了这种意识,才能认识到行为的性质以及法律后果,才有了进行自我保护的前提。

2. 契约意识

毕业生小张就是由于契约意识淡漠,在就业时碰到了麻烦。小张事先在某公司实习,实习结束后双方达成了就业录用意向。由于相互之间情况比较了解,

图9-6 依法维权

彼此比较信任,因此双方仅就就业录用的相关事项进行了口头约定,小张认为自己工作的事就这么定了。没想到的是,等他毕业后正式到公司报到时,公司以岗位已录满为由拒绝录用。由于双方之间没有签订书面的就业协议,孰是孰非,已无法定论,小张只能自吞苦果。

从某种意义上说,市场经济就是契约经济,市民社会就是契约社会,契约意识要求当事人尊重平等、信守契约。由于我国就业体制的特殊性,就业协议在明确单位和毕业生权利义务等方面扮演着重要角色,因此契约意识的作用在毕业生就业过程中显得更加突出。

契约意识在就业过程中主要体现在两个方面:一是要求毕业生充分重视和深刻理解就业协议的重要性,要有通过就业协议来保护自己合法权益的意识;二是就业协议一旦签订即具有法律效力,必须具有严格遵守、履行就业协议内容的意识。

因此,谨慎签约、积极履约有利于毕业生通过协议书内容的约定保护自己的合法权益。协议一旦订立,双方都必须遵守,任何一方不得无故毁约、违约等,否则将受到经济和法律的制裁。

3. 维权意识

小吴毕业后到一家公司报到上班。工作一段时间后,发现公司存在无故克扣员工工资和无故不缴纳社会保险费的现象。员工们对公司的这一做法感到义愤填膺,但是考虑到自己的工作岗位和发展机会,没有人敢于站出来对此提出质疑。小吴知道公司的做法是违反《劳动法》的,强烈的维权意识使他认为一定要采取措施保护自己和同事的合法权益。于是他以匿名的方式向当地劳动监察部门举报了公司的恶劣行径。劳动监察部门接到举报后,马上在查证属实的基础上对公司进行了处罚,同时责令公司返还克扣的员工工资,并按规定补交社会保险费。小吴以自己的行动维护了自己和同事的正当权益。

毕业生在法律意识和契约意识的指引下,认识到自己的合法就业权益受到了侵害,是积极运用法律手段或者其他方法来维护自己的合法权益呢,还是息事宁人、当做什么事都没发生过?

不同的处理方法体现了维权意识的不同。具有强烈的维权意识,在碰到问题时能够拿起法律武器积极主张权利,是毕业生走出权益自我保护的实质性一步。毕业生只有养成了积极主张权利的维权意识,不畏法、不畏仲裁诉讼,才能够平等地与用人单位对话,据理力争,切实保障自己的合法权益。当然维权意识要求毕业生应当知道可以采用下列途径维护自己的就业权利:学校出面调解,向劳动监察部门申诉、举报,向劳动仲裁机构申请仲裁,向人民法院提起诉讼等。

4.证据意识

毕业生小杨通过网络找到了一家颇有影响力的民营企业。在正式就职之前,他来到该企业指定的培训中心交纳了相关的培训及服装费用。该企业承诺,如果职员在培训后因为企业的原因没有被录用,将退还培训中所有的费用。结果,由于企业人事调整,小杨没有进入该企业工作。当他向该企业要求退还培训等费用时,因拿不出交费的证据而被拒绝。

法律是用证据说话的,毕业生在就业过程中应"多留一个心眼",牢固树立证据意识。证据意识的培养主要体现在三个方面:一是搜集证据的意识,要求毕业生在就业时要有意识地请对方出示或者提供相关资料,来佐证一定的事实,如要求公司出示营业执照、要求对方出示表明身份的证件等;二是保存证据的意识,要求毕业生注意保存现有的证据,以便将来在仲裁或诉讼时支持自己的观点,如要注意保存单位在招聘时的海报,与单位往来的传真、邮件等;三是运用证据的意识,毕业生要有用证据证明案件事实的意识,知道什么样的事实需要什么样的证据证明,知道一定事实的举证责任是在对方还是己方等等。

毕业生在就业过程中经常会碰到单位要求交押金的情况。签订劳动合同时要求劳动者提供押金的做法是法律明确禁止的,但是签订就业协议时单位是否可以收取押金,法律没有明确规定。

一般认为可以参照劳动合同的做法,签订就业协议时收取押金不合理。但是现在就业市场中,由于某些潜规则的存在,确实在很多场合存在着毕业生不交押金就无法签订协议、得到工作的尴尬。在这种情况下,如果毕业生确实很想去这个单位工作的话,我们认为可以先交押金,但是一定要让单位出具表明"押金"字样的收据并且注意保存,以便日后作为证据使用。

5.诚信意识

有专家指出,目前毕业生就业市场是买方市场,一些用人单位在处于主动地位的情况下,无视求职者的利益,甚至用欺骗的手段使毕业生就业陷入困境。同时,使整个人才市场处在一种彼此不信任的非正常状态,用人单位缺乏诚信进而造成大学生在求职时诚信缺失。如一些企业参加招聘会"醉翁之意不在酒",有的是为做广告,有的是借机招聘廉价劳动力。

毕业生诚信意识的培养主要包括两个方面,一是毕业生自己在求职过程中必须如实向用人单位介绍自己的情况,要实事求是。如果毕业生故意隐瞒自身情况、欺骗单位,可能导致就业协议无效,并要承担缔约过失责任;更为重要的一点是要能够意识到用人单位是不是诚信,比如意识到单位介绍的情况是不是真实、其招聘的真实目的是什么,等等。

第二点对毕业生要求得更高,因为要判断用人单位是否诚信,必然要求毕业生有比较丰富的阅历和经验,并通过不同的方法和途径全面了解用人单位的情况。然而一些毕业生在这方面做得还不够,主要是因为严峻的就业形势,使得毕业生不敢向用人单位问太多的问题、提更多的要求,许多初涉职场的毕业生认为单位说的都是对的,单位要求的就应该去做,不知不觉中自己的权益已经遭受侵犯。因此必须强化毕业生的诚信意识,特别是锻炼其中的第二种能力,以保护自己的合法权益。

【小提示】 在从"学校人"向"职业人"转化的过程中,我们必须注意这"五种意识"的培养,进而真正做到面对人生种种选择的时候,学会应对,学会维权,学会自控。只有这样,你才能成为一个合格的职业人。

从学生到职业人的转化是一个复杂的过程。如果我们能从上述几个方面吸取一点经验或者教训,学会自我控制,那么你在从学生到职业人的转化过程中就可能少走弯路,更早到达理想的彼岸。

五、自我控制能力测试

测评说明:

下列各题中,每题有 5 个备选答案,根据你的实际情况,选择一个最适合你的答案:A.很符合自己的情况;B.比较符合自己的情况;C.介于符合与不符合之间;D.不大符合自己的情况;E.很不符合自己的情况。

测试题:

1.我很喜欢长跑、远足、爬山等体育运动,但并不是因为我的身体条件适应这些项目,而是因为这些运动能够锻炼我的体质和毅力。 ( )

2.我给自己制订的计划,常常因为主观原因不能如期完成。 ( )

3.一般来说,我每天都按时起床,不睡懒觉。 ( )

4.我的作息没有什么规律性,经常随自己的情绪和兴致而变化。 ( )

5.我信奉"凡事不干则已,干则必成"的信条,并身体力行。 ( )

6.我认为做事情不必太认真,做得成就做,做不成便罢。 ( )

7.我做一件事情的积极性,主要取决于这件事情的重要性,即该不该做,而不在于对这件事情的兴趣,即不在于想不想做。 ( )

8.有时我躺在床上,下决心第二天要干一件重要事情,但到第二天这种劲头又消失了。 ( )

9.在工作与娱乐发生冲突的时候,即使这种娱乐很有吸引力,我也会马上决定去工作。 ( )

10. 我常因读一本引人入胜的小说或看一出精彩的话剧而忘记时间。 （   ）

11. 我下决心办成的事情（如练长跑），不论遇到什么困难（如腰酸腿疼），都会坚持下去。 （   ）

12. 我在学习和工作中遇到了困难,首先想到的就是问问别人有什么办法。 （   ）

13. 我能长时间做一件事情,即使它枯燥无味。 （   ）

14. 我的兴趣多变,做事时常常是这山望见那山高。 （   ）

15. 我决定做一件事时,说干就干,绝不拖延或让它落空。 （   ）

16. 我办事喜欢挑容易的先做,难做的能拖则拖,实在不能拖时,就赶时间做完算数,所以别人不大放心让我做难度大的工作。 （   ）

17. 对于别人的意见,我从不盲从,总喜欢分析、鉴别一下。 （   ）

18. 凡是比我能干的人,我不大怀疑他们的看法。 （   ）

19. 我喜欢遇事自己拿主意,当然也不排斥听取别人的建议。 （   ）

20. 生活中遇到复杂情况时,我常常举棋不定,拿不定主意。 （   ）

21. 我不怕做我原来没有做过的事情,也不怕一个人独立负责重要的工作,我认为这是对自己很好的锻炼。 （   ）

22. 我生来胆怯,没有十二分把握的事情,我从来不敢去做。 （   ）

23. 我和同事、朋友、家人相处时,很有克制能力,从不无缘无故发脾气。 （   ）

24. 在和别人争吵时,我有时虽明知自己不对,却忍不住要说一些过头的话,甚至骂对方几句。 （   ）

25. 我希望做一个坚强的、有毅力的人,因为我深信"有志者事竟成"。 （   ）

26. 我相信机遇,很多事实证明,机遇的作用有时大大超过个人的努力。 （   ）

测评标准:

单数题号:A 记 5 分,B 记 4 分,C 记 3 分,D 记 2 分,E 记 1 分

双数题号:A 记 1 分,B 记 2 分,C 记 3 分,D 记 4 分,E 记 5 分

各题得分相加,统计总分。

测评分析:

111 分以上:自制力很强;

91～110 分:自制力比较强;

71～90 分:自制力一般;

51～70 分:自制力比较弱;

50 分以下:自制力很弱。

【知识吧台】

情绪调控小知识

一、调节和控制情绪十法则

1. 学会转移。当火气上涌时,有意识地转移话题或做点别的事情来分散注意力,便可使情绪得到缓解。在余怒未消时,可以用看电影、听音乐、下棋、散步等有意义的轻松

活动,使紧张情绪松弛下来。

2.学会宣泄。人在生活中难免会产生各种不良情绪,如果不采取适当的方法加以宣泄和调节,对身心都将产生消极影响。因此,如果一个人有不愉快的事情及委屈,不要压在心里,而要向知心朋友和亲人说出来或大哭一场。这种发泄可以释放内心的郁积,对于人的身心发展是有利的。当然,发泄的对象、地点、场合和方法要适当,避免伤害他人。

3.学会自我安慰。当一个人追求某样东西而得不到时,为了减少内心的失望,常为失败找一个冠冕堂皇的理由,用以安慰自己,就像狐狸吃不到葡萄就说葡萄是酸的童话一样,因此,称作"酸葡萄心理"。

4.语言节制法。在情绪激动时,自己默诵或轻声警告"冷静些"、"不能发火"、"注意自己的身份和影响"等词句,抑制自己的情绪;也可以针对自己的弱点,预先写上"制怒"、"镇定"等条幅置于案头,或挂在墙上(图9-7)。

5.自我暗示法。估计到某些场合下可能会产生某种紧张情绪,就先为自己寻找几条不应产生这种情绪的有力理由。

6.愉快记忆法。回忆过去经历中碰到的高兴事,或获得成功时的愉快体验,特别应该回忆那些与眼前不愉快体验相关的过去的愉快体验。

图9-7 语言节制法

7.环境转换法。处在剧烈情绪状态时,暂时离开激起情绪的环境和有关人物。

8.幽默化解法。培养幽默感,用寓意深长的语言、表情或动作,用讽刺的手法,机智、巧妙地表达自己的情绪。

9.推理比较法。把困难的各个方面进行解剖,把自己的经验和别人的经验相比较,在比较中寻觅成功的秘密,坚定成功的信心,排除畏难情绪。

10.压抑升华法。不受重用,身处逆境,被人瞧不起,感到苦闷时,可把精力投入某一项你感兴趣的事情中,通过成功来改变自己的处境和改善自己的心境。

二、《福布斯》杂志公布2005年度美国富豪排行榜,其中微软CEO比尔·盖茨连续第11年蝉联榜首。在比尔·盖茨写给大学毕业生的书里,列有11项学生没能在学校里学到的事情。

第1条准则:适应生活

生活是不公平的,要去适应它。

命运掌握在自己手中。

第2条准则:成功是你的人格资本

这世界并不会在意你的自尊。这世界指望你在自我感觉良好之前先要有所成就。

成功是人生的最高境界,成功可以改变你的人格和尊严,自负是愚蠢的。

第3条准则:别希望不劳而获

高中刚毕业的你不会一年挣4万美元。你不会成为一个公司的副总裁，并拥有一部装有电话的汽车，直到你将此职位和汽车电话都挣到手。

成功不会自动降临，成功来自积极的努力，要分解目标，循序渐进，坚持到底。

第4条准则：习惯律己

如果你认为你的老师严厉，等你有了老板再这样想。老板可是没有任期限制的。

好习惯源于自我培养。

第5条准则：不要忽视小事

烙牛肉饼并不有损你的尊严。你的祖父母对烙肉饼可有不同的定义，他们称它为机遇。

平凡成就大事业。

第6条准则：从错误中吸取教训

如果你陷入困境，那不是你父母的过错，所以不要尖声抱怨，要从中吸取教训。

第7条准则：事事需自己动手

在你出生之前，你的父母并非像他们现在这样乏味。他们变成今天这个样子是因为这些年来他们一直在为你付账单，给你洗衣服，听你大谈你是如何的酷。所以，如果你想消灭你父母那一辈中的"寄生虫"来拯救雨林的话，还是先去清除你房间衣柜里的虫子吧。

不要总靠别人活着，要凭借自己的力量前进。

第8条准则：你往往只有一次机会

你的学校也许已经不再分优等生和劣等生，但生活却仍在做出类似区分。在某些学校已经废除不及格分，只要你想找到正确答案，学校就会给你无数的机会。这和现实生活中的任何事情没有一点相似之处。

机遇是一种巨大的财富，机遇往往就那么一次，也许你"没有机会"，但可以创造。

第9条准则：时间，在你手中

生活不分学期，你并没有暑假可以休息，也没有几位雇主乐于帮你发现自我。自己找时间做吧，绝不要把今天的事情拖到明天。

第10条准则：做该做的事

电视并不是真实的生活。在现实生活中，人们实际上得离开咖啡屋去干自己的工作。

第11条准则：善待身边的所有人

善待乏味的人。有可能到头来你会为一个乏味的人工作。

善待他人就是善待自己，要用赞扬代替批评并主动适应对方。

【互动空间】

自控能力讨论

形式：班会或小组讨论

成果展示：最终形成书面的文本材料或者PPT材料并适时加以展示。

一、联系身边实际谈一谈高职学生存在哪些自控能力方面的问题？

二、根据本单元所学知识，总结一下，自己在情绪和行为控制方面存在哪些问题？应该怎样改进？

三、根据本单元所学知识，分析下列案例。

小柯在大学毕业后的短短两年里，竟换了六家单位。每到一个单位，他总是和领导的关系搞得很僵。为了表示自己敢对领导不屑一顾，他常常故意违反单位有关规定，带哥们儿到单位来打长途、复印、上网等。领导批评他，他就顶撞，以至于每次试用期满，不是他主动"炒"了单位，就是单位的领导炒了他。

据小柯的同学反映，小柯上学时总觉得老师对自己比较冷淡，他把这归咎于自己相貌不好和不怎么会"来事儿"。久而久之，在小柯的脑子里就牢牢地树立起一个概念："老师都看不上我，我也看不上老师。"他一方面有意无意地疏远冷淡老师，甚至把别人对老师正常的尊重态度视为"溜须拍马"；另一方面又常常把老师的好言规劝作消极的理解，把老师对他的正常要求当做是"成心挑刺儿"。走上工作岗位后，小柯这种情绪失控的坏毛病不但未改，而且还愈演愈烈。

尽管小柯每次被辞退的一些具体原因各不相同，但所在单位的领导对他的评价却是一致的：目中无人，不守纪律，态度傲慢。而小柯呢？每次都是抱怨领导无德无能，任人唯亲。

小柯为何总是屡屡被单位辞退？难道是他"时运不济"，碰到的全是"蹩脚领导"？还是这些领导都戴了"有色眼镜"，对小柯的评价有失公允？请你帮小柯同学找到问题的症结所在。

四、阅读下列材料，讨论并回答问题。

看过《三国演义》的人都深知诸葛亮"攻心战"的厉害。其中最经典的莫过于"三气周瑜"，这位年轻英武、文武双全的东吴大都督是"赔了夫人又折兵"，恼羞成怒，吐血而亡。不过，诸葛亮的"攻心战"也有失灵的时候。在五丈原，司马懿宁做缩头乌龟，就是不被诸葛亮派使者送来的女人衣服所激怒。还笑曰："孔明视我为妇人耶！""孔明食少事烦，其能久乎！"果然不出所料，不久诸葛亮因劳累过度，星殒五丈原。

请你利用本单元所学知识，分析为什么诸葛亮的"攻心战"对周瑜有效，而对司马懿却失灵了呢？

第十单元
学会创新 拥有核心竞争力

不断变革创新,就会充满青春活力;否则,就可能会变得僵化。

——歌德

独辟蹊径才能创造出伟大的业绩,在街道上挤来挤去不会有所作为。

——布莱克

创新是一个民族进步的灵魂,是国家兴旺发达的不竭动力。

——江泽民

如若说,在创新尚属于人类个体或群体中的个别杰出表现时,人们循规蹈矩的生存姿态尚可为时代所容,那么,在创新将成为人类赖以进行生存竞争的不可或缺的素质时,依然采用一种循规蹈矩的生存姿态,则无异于一种自我溃败。 ——金马《21世纪罗曼司》

天才的最基本的特性之一——是独创性或独立性,其次是它具有的思想的普遍性和深度,最后是这思想与理想对当代历史的影响,天才永远以其创造开拓新的、未之前闻,或无人逆料的现实世界。

——别林斯基

竞争优势的秘密是创新,这在现在比历史上的任何时候都更是如此。创造力对于创新是必要的,公司文化应该提倡创造力,然后将其转变成创新,而这种创新将导致竞争的成功。

——美国《未来学家》1995年10月

创新是一个国家兴旺发达的不竭动力,创新是一个民族自强不息的灵魂,创新是智慧人生的生命力所在,创新也是职业人形成自身核心竞争力的重要支撑。面对竞争日益激烈的市场,只有具备不断创新的素质,才能在激烈的竞争中永远立于不败之地。创新要求从不同角度去分析和解决新问题,永不满足现状,不断地创新观念、创新市场、创新产品、创新管理、创新营销、创新企业文化,使职业人的职业活动永远具有生机与活力,创造出一个又一个的成功奇迹。

你能扩展自己的业务吗？你能创造新的业绩吗？不要轻易说不能，教育家陶行知先生曾说过："人人是创造之人，天天是创造之时，处处是创造之地。"创新并不神秘，也不是高不可攀，只要我们能改变过去的模式，推出一种令人耳目一新的东西就是创新。创新不一定要发明新东西，一个绝妙的想法、一个新颖的主意，都是在创新。当然，我们要清楚地认识它，准确地把握它，熟练地运用它，却也不那么容易。下面的内容，也许能帮助你更好地认识、把握、运用创新，在职场工作实践中创造出最佳业绩。

"问渠哪得清如许，为有源头活水来。"愿我们学会创新，拥有职场核心竞争力，愿我们一起展开创新的翅膀，在理想的天空自由翱翔。

一、没有做不到，只有想不到

"没有做不到，只有想不到"是最早在 IT 行业流行的一句话。现在，这句话已经成了社会各行各业创新的代名词。作为青年学生，要想学会创新，拥有核心竞争力，首先就应该从培养自己的创新意识和科学思维开始。

（一）创新意识

创新是以新思维、新发明和新描述为特征的一种概念化过程。创新起源于拉丁语，它原意有三层含义：更新、创造新的东西、改变。《现代汉语词典》的解释是"抛开旧的，创造新的"。与"创新"一词近义和相关的词主要有"创造"和"创造性"。"创造"是指"想出新方法、建立新理论、作出新的成绩或东西"；"创造性"是指"努力创新的思想和表现"或"属于创新的性质"。显而易见，从词义学的角度看，"创新"与"创造"是相互包容的两个概念，也正因为如此，人们在使用中并不严格加以区别。

创新作为一种理论，形成于 20 世纪。1912 年，哈佛大学教授熊彼特第一次把创新这个概念引入到经济领域。他认为创新就是建立一种生产函数，实现生产要素的从未有过的组合。同时，他还从企业的角度提出了创新的五个方面：①产品创新，就是指要生产出一种消费者还不熟悉的产品，或提供一种产品新的质量；②工艺创新，就是在有关制造部门中未曾采用过的方法。这种新的方法并不需要建立在新的科学发现基础之上，而可以是以新的商业方式来处理某种产品，研究和运用新的生产技术、操作程序、方式方法和规则体系等；③市场创新，就是指市场的开辟；④要素创新，也就是在生产中引进新的生产要素；⑤制度创新，也就是企业的管理制度、管理体制和管理结构方面的创新。

美国的管理大师德鲁克也曾经在 20 世纪 50 年代，把创新的概念引入到管理领域，形成了管理创新。他认为，创新就是指赋予资源以新的创造财富的能力的一种行为。

随着创新理论的发展，创新概念在向更为广泛的范围应用扩展，不仅包括科学研究和技术创新，也包括体制与机制、经营管理和文化创新，同时还覆盖了自然科学、工程技术、人文社会科学以及经济和社会活动中的创新活动。

综合国内外学者对创新的研究成果，我们认为，创新是指人们为了发展的需要，运用已知的信息不断突破常规，发现或产生某种新颖、独特的有社会价值或个人价值的新事物、新思想的活动。

创新的本质是突破,即突破旧的思维定式,旧的常规戒律。它追求的是"新异"、"独特"、"最佳"、"强势",并必须有益于人类的幸福、社会的进步。

创新活动的核心是"新",它或者是产品的结构、性能和外部特征的变革,或者是造型设计、内容表现形式和手段的创造,或者是内容的丰富和完善。

创新在实践活动上表现为开拓性,即创新实践不是重复过去的实践活动,它不断发现和拓宽人类新的活动领域。创新实践最突出的特点是打破旧的传统、旧的习惯、旧的观念和旧的做法。创新在行为和方式上必然和常规不同,它易于遭到习惯势力和旧观念的极力阻挠。

创新是人的创造性劳动及其价值的实现,与人的发展密切相关。在职业社会中,虽然一个人的时来运转或许有些偶然,但偶然的机遇肯定不属于那些不动脑筋的人。成功的机遇,往往垂青那些具有创新素质的人才。

【案例】

一个青年的故事

有两个青年人一同开山,一个把石块砸成石头运到路边,卖给建房子的人;一个直接把石块运到城市,卖给城市里的花鸟商人,因为这儿的石头都是奇形怪状的,他认为卖重量不如卖造型。3年后,他成为村上第一个盖起瓦房的人。

后来,不许开山,号召在山上种果树,这儿成了出名的梨园。北京、上海等地的客商都到此贩运梨子,出口给韩国和日本。正当人们为梨子丰收、腰包渐鼓而高兴时,那个卖石块给城里花鸟商人的青年人把家里的梨树全部砍掉,种上了柳树。他发现,大家都忙着种梨树,梨子非常多,而装梨子的筐子越来越不够用。几年后,他卖柳条、编柳筐赚的钱比果农多10倍。

不久,因梨子多,村子要办梨子加工厂,就在大家纷纷集资办厂的时候,一条铁路修到这里,也正好从那个青年的柳树地经过。还是那个青年人,在铁路边柳树地里砌了一道3米高、100多米长的墙。这座墙面向铁路,背靠翠柳,两旁是一望无际的万亩梨园。火车经过这儿时,人们在欣赏盛开的梨花时,会突然看到4个大字——"可口可乐"。据说这是500里山川中唯一的广告(图10-1)。原来,那个青年把所砌的墙卖给厂商做广告。他靠广告的收入第一个走出了山村,在城里买了房子,做起了服装生意。

图10-1 没有做不到,只有想不到

日本一著名公司的亚洲代表田信一来华考察。他听到这个故事后,被那个青年罕见的商业头脑所震惊,当即决定寻找这个人。

田信一历尽艰辛在县城里找到这个青年时,发现他正在与对门的店主吵架。因为他店里的西装标价800元时,对门店里的同样的西装标价750元,他标价750元时,对门就标价700元。一个月下来,他只卖了8套西装,而对门卖了800套西装。

田信一看到这种情形,非常失望,以为被故事的主人欺骗了。而当他弄清真相后,立即决定以年薪100万元的报酬聘请他。原来,对门的那个店也是他开的。

【小提示】 这个青年的成功,主要是他不断地创新,做到了人无我有、人有我优、人优我新。

也许有人会问:是不是任何人都有创新的意识?是不是任何人都靠创新的意识创业致富?创新意识这种能力是与生俱来的还是后天培养磨炼出来的?可以这样说,除了愚者之外,一般人的创新意识大都潜伏在脑海的深处,不容易被发觉。因此,很多人浑浑噩噩地活了一辈子,不仅不知道如何去运用自己的思想创新,甚至还不知道自己有这种才能。

意识是思维的前提,创新意识是创新性思维的前提,是个体自觉、自发创新活动的前提。没有创新意识,就不会有自觉、自发进行创新活动的动机,就不会有自觉、自发创新活动的意向,就没有人们的自觉、自发的创新活动。创新意识对于个体创新性的充分实现起着非常重要的作用,它影响和制约着个体创新能力和创新潜力的充分发挥和施展。创新意识是创新教育和创新培养的关键内容。

作为一个职业人,要想有所成就,就必须具有创新意识。如果因循守旧,墨守成规,老是跟在别人后面,没有创新意识,当然也就不会有创新。陶行知先生曾说,能发明之则常新,不能发明之则常旧。有发明之力者虽一日必新,无发明之力者虽新必旧。也就是说,要不断创新才会有新的气象,不去创新,活力就要丧失,就要落后。

1. 培养竞争意识

创新意识要在竞争中培养。竞争是活力的源泉,具有创新意识是人具有活力的根本体现。人要培养自己的创新意识,就不能离开竞争的环境。著名数学家华罗庚要求他的学生要不断创新,要在激烈的竞争中敢啃数学中的"硬骨头",从而使自己立于不败之地。华罗庚本人就是一个创新的典范,他在数学领域里做了许多开拓性的工作,他的许多学生在他的影响下也作出了创新性贡献,最终在激烈的角逐中脱颖而出。

2. 培养问题意识

爱因斯坦指出,提出一个问题往往比解决一个问题更重要。将童蒙时期的好奇心向求知时期的好奇心转化,这是坚持、发展问题意识的重要环节。好奇使人产生疑问,疑问使人产生思考。要对自己接触到的现象保持旺盛的问题意识,要敢于在新奇的现象面前提出疑问,不要怕问题简单,不要怕被人耻笑。鼓励人们提问,大胆质疑,是自身意识创新的重要途径。提出问题是取得知识的先导,只有提出问题,才能解决问题,从而提高自己的认识。

3. 要善于大胆设想

在创新领域,想比做更重要,想是第一步,做是第二步,只有想到了,才有可能去做。然而,想却是不容易的,不是任何事情都可以想到,也不是任何人都能够想到。要鼓励大胆设想、提出多种解决问题的方案及最佳办法。从多角度培养自身的思维能力,激励创新。这种能力要在实践中培养,不能"坐而论道"。那么怎样才能想到呢?

首先,要敢于大胆设想。东北有一个叫郝淑娟的农家女,她给一度停产的沈阳电冰箱厂提了一条建议:现在不少农民想买电冰箱,可城里卖的冰箱冷藏室太大,在农村不实用。夏天吃菜可随时去田里摘,用不着冷藏,与城里人相比,俺们更喜欢大冷冻室,且价格再便宜点儿的冰箱。她的建议救活了这个停产近半年的企业。话说回来,如果沈阳电冰箱厂早一点敢想,早一点生产出适应农民需要的冰箱,那么这个厂就不会濒临破产了。

其次,要善于大胆设想。敢想不是乱想,违反自然规律或科学规律的事情,敢想也是白想,比如你想发明"长生不老药",发明"永动机",那只能是痴心妄想。所以会想,就是要实事求是,遵循客观规律,胡思乱想的东西是肯定做不到的。

(二)科学思维

有了创新意识而没有科学思维,仅靠常规思维的人是不可能形成创新性思想的。因为要想提出创新思想,必须确立新的现代思维方式。现代思维方式则是人们在传统思维方式的基础上经过扬弃,在主客体相互作用中形成的主体观念和把握客体的特定方式,是思维的多种要素、形式和方法通过组合和优化而建立的相对稳定和定型的思维结构及习惯性的思维程序。现代思维方式是在现代社会中应运而生的,也是最能在现代社会中发挥出创新性功能的思维模式。离开科学的现代思维模式,不可能有创新出现。

顾名思义,科学思维就是用科学的方法进行思维,它是科学方法在个体思维过程中的具体表现。反过来,我们也可以把科学本身看成是一种思维方式,科学探究过程就是用科学的思维方式获取知识的过程。因此,科学探究和科学思维在本质上是相通的,前者更侧重于科学知识获得的过程,而后者则侧重于学习者内在的思维过程。简单地说,科学思维就是一种实证的思维方式,一种建立在事实和逻辑基础上的理性思考。具体包括以下内涵:

1.相信客观知识的存在,并愿意通过自己的探究活动去认识客观世界。

2.对于未知的事物会做出猜想,并知道主观的猜想是需要客观事实来证明的。

3.相信事实,只有在全面地考察事实之后才会做出结论。

4.通过对事实进行合乎逻辑的推理而得出结论,并知道任何结论都是暂时性的,它需要更多的事实来证明,结论也可能被新的事实所推翻。

科学思维的两个基本要素,即尊重事实和遵循逻辑。科学思维的培养,有三个关键性的实践要点:第一步是对问题的猜想;第二步是事实的验证;第三步是理性的思考。

科学思维是关于人和大自然关系的积极思考,是对大自然,对人类,对宇宙的爱。它和技术思维不同。爱因斯坦说,近代科学的发展是以两个伟大成就为基础的:一是以欧几里得几何学为代表的希腊哲学家发明的形式逻辑体系,二是文艺复兴时期证实的通过系统的实验有可能找出因果关系的重要结论。可以说,逻辑原则和实验原则是近代科学思维的两个主要特征。一种思维是否具备科学性,关键在于它是否具备这两个特点。

具体来说,我们应从如下思维方式中培养科学思维:

1.分析综合法

分析法是广泛应用的一种思维方法,它往往与综合法结合使用。所谓分析就是在思维中把研究对象的整体分解为几个部分、几个方面而分别加以考察,从而认识研究对象各部分、各方面本质的思维方法。从表现形式上看,分析法在思维过程中,把整体分解为部分,即把全局分解为局部,把统一性分解为单一性。但从本质上看,分割仅是一种手段,根本目的在于认识事物的各个方面,以把握它们的内在联系及其在整体中所处的地位和作用,从偶然中发现必然,从现象中把握本质。分析的实质是由感性认识上升到理性认识,理清事物的来龙去脉。这种由整体到局部,即从复合到单一的思维方法就是分析法。分析法的思维过程是执果索因的逆推过程,目标明确,便于下手,自然也就解决了以上困难,同时也有利于启发思维,开拓思路。

综合法是在分析的基础上把研究对象的各个部分、各个方面联结成一个整体加以认识的思维方法。从表现形式上看,综合是把部分组合为整体,把局部组合为全局,把阶段联结成过程。这种组合并不是机械地凑合,简单地相加,而是按照事物各部分之间固有的、内在的、必然的联系,将其综合为一个统一的整体。综合法把与研究对象相联系的若干个别现象或个别过程连贯起来考虑,从而对整个事物或全部过程有一个完整和本质的认识。综合法与分析法的思维顺序恰好相反,它是由因导果,由已知到未知的推理过程,故也称"发展已知法"。

【案例】

法拉第与电磁感应定律

1820年丹麦的奥斯特就已发现通电导线能使旁边的磁针偏转,说明通电导线周围能产生磁场(电可以产生磁)。同年法国的安培也发现两根通电导线之间有相互作用,电流同方向时相斥,异向时相吸。法拉第知道这个消息后立即想到:"既然电可以产生磁,那么反过来,磁也应该可以产生电。"正是在这种分析综合思维的指引下,法拉第经过11年的努力,终于用实验证实了这一假说,并且发现了感应电动势大小与磁通量变化率成正比的电磁感应定律。不仅这一创造性发现的萌芽是来自分析综合思维,而且这一创造性成果的取得也要仰仗分析综合思维。法拉第尽管始终坚信"磁也能产生电"的信念,但是他作了几百次实验始终未能成功,因为他还是沿着传统观念去做实验:认为电流总是沿平直导线流动,所以实验中总是将各种变化的磁场作用到平直导线上(分析思维),然后去观察该导线上是否有电流产生,结果总是失败。直到后来他才想到电流可以沿任意方向流动,作为电流载体的导线也可以是任意形状,于是他把导线弯成圆形(综合思维),并作成螺线管形式,然后把永久磁铁插进去再拔出来(以改变磁通量),结果成功了(分析综合思维)。这正是电磁感应定律的实验基础。

【小提示】 综合是在分析的基础上进行的,没有分析也就没有综合,只是综合能从整体上把握事物的本质,能更深刻、更正确、更全面地认识事物的发展变化规律。分析和综合是抽象思维的两个方面,两者既对立,又统一,贯穿于整个认识过程的始终。分析是为了综合,而综合必须根据分析。也就是说,从整体到部分之后还必须由部分再回到整体,这样才能对自然现象或过程有一个完整的认识。

2.归纳演绎法

所谓归纳,就是从众多特殊事物的性质和关系中概括出一大群事物共有的特性或规律的逻辑推理方法。归纳是从客观事实认识一般科学原理的重要手段,也是把低层次理论上升到高层次理论的有效方法。

【案例】

万有引力定律的发现

传说牛顿在苹果树下,苹果掉到自己头上,他想到这是地球对苹果的引力作用,进而又想到月球可能也受到地球的引力作用。而这引力的大小与苹果受到的地球引力大小有何关系呢(图10-2)?他受布里阿德(法国人)的启发,认为可能是与距离平方成反比关系。于是,他进行估算:苹果到地心的距离是月球到地心的距离的1/60,因而,地面上重力加速度应是月球向心加速度的3600倍。他根据月球与地球的距离及月球运行周期进行了估算,结果"差不多密合"。从思维方法来看,牛顿是用归纳法得出了万有引力定律。此定律后被一系列实验所证实:地球形状的测定、哈雷彗星的回归、海王星的发现……最终成为科学界公认的定律。

再如,人们知道:金是能导电的,银是能导电的,铜是能导电的,铅是能导电的,金、银、铜、铅都是金属,所以金属都是能导电的——这就是归纳推理。

图 10-2　归纳推理

【小提示】 人们只有认识一个个具体的、个别的事物或现象后,才可能概括出相类似事物或现象共存的规律。也就是说,个别一定与一般相联系而存在。一般只能在个别中存在,只能通过个别而存在。如果个别之中不存在一般,就不会有归纳法了。

和归纳法相反,演绎法则是从一般到个别的推理方法。作为出发点的一般性判断称为"大前提",作为演绎中介的判断称为"小前提"。把由"大前提"和"小前提"推算出来的"结果"称为演绎的结论。演绎推理的主要形式就是由"大前提"、"小前提"、"结论"组成的"三段论"。其公理内容是:

一类事物的内容全部是什么或不是什么,那么这类事物中的部分也是什么或不是什么。

例如:中国领土不容侵犯(大前提);钓鱼岛是中国领土(小前提);则钓鱼岛不容侵犯(结论)。

如上所述,从一般的规律、定理、规则中,得出特殊的结论,这叫做演绎推理。

归纳推理是从个别到一般,而演绎推理则恰恰相反,是从一般到个别。因此,两者关系可表示如下:

演绎所依据的一般性原理是由特殊现象中归纳出来的,而归纳又必须以一般性原理为指导,才能找出特殊现象的本质;所以归纳离不开演绎,演绎也离不开归纳。虽然归纳和演绎是两种不同的思维方法,但它们之间互相渗透、互相依赖、互相联系、互相补充。

当我们解决实际问题时,根据概念和规律分析题目所描述的现象,使用的是演绎法;若根据题目描述的现象推导出某些一般性结论,使用的是归纳法。而归纳法和演绎法的交叉应用,则是我们解决问题时最常见的思维方法。

3.类比法

所谓类比,是指根据两个或两类对象的相同、相似方面来推断它们在其他方面也可能相同或相似的一种推理方法。类比推理不同于归纳、演绎,它是从特殊到特殊的推理方法。其模式如下:

已知对象有属性 A、B、C 及属性 K;待研究对象有属性 A、B、C;且 K 与 A、B、C 有关。则可类比推理:待研究对象也可能有属性 K。

【案例】

类比推理的故事

1820 年丹麦物理学家奥斯特发现了电流的磁效应,同年,法国物理学家安培又用实验证明了两个通电螺线管之间的吸引和排斥作用,就像永久磁铁一样,这个现象给安培以启示,他通过通电螺线管与待研究对象条形磁铁的相似性,进行了类比推理。后来,安培便提出了著名的分子电流假说,认为磁体的每一个分子中都存在一种环形电流即分子电流,使它形成一个小磁体。这种小磁体取向一致时,整个物体就对外显示磁性。安培分子电流假说,初步揭示了磁现象的电本质。安培正是利用类比推理法得到这一重大研究成果的。

类比推理法还可导致技术上的创造发明。中国古代工匠鲁班上山伐木,被路边的茅草划破手,而从茅草边缘上的细齿中得到启发,发明了锯(图 10-3);欧洲文艺复兴时期的著名画家达·芬奇曾根据对鸟类的研究,豪迈地喊出:"人应该有翅膀。假如我们这一代人不能达到愿望,我们的后代是会达到的。"后来,美国的莱特兄弟终于制成了世界上第一架飞机,实现了达·芬奇的梦想。人们从对昆虫的研究中,经过类比联想,造出了振动陀螺仪,用于高速飞行的火箭和飞机;人们类比蜜蜂的眼睛,造出了偏光天文罗盘,用于航海;人们模仿蛙眼造出了电子蛙眼,用于监视系统;人们对水母进行类比联想,造出了自动漂流的浮标站,用于天气观测。通过类比联想进行发明创造的事例,真是举不胜举。

图 10-3 类比推理

【小提示】 掌握了类比思维法,也可加深对职业知识的理解,提高分析问题和解决问题的能力。

4. 形象思维法

所谓形象思维是指在完成主体任务的思维过程中主动地感知形象,并自觉地在头脑中加工感性形象认识,能动地反映被研究对象的形象特征,把握被研究事物的本质,从而能动地指导实践的一种思维方式。简言之,形象思维就是"离不开形象和情感的思维"。之所以叫它"形象思维",是因为它不像逻辑思维那样运用概念、判断、推理来进行思维。无论作家、艺术家还是普通中学生,为了构造艺术形象,写好文章,都必须采用这种思维方法。

形象思维主要有三个特点:

第一,形象思维的过程始终离不开形象。作家、影视编剧、戏剧家创作的大量作品均取材于真实生活,离不开实际生活中的人和事。因此,作者要写出好的作品来,必须深入生活、深入实际,善于观察众多人物的性格、品质,才能写出个性迥异的人物形象;画家只有深入到大自然中写生,才能画出好的山水画。

第二,形象思维离不开想象和虚构。作家创作,虽然取材于实际生活,但并没有停留在真人真事上面,而是把一些真人真事作为素材,经过作者头脑的想象和虚构,加工和整理,即"杂取种种人,合成一个人"的新的艺术形象,使之更具有代表性、启发性和感染力。如鲁迅笔下的祥林嫂,就是三个女性的原型形象组合起来的。对感知的形象进行想象和虚构的过程,实质上是自觉在头脑中加工感性形象认识,从而把握被研究对象本质的思维过程。

第三,形象思维始终伴随着强烈的感情活动。创作总是有感而发,触景生情。对感知的事物形象总伴随着热爱、赞美、同情、厌恶、愤怒等不同的感情,作者只有把这些感情倾注于创作的艺术形象之中,才能打动读者。

【案例】

魏格纳与"大陆漂移说"

"大陆漂移说"的提出是在20世纪初。一些地质学家和气象学家(如美国的泰勒和贝克以及德国的魏格纳等人)在观看世界地图过程中都发现南美洲大陆的外部轮廓和非洲大陆是如此相似,遂产生一种奇妙的想象,在若干亿年以前,这两块大陆原本是一个整体,后来由于地质结构的变化才逐渐分裂开来。

但是在20世纪初期曾进行过这类观察和想象的并非只有德国的魏格纳一个人,当时美国的泰勒和贝克也曾有过同样的观察和想象,并且也萌发过大陆可能漂移的想法,但是最终未能像魏格纳那样形成完整的学说。其原因就在于,这种新观点提出后,曾遭到传统"固定论"者(认为海陆相对位置固定的学者)的强烈反对,最终仍停留在原来的想象水平上。只有魏格纳(他原来是气象学家)利用气象学的知识对古气候和古冰川的现象进行逻辑分析后,所得结论使其仍坚持原来的想象,在这种想象的指引下,魏格纳进行了大量的地质考察和古生物化石的研究,最后以古气候、古冰川以及大洋两侧的地质构造和岩石成分相吻合等多种论据为支持,提出了在近代地质学上有较大影响的"大陆漂移说"(这一学说到20世纪50年代进一步被英国物理学家的地磁测量结果所证实),在1915年发表了著名的《大陆和海洋的起源》一书,最终成了"大陆漂移说"的奠基人。

【小提示】　敢于怀疑，敢于坚持固然是难能可贵的，但是如果没有天才的形象思维，魏格纳也不可能成就自己的"大陆漂移说"。

【案例】

迪斯尼的创意

当年，美国年轻的美术设计师沃特·迪斯尼因手头拮据，与妻子租住在一间破旧简陋的房子里，无论白天黑夜，成群的米老鼠在房间里上蹿下跳，疲于奔命的迪斯尼夫妇也借着米老鼠的滑稽动作来慰藉心情。后来，因付不起房租，他们被房东赶了出来。

穷困潦倒的年轻夫妇只好来到公园，坐在长椅上思考出路。"今后该怎么办呢？"两人左思右想均无良策。这时，从迪斯尼的行李里忽然伸出一个小脑袋。原来，那是他平时最喜欢逗弄的一只小老鼠。想不到这只小老鼠竟跑进他那绝无仅有的小行李里，跟他一起搬出了公寓。小老鼠滑稽的面孔，迷人的眼睛，可爱的样子，逗得夫妻俩忘记了现实的烦恼。

太阳开始西下，夜幕即将降临。这时，迪斯尼忽然想到了一个前所未有的创意，他惊喜地嚷道："对啦，世界上像我们这样穷困潦倒的人一定很多，让这些可怜的人们，也看看米老鼠的面孔吧！"他的眼前出现了一幕幕动人的奇景：小老鼠们为了填饱肚子辛勤劳动，为了战胜更大的敌人团结互助，它们甚至快活地跳舞，甜蜜地恋爱……穷困潦倒中的迪斯尼通过想象的方法，诞生了一个活泼可爱的 Mickey Mouse（米老鼠）。据此艺术形象开发的动画片风靡全世界，深受世界各地小朋友的喜爱。不仅如此，动画片中的米老鼠形象从绘画、电影，到玩具、罐头、汽车、大厦、游乐园，跨越几乎所有领域，深入到人们的心中。

【小提示】　迪斯尼之所以能创造出"米老鼠"这一艺术形象，就是因为他善于运用形象思维，正是这种形象思维救了他，同时也成就了他的事业。

形象思维是反映和认识世界的重要思维形式，是培养人、教育人的有力工具，在科学研究中，科学家除了使用抽象思维以外，也经常使用形象思维。在市场经济高度发达的今天，形象思维更成了企业在激烈而又复杂的市场竞争中取胜不可缺少的重要条件。高层管理者离开了形象信息，离开了形象思维，他所得到的信息就可能只是间接的、过时的甚至不确切的，因此也就难以做出正确的决策。作为职业人，形象思维的重要性可谓不言而喻了。

5. 辩证思维法

辩证思维法是指在思维过程中按照唯物辩证法进行思维的方法。辩证思维法的基本特征有三个：联系的特征，发展的特征，对立统一的特征。

所谓联系的特征是指在思维中的现象之间，事物内部诸要素之间的相互影响、相互作用、相互制约。唯物辩证法告诉我们，现象的因果联系是客观的、普遍的。在所考察的特定现象的特定关系中，原因和结果是紧密联系、相互统一的，就是说任何结果都是由一定的原因决定的,而任何原因都决定着一定的结果。切不可倒因为果,或倒果为因。例如,力是物体产生加速度的原因,并不是物体做加速运动的结果会产生力。又如,合外力的功是物体动能改变的原因,合外力的冲量是物体动量改变的原因,导体两端的电压是产生电流的原因等等,这些都不能因果倒置。

所谓发展的特征,是指对事物认识的飞跃有个量的积累过程,不可能一次完成,有时可能产生曲折。同时量变发展到一定程度会发生质变。

所谓对立统一的特征,唯物辩证法认为一切事物内部都存在着矛盾。就是说任何事物都是一分为二的。大到宇宙天体,小到基本粒子;无论是简单的机械运动,还是高级的生命运动,都毫不例外。

唯物辩证法认为事物变化的根本原因在于事物的内部即内因,外因只是条件,外因要通过内因而起作用。如电压是使导体产生电流的原因,而不能使绝缘体产生电流。

军人学会辩证法能多打胜仗,经商者学会辩证法能在竞争中立于不败之地;同样,学生学习掌握了辩证法,就能进一步提高其学习能力,使自己的学习成绩明显上升。

【案例】

"曹冲称象"的启示

"曹冲称象"是进行辩证思维培养的极好范例。有一天曹操得到一头大象,曹操想称一下这个庞然大物到底有多重,问他手下大臣有什么办法(在大约 1800 年前的三国时代,这还是很大的难题)。一位大臣说,可以砍倒一棵大树来制作一杆大秤,曹操摇摇头,即使能造出可以承受大象重量的大秤,谁能把它提起来呢?另一位大臣说,把大象宰了,切成一块一块的,就很容易称出来了。曹操更不同意了,他希望看到的是活着的大象。这时候年方 7 岁的曹冲想出了一个好主意:把大象牵到船上,记下船边的吃水线,再把象牵下船,换成石块装上去,等所装石块使船达到同一吃水线时再把石块卸下来,分别称出石块的重量再加起来,就得到了大象的重量(图 10-4)。

图 10-4 "曹冲称象"

【小提示】 曹冲在 7 岁时是否真有这样的智慧,难以考证(或许是故事作者的智慧也未可知),但这并不重要。重要的是这个故事中所包含的辩证逻辑思维:能从错误意见中吸纳合理的因素。第一位大臣出的主意看似不切实际,因为没有人能提起如此重的大秤,但它却包含着一个合理的因素,需要有能承受住大象重量的大秤才能解决问题;第二位大臣的主意更是荒谬,怎么能把活生生的一头大象拉去宰了呢!但是在这个看似荒谬的意见中却包含着一个非常可贵的思想,化整为零。曹冲正是吸纳了两位大臣错误意见中的合理因素,设法找出了一个能承受大象重量又不用人手去提的大秤,根据日常的生活经验,船正好能满足这种要求;然后他又想到利用石块代替大象,可以实现"化整为零"。就这样,曹冲利用辩证思维解决了一个一般人所无法解决的难题。

6. 创造思维法

所谓创造思维,是指发明或发现一种新方式用以处理问题的思维方法。之所以把它叫做"创造思维",是因为它要求重新组织观念,以便产生某种新的东西,即某种以前不存在或没有被发现的东西。创造思维区别于常规思维的最本质的差异在于常规思维通常都是逻辑思维,而创造思维则除逻辑思维外,还包含了各种形式的非逻辑思维。它的主要特点是:

(1)独特性:与众不同,前所未有;

(2)多向性:善于从不同角度去思考问题,从多方面去分析研究,抓住事物的本质,寻找问题的答案;

(3)非逻辑性:创造性答案往往是非逻辑思维的产物;

(4)全面性:能从事物的联系和关系中来思考问题,而不是孤立地思考问题,由此及彼地全面看问题才能获得创造性成果;

(5)综合性:创造是多种思维方式的综合,综合中有创新;

(6)发展性:善于总结前人的经验教训,并分析其原因,并在此基础上创新和发展。正如牛顿所说,"站在巨人的肩膀上看问题"。

创造思维的基础是必须有坚实的知识功底。俗话说:"无知便不能。"如果没有知识,头脑是空的,那么"创造思维"又从何谈起呢?科学家的发明、灵感的产生都不是偶然的,而是与平时丰富的知识积累分不开。因此我们在求学路上应勤奋读书,踏踏实实地把基础打好,才能培养出"创造思维"。我国唐朝著名诗人杜甫的名言"读书破万卷,下笔如有神"就是最好的注释。

创造思维的动力是强烈的好奇心。好奇心可以激发人们去发现周围一切事物的差异,促使人们去思考、去怀疑。所有的科学家、发明家都具有强烈的好奇心。爱因斯坦、爱迪生、瓦特、杨振宁、李政道、丁肇中等正是有强烈的好奇心,使他们在理论和实践中不断探索,使创造性思维能力达到了极高的境界。爱因斯坦说:"思维的发展,在某种意义上说就是对惊奇的不断摆脱。"获得诺贝尔物理学奖的丁肇中博士在一次实验中发现粒子喷注现象,从而产生了好奇心,使他找到了胶子存在的证据。创造性思维必须是先有"踏破铁鞋无觅处"的先决条件,然后才有"得来全不费工夫"的创造性思维成果。正如爱迪生所说:"天才,就是 1％ 的灵感加上 99％的汗水。"

【案例】

逆向思维的妙用

丰臣秀吉统治时代,为把大阪修得坚不可摧,命人从濑户内海搬运巨石装船运送。但是,巨石太重,船被压沉,有什么好办法呢?众人苦思无计。此时有人提出,既然船装不了石,那就用石载船。大家先是无比惊讶,继而依计而行,把巨石捆在船底,果然顺利地运达目的地。

【小提示】 这则传说生动地说明逆向思维的妙用。应用逆向思维离不开唱反调，也不要怕遭人嘲笑责难。事实上，一切所谓正向的思维都会有陷于困难而无奈的时候，这表明它可能是犯了方向错误，反其道而行之往往就会奏效。运用创新思维，需要自我否定，更需要诚实和毅力、勇气。一切事物都有两面性，从相反的角度去思考，有时会得到别有洞天的效果。

二、创新的信心和意志

信心是一种强烈的情感，是对自己的充分信任和肯定。美国《华尔街杂志》中一篇有关企业家的文章提到："成功的企业家都具有能感染他人的强烈自信。"有了这种强烈的情感，就能够克服重重困难，朝着自己所选的目标坚定地走下去，也才能够深深感染其他人，给周围的人以勇气和决心，从而创造团结和谐、朝气蓬勃的企业氛围。只有信心百倍，我们才能跃出竞争的水面，找到属于自己的事业天地，为成功奠定基础。

回顾创新活动的历史，任何一项有成就的创新活动，无一不是克服了重重困难才取得的。所以，充分的自信和坚忍不拔的意志，是事业取得成功的一个重要条件。俗话说："这个世界是由自信心创造出来的。"可见，树立坚定的自信心对一个人成功的重要性。生活在机遇和挑战并存的今天，要有所作为，有所建树，坚定的自信心和顽强的意志更是不可或缺的重要因素。

(一)克服自卑，坚定信心，不断进取

居里夫人曾说过："生活对于任何一个男女都非易事，我们必须要有坚忍不拔的精神；最要紧的，还是我们自己要有信心。我们必须相信，我们对一件事情具有天赋的才能，并且，无论付出任何代价，都要把这件事情完成。当事情结束的时候，你要能够问心无愧地说：我已经尽我所能了。"一个人只要有自信，而且能够不懈努力，那么他就能成为他希望成为的人。

要树立自信心，最重要的是挣脱自卑的桎梏。自卑是许多人都会产生的一种心理状态。它的成因很复杂，有的是由于生理和智力的缺陷；有的是家庭教养不当或缺少家庭温暖(如父母离异)；有的是由于过去的挫折和失败遗留下来的心灵创伤；也有的是由于脾气古怪，经常受人嘲笑；还有的是原来自我期待过高，遭到失败后却一蹶不振、自暴自弃……但大部分是由于"害怕失败"和"缺乏信心"所致。

自卑是创新的大敌！因为创新需在精神不受压抑的状态下才能产生，而自卑感却给人带来沉闷、紧张、焦虑和不安等一系列否定情绪，容易使思维处于一种抑制状态，产生一种"我什么都干不好"的心态。

【案例】

小张的经验

小张是一家啤酒厂的青年工人，没多高学历。在现在强调学历的社会里，他的自卑

感就可想而知了,他总认为自己不是搞发明创新的材料。

后来,他发现一些和他一同进厂、与他差不多的同事在参加了"小发明创新活动"后,提出了不少创新发明的设想,受到了厂领导的器重和奖励,这使小张受到了触动:别人行,为什么我不行? 于是,他也开始参加小发明创新活动。几次试验下来,他对创新的神秘感渐渐消失了,自信心也随之增强。

人,一旦有了自信心,脑瓜子就会觉得好使起来。一天,他在参观一家机械厂时,忽然有所触动:假如把机械自动装置应用于啤酒生产线,那么生产的效率就会成倍提高。回厂后经过艰苦试验,果然成功了。于是啤酒自动生产线就诞生了,填补了该生产行业的一项空白,获得了全国"五小"创新发明一等奖。

以此为发端,他后来在老师傅的辅导下,利用工余时间进行创新发明活动,获得了一系列成果。

【小提示】 成功,使得这位原先有强烈自卑感的青年变得信心十足,创新能力倍增。他后来深有体会地说:"要有创新性,首先得克服自卑感。"

看来,自卑感是束缚人们发挥创新力的桎梏。自卑者,"口将言而嗫嚅,足将行而趑趄",聪明才智就像冰封了一样,难以开发利用。它是一种消极的自我暗示,在不知不觉的氛围中影响着你。比较明显的例子就是学习上遭受挫折的人,总认为自己先天素质差,连功课都学不好,还谈得上什么创新。他们首先关心的是:"我具有创新能力吗?""我能从哪些方面进行创新?"这种自卑心理使人一开始就失去了锐气,一遇到困难就自我否定,从而泯灭了才气,使潜力得不到应有的发挥。许多科学家都深有感触地认为自卑感是吞噬聪明才智的恶魔。

为此,心理学家曾进行过一项前后持续了半个世纪的调查研究,结果表明:早年智力超常并不能保证成年后一定卓有建树;一个人的能力大小同儿童期的智力高低关系不大;伟人并不都是那些从小十分聪明的人,而是那些长年累月锲而不舍、精益求精的人。美国专利局的一位负责人,曾根据他手中掌握的专利资料说过这样一段话:每一个男人、女人和孩子都是一个潜在的发明家,他们中 90% 的人都曾想要发明某种东西,可惜的是,大部分人的热情只能维持一个星期左右。我们中的许多人之所以不能让智慧之花结出创新之果,不是因为我们的能力不够,而是自我熄灭了创新之火的缘故。

叶剑英元帅说过:"世上无难事,只要肯登攀;科学有险阻,苦战能过关。"青年学生要相信自己,因为自信心是照亮创新之途的火炬。青年学生应把"不可能"一词,从你的词典中彻底抹去,要坚信自信的巨大能量,定能融化封锁创新才能的坚冰,一旦找到创新的突破口,创新的潜力就会喷薄而出。

(二)坚定意志,克服困难,勇于创新

有的人老是埋怨命运不好,机会不公,其实即使是厄运,它也有两重性。一方面,它可以折磨人,使人处在一种难受的屈辱的境地;另一方面,它又可以锻炼人,能够磨炼人的意志。

著名作家雨果曾把厄运比作"试验杯",他说,可喜可怕的考验,通过它,意志薄弱的

人能变得卑鄙无耻,坚强的人能够转为卓越非凡。每当命运需要一个坏蛋或者一个英雄的时候,它便把一个人丢在这试验杯里。因此,我们对命运应该有一个正确的理解,人的一生不可能没有坎坷,创新活动也不可能一帆风顺。只要我们意志坚强,就一定能够克服困难,朝着一个目标坚定不移地走下去,直至取得最后胜利。

"有志者事竟成"(图10-5),这句箴言对于创新来说也是十分贴切的。意志是创新成功的先决条件,对创新有着重要的激励与指向作用。凡是成就突出的科学家、艺术家都有着远大志向。爱迪生说,我的人生哲学就是工作,我要解开大自然的奥秘,并以此为人类造福。

远大的志向固然重要,但空有志向而无踏实肯干的行动,也将一事无成。所谓一日曝十日寒,所谓无志之人常立志,都是缺乏坚定意志的表现。创新要成功,必须把意志和行动结合起来,脚踏实地。古今中外,凡成功人士无

图10-5 有志者事竟成

一不是如此。孙思邈,青年时代立志从医,他刻苦钻研,克服种种困难,最后成为一代宗师,他著的《千金要方》为我国医学作出重大贡献。京张铁路是中国人自己修建的第一条铁路,詹天佑以惊人的毅力和卓越的才华,战胜罕见困难,终于提前两年全线通车,使洋人"建筑南口关以北铁路的中国工程师还没出生"的狂言不攻自破,大长了中国人的志气。

意志作为创新的条件之一,在于意志的自觉性。它是指一个人对行动目的与意义有着正确认识,并能自觉支配自己的行为,以期达到预期目标。农民科学家吴吉昌在身陷逆境、惨遭凌辱的困难条件下,始终清醒地认识到棉花改进品种是可行的,痴心不改,壮志依旧,终于取得成功。创新者的意志自觉性,有助于树立明确的创新目标,把注意力集中在创新目标上,充分发挥自己的创新性思维与想象,从而提高创新效能。

意志作为创新的条件之二,便是意志的果断性。意志的果断性是指一个人善于明辨是非,当机立断做出决定,并且执行决定。果断性不是盲动,不是蛮干,而是以正确认识和勇敢行动为特征的。在创新的各阶段,要很好地把握各个关键时刻,杜绝轻举妄动。同时,也千万不要犹豫不决,所谓"当断不断,必受其乱",讲的就是这个道理。

【案例】

自信＋自尊＋自强＝成功

16岁,他仍是懵懵懂懂地在学校混日子,打架斗殴抽烟逃学,一个十足的坏学生。那年,他喜欢上了一个女同学,给她写了一封情书,她鄙视地看了他一眼,竟然把情书贴到了学校的宣传栏里。第二年,他就转学了,在后来的那两年时间里,他像变了一个人似的,拼命地学习,后来考上了湖南某高校。

22岁,他大学毕业,顺顺利利地进了国家机关,每天一杯茶一张报地混日子。有一回,他到乡下访亲,看见亲友竟然把一头狼像狗一样地养在家里看家护院。他惊问其故,

亲友告之，这狼自幼就与狗一同驯养，久而久之，连长相都有些像狗，更别提狼性了。没多久，他就在别人的惋惜声中辞职，去了深圳。

到深圳后，他专找有名的外资公司求职，而且他总能想方设法直接地向外方经理送自荐信，搞得那些外方经理一个个莫名其妙："我们现在没有招聘需要啊！"他微笑地告诉对方："总有一天你们会招聘的，直到那时我就是第一个应聘的人。"还别说，他真的被其中一家公司录用了。那一年，他 24 岁。

27 岁，他因为业绩突出，被调到公司地处丹佛的美国总部。上班的第一天，他按国人的习惯请新同事共进午餐，然而，就在他准备买单的时候，同事们却一个个坚持自己买自己的单。他当时觉得很尴尬，但同时也明白了些什么，于是更加努力地工作了。

这是一个人的真实经历，他叫王其善，现在是位于美国丹佛市的全球第四大电脑公司的技术总监，很受公司器重。王其善在回母校演讲时，讲起了他人生中的这几个小片段。我们都有些莫名其妙，不知道这与他的成功有什么联系。

他笑了一笑，告诉我们："16 岁的经历让我明白，一个人要想让他人接受，并且被他人尊重，首先得自己尊重自己；24 岁我知道，要想求职成功，首先要自信；而 27 岁在美国上班的第一天，我知道了美国人为什么实行 AA 制：每个人都不能指望别人会为自己的人生买单。要想获得成功，你就得自己努力，根本不能指望别人，这就是自强。"

> 【小提示】　其实，我们每个人的人生何尝不是由这么一些片段构成的呢？自信＋自尊＋自强＝成功，这就是成功的公式。

意志作为创新成功的先决心理条件，还表现为意志的顽强性，即人在执行决定过程中，坚持不懈，不达目的誓不罢休。意志顽强性是进行创新最重要的意志品质，恒心和毅力是其密不可分的两个构成因素。马克思写《资本论》用了 40 年，摩尔根写《古代社会》也耗时 40 年，达尔文写《物种起源》花费了 15 年，李时珍写《本草纲目》则用时 27 年。居里夫妇为了从数吨铀矿渣中提炼出纯镭，数年如一日地艰辛工作着，全然不顾条件之艰苦、恶劣。他们的行为都可以给我们很大的启示。

三、发挥你的创新优势

一个人要想成功，就必须了解自己的优势，分析并总结自己的优势，科学合理整合自己的优势，利用优势激发自己的最大潜能，让自己的优势转化为成功的能量！

优势，是指个人在某个方面具有的突出知识和才能，一般包括：与工作有关的专业优势；一般优势，如语言表达、人际关系、组织管理等；业务爱好方面的优势，如某种体育运动项目以及摄影、绘画、书法、歌舞等。美国哈佛大学心理学家加德纳认为：一个人的智能是以组合的方式构成的，每个人都是具有多种能力的组合体，人的智能是多元的，除了言语－语言智能、逻辑－数理智能两种基本智能以外，还有视觉－空间智能、音乐－节奏智能、身体－运动智能、自我认识智能等。因此，一个人的优势能直接影响职业活动的效率，从事能够发挥优势的职业，是职场上与他人竞争的优势，也是获得职业成功的驱动力和能够创新的必要条件，是走向成功的必由之路。

实践证明,很多成就卓著的成功人士,首先得益于他们充分了解自己的优势,然后再根据自己的优势来进行定位或重新定位。例如,爱因斯坦的思考方式偏向直觉,所以他就没有选择数学而是选择了更需要直觉的理论物理作为事业的主攻方向。这样定位的结果便是造就了世界级的物理学大师;而杨振宁的实验能力相对较差,因此,他的导师泰勒帮助他把注意力从实验物理学转到了理论物理学的研究重点上。由此,便有了杨振宁对宇宙不守恒的研究并获得了诺贝尔物理学奖。

【案例】

胡适的选择

中国大哲学家、文学家胡适早年曾考取官费出国留学。最初选择的是农学,因他家道破落,他的哥哥期望他学以致用,能够帮助复兴家业。

两年后,他终于发现他的志趣和能力并不在农学上,于是决定转系。他反复问自己:我的兴趣在什么地方?与我性情相近的是什么?我能做什么?按照这个标准,他就转到文学院了。在文学院以哲学为主,以文学、政治、经济学为辅。在这个领域,胡适如鱼得水,终于成为我国现代大哲学家、白话文的开创者。

后来胡适在对大学生的演讲中说:"现在的青年太倾向于现实了。不凭性之所近,力之所能去选课。譬如一位有作诗天赋的人,不进中文系学做诗,而偏要去医学院学外科,那么文学院便失去了一个一流的诗人,而国内却添了一个三四流甚至五流的饭桶外科医生,这是国家的损失,也是你们自己的损失。"

【小提示】 胡适的选择给我们一个重要启示:每一个人都有自己独特的气质、性格和禀赋,这些内在的精神就表现在人的兴趣上。做自己喜欢做的事,做自己感兴趣的、擅长的事情,才能扬长避短,最大限度地发挥自己的才能。

那么,怎样寻找自己的创新优势呢?一般而言,每个人的优势主要从以下四方面加以认识:

(一)自己曾经学习了什么

在学校读书期间,自己从专业的学习中获取了哪些收益;社会实践活动提升了哪方面知识和能力。在就读期间应注意学习的方法,善于学习,同时还要勤于归纳、总结,把单纯的知识真正内化为自己的智慧,为自己多准备一些可持续发展的资源。自己所学的知识、技能就是自己的优势,这种优势很可能就是你创新的起点和基础。

(二)自己曾经做过什么

在上学期间,自己曾担任过的学生职务、社会实践活动取得的成就及工作经验的积累等。为了使自己的经历更加丰富和突出,在进行实践时应尽量选择与职业目标一致的工作项目,进行坚持不懈的努力,这样才会使自己的经历更具有实在的说服力,更能对日后的工作起到积极的作用。

（三）自己最成功的是什么

在自己做过的诸多事情中，哪些事情是最成功的，是通过何种方式取得成功的。通过对成功细节的分析，可以更多地发现自己的优势。以此作为个人深层次挖掘的动力之源和魅力闪光点，增加自己的择业和从业信心。

（四）正确地评价自己

正确地评价自己是一道难题。古希腊哲学家苏格拉底曾提出一个著名的命题"认识你自己"。他认为，人之所以能够认识自己，在于其理性；认识自己的目的在于认识最高真理，达到灵魂上的至善。"认识你自己"还被刻在古希腊阿波罗神殿的石柱上，与之相对的石柱上刻着另一句箴言"毋过"，这两句名言作为象征最高智慧的"阿波罗神谕"，告诫着我们应该有自知之明，不要做超出自己能力之外的事。在我国，老子说过"知人者智，自知者明"，作为大军事家的孙子则有"知己知彼，百战不殆"的名言传世。可以说，从古到今，人们对于自我的认识始终处于无尽的探索之中。

正确地评价自己可以从如下四个方面进行：

1. 通过与别人的横向比较认识自己

有比较才有鉴别，将个人的自然条件、社会条件、处世方法等方面与周围的人进行比较，找准自己的位置。这种比较虽然常带有主观色彩，但却是认识自己的常用方法。不过，在比较时，要寻找环境和心理条件相近的人，这样才符合自己的实际水平和自己在群体中的位置，这样的比较才有意义。

2. 通过纵向的生活经历了解自己

成功和挫折最能反映个人性格或能力上的特点，通过自己成功或失败的经验教训来发现个人的特点，在自我反思和自我检查中重新认识自我，认识自己的长处和短处，把握自己的人生方向是非常有意义和非常有效的。如果你不能肯定自己是否具有某方面的性格、才能和优势，不妨寻找机会表现一番，从中得到验证。

3. 从别人的评价中认识自己

人人都会通过别人对自己的评价来认识自己，而且比较在乎别人怎样看自己，怎样评价自己。当然他人评价比自己的主观认识具有更大的客观性，如果自我评价与周围人的评价有较大的相似性，则表明你的自我认识能力较好、较成熟；如果客观评价与你自己的评价相差过大，则表明你在自我认知上有偏差，需要调整。然而，对待别人的评价，也要有认知上的完整性，不可因自己的心理需要而只注意某一方面的评价，应全面听取，综合分析，恰如其分地对自己做出评价和调节。

4. 利用 MBTI 认识自己

MBTI（Myers & Briggs Type Indicator，迈尔斯和布里格斯的类型指引）是一种性格测试工具，以瑞士著名心理学家卡尔·荣格（Carl·G·Jung）的心理类型理论为基础，后经 Katharine Cook Briggs 与女儿 Isabel Briggs Myers 研究并发展了前者的理论并把卡尔·荣格的理论深入浅出地变成了一个工具。MBTI 目前已成为世界上应用最广泛的识别人与人差异的测评工具之一。MBTI 主要用于了解受测者的个人特点、潜在特质、待人处事风格、职业适应性以及发展前景等，从而提供合理的工作及人际决策建议。

当然，这也会为找出自己的创新优势提供科学依据。

【案例】

最大限度地发挥自身优势

张琴芳今年26岁，她的最大兴趣在于园艺。园艺以及庭院设计在她的生活中占据了很重要的地位，但她仍没有自信能把她的兴趣变成一份可从事的职业。

张琴芳出生于一个知识分子家庭，她上了大学，并取得了文学学士学位。随后，她做了一系列的工作，主要是流浪者之家、青年旅社的工作人员。由于想换一份更有创造性的工作，她辞职加入了一家剧场，并在夜校继续学习艺术：制陶、绢网印刷以及写作。

随着时间飞逝，张琴芳日渐感到收入稳定对她的重要性，于是她希望能够重返工作岗位。然而，她重新求职并不成功，这使她有了尝试全新职业的念头。

张琴芳的动力来源，显示了她的主要兴趣在于实践性的工作，而非看护职业。她曾经是一名成功的社会工作者，只因她能在遇到危机时保持镇静。然而，当需要做决断时，她就表现得不那么突出了。

显然，张琴芳对于使用工具和材料，制造出可触摸实体的工作非常在行。此外，她还有一种艺术表现欲。将这些线索综合起来看，她所适合的是自我受雇的职业，而每项证据都促使她将兴趣职业化。具体来说，要不从事制陶，要不就做园艺工作。

摆在张琴芳面前的有许多值得考虑的选择，包括农业与园艺学课程。两年后，她成立了自己的公司，主营园艺活动、花园设计及修建，同时还在成人学习班教授有关课程。

【小提示】 每个人最好的成长方向就在其自身的优势上。成功创新之道在于最大限度地发挥自身优势，扬长避短。这样，你就会收到事半功倍的效果。

所以，在生活中，要寻找最合适自己去做的事，也就是自己最感兴趣的事、最有优势的事、自身素质能够满足要求的事、客观条件许可的事。这几种因素缺一不可，再加上恒心和毅力，就等于成功。做自己有优势的事，即使一时成功不了，坚持下去也必有收获，即使得不到巨大的成功，也不至于一无所获。

四、培养自己的创新能力

创新能力培养是创新素质培养的核心。研究创新素质的目的在于开发人的创新能力。为了更好地开发创新能力，就必须对创新能力及其形成机制有所了解。

(一)什么是创新能力

由于"创新"一词概念的复杂性，目前还难以给"创新能力"下一个准确的定义。简单地说，可以把创新能力理解为在创新活动中人所体现出来的总体活动能力。具体说，创新能力就是人在提出新思想、研制新产品、开拓新市场、制定新战略、开发新技术、推出新产品等创新活动中所体现出来的创新素质水平，或者说，创新能力是创新素质水平的具体体现。

（二）培养创新能力的几种途径

1. 加强知识储备

创新并非凭空设想，要有科学的根据和坚实的知识基础。科学创新的基础在于知识储备。知之甚少无法创新，唯有知识渊博，才能为创新能力提供一个比较宽厚的基础。知识薄弱，前人的创新尚且不知，未来的创新便是雾里看花。创新是对前人经验的创新性继承，是对未来发展的链条式推动。创新不是孤单单的一棵独木，它是苍茫大地中的一片森林，一川流水，一脉山峦。唯有根基雄厚，连绵不绝，新陈代谢，循环往复，才能显示出旺盛的精神和宏伟的气魄。创新能力所需要的正是这种精神和气魄，富于这种精神和气魄的强大机体就是知识储备。知识储备是培养创新能力的知识基础。

【案例】

观书有感

在南宋大理学家朱熹的五夫紫阳故居前有一荷塘，相传那首著名的《观书有感》就是他在池边苦读时，触动灵感，信手写就的（图10-6）：

半亩方塘一鉴开，天光云影共徘徊。

问渠哪得清如许，为有源头活水来。

这是一首借景喻理的名诗。全诗以方塘作比，形象地表达了一种微妙难言的读书感受。池塘并不是一泓死水，而是常有活水注入，因此像明镜一样，清澈见底，映照着天光云影。这种情景，同一个人在读书中弄

图 10-6 观书有感

懂问题、获得新知而大有收益、提高认识时的情形颇为相似。这首诗所表现的读书有悟、有得时的那种灵气流动、思路明畅、精神清新活泼而自得自在的境界，正是作者作为一位大学问家的切身的读书感受。诗中所表达的这种感受虽然仅就读书而言，却寓意深刻，内涵丰富，可以做广泛的理解。特别是"问渠哪得清如许，为有源头活水来"两句，借水之清澈，是因为有源头活水不断注入，暗喻人要心灵澄明，就得认真读书，时时补充新知。因此人们常常用来比喻不断学习新知识，才能达到新境界。

【小提示】 我们也可以从这首诗中得到启发，只有不断学习，不断创新，方能才思不断，细水长流。这两句诗已凝缩为常用成语"源头活水"，用以比喻事物发展的源泉和动力。

2. 培养创新思维

创新思维就是一种突破常规定型模式和超越传统理论框架、把思路指向新的领域和新的客体的思维方式。它不迷信原有的传统观念和经典信条，对既定事物进行批判性的思考，体现的是一种叛逆精神。这种思维在一般人看来是不合情理甚至是荒谬的，但正是因为采取了这种思维，创造者才得以摆脱传统观念和习惯势力的桎梏，向着崭新的成果跃进，创造出新的观念和理论来，导致革命的出现，实现新旧理论的更替。

可以说,科学史上的每一次飞跃都是创新思维的结果,或推翻原有的荒谬学说和过时理论,或突破原有理论限制把科学引向新的领域。

马克思喜欢以"怀疑一切"作为自己的座右铭,人类所创造的一切,他都用批判的眼光加以审视,人类思想所建树的一切,他都做过重新探讨。正是在这种批判的审视、探索中,他完成了光芒四射的两大发现:剩余价值学说和辩证唯物史观。

创新思维是一种非常奇特而又绝妙的技巧,往往能出奇制胜,最终达到创新的目的。培养创新思维是培养创新能力的知识基础。

【案例】

法国军官的恶作剧

二战前夕的一列火车上,车厢里突然没了灯光,到处漆黑一团。相对而坐的 4 个人分别是法国军官、德国军官、年轻漂亮的小姐、满脸皱纹的老太婆。突然,他们听到一声响亮的亲吻声,随之是一声响亮的耳光声。4 个人的内心世界都活动开了:老妇人钦佩小姐有节操,不轻易让人占便宜;漂亮小姐很纳闷,竟会有人去亲吻那满脸皱纹的老妇人;德国军官很委屈,自己没做荒唐事,干吗挨耳光;法国军官很得意,这一切都是自己的杰作。原来,灯一灭,法国军官响亮地吻了一下自己的手背,随即给了德国军官一记耳光。一个恶作剧,引来诸多误会。

他们都是怎么想的呢?

老妇人想:被亲吻的当然是年轻漂亮的小姐,而绝不会是其他人。自己更不是了,甩耳光的自然是那位不愿受辱的小姐。所以,她钦佩小姐。

小姐想:自己没有被亲吻,那么,能被亲吻的就只有老太婆了。连满脸皱纹的老太婆都吻,真叫人纳闷。

德国军官想:自己没有去亲吻别人,那么,干坏事的一定是那位法国军官,被欺负的女人打错了人。自己遭殃,白挨打。

这一切都在法国军官的预料之中,也是他搞恶作剧的依据。

【小提示】 这是一个恶作剧,不过,这里讲了一个创新思维的问题。人们都习惯按常识思考,而创新思考的结果往往出人意料。在这个竞争激烈的时代,如何有效地运用创新思维,并且用在正确的方面,是我们培养创新能力所必须学习的。

3. 克服心理障碍

人生如流水,君不闻"子在川上曰:逝者如斯夫"。人类前进的步伐一刻也不会停止。在时间和实践面前,任何犹豫彷徨、缺乏主见和背负沉重的包袱,都会有落伍的危险。定式思维,有它积极的意义和作用,但是定式思维的极端会导致思想僵化。因此,应努力克服这些影响创新思维的心理障碍。这是培养创新能力的心理基础。

【案例】

从"我不行"到"我能行"

3 年前,吴菲是一位大四的学生。暑假前夕,有一家美国机构的中国区总裁,到她所在的大学做了一场大型讲座。讲座十分出色,激发了她许多想法。她一边听讲座一边根据感受写了一篇文章,讲座结束时,她突然有一个冲动:把自己写的文章送给那位老总看看。

这个念头一出现,她立刻又犹豫了:"我行吗? 不会丢脸吧?"

但转念又一想:"丢脸就丢脸吧,反正以后可能再也见不到他了!"于是在众人的"围困"之中,她把这篇文章交给了老总。没想到,两天之后,她突然接到了这位老总打来的电话,告诉她这篇文章写得很好,希望她写出更多这样的好文章。

不久,她开始实习了。她突然又有了一个想法:去北京实习,将来到那里发展! 可在北京,她没有熟人,唯一认识的就是这位老总,于是想,能不能找找他? 这时,她又一次有了畏惧的念头,那个"我不行"的想法,又像蛇一样地在她心中抬头了。但是她还是一咬牙,向这位老总表达了自己的愿望,并希望他帮忙联系一个新闻出版单位。

没想到,这位日理万机的老总,对她这种主动精神十分欣赏,很快帮她联系到一家著名的报社,并鼓励她发挥特长,走向成功。

不到两个月的实习,她便发了好几篇有分量的文章。在实习表上,报社给了她非常好的鉴定意见。毕业时,这份鉴定和她发表的文章,对她的应聘起到了很积极的作用,北京一家出版社很快录用了她。

吴菲在讲述这段经历的时候非常感慨:当初开口请这位老总帮忙,是经过很多次心理斗争的。一方面想到这位老总是位"大人物",怎么可能给一个刚刚认识的学生帮忙? 于是便打起了退堂鼓。另一方面,她又想:不试试怎么能知道? 最终,勇气还是战胜了胆怯。没想到,事情一下就成了。她说:幸亏自己没有被当初的念头束缚住。否则,即使是这样的一个梦,也难以实现了。

> 【小提示】　吴菲的成功就在于她克服了"我不行"的心理障碍,把"我不行"变成了"我能行",不论是约稿、编稿,还是处理别的业务,她做得都十分出色,很快成为单位的骨干,3 年的时间就成为了业内小有名气的年轻编辑了。

4. 善于提出问题

爱因斯坦在回答他为什么能够作出创新时说:我没有什么特别的才能,不过喜欢寻根问底地追究问题罢了。由于知识的继承性,人们的大脑里会形成一个比较固定的概念世界,而当某一经验与这个概念发生冲突时,惊奇开始发生,问题开始出现,此时,如果这种"惊奇"以及由此产生的问题反作用于思维世界,那么便会产生摆脱"惊奇"、消除疑问的渴望,这就是创新的渴望。惊奇摆脱了,思维世界向前迈进了一步,于是创新的花朵开放了。另外,思考问题还应注意适当偏向,即思路稍加扭转,换一个角度看问题,问题很可能就会迎刃而解。这是培养创新能力的方法基础。

【案例】

戴震治学

戴震是清朝著名的训诂学家,从小读书就爱动脑筋,在学习时,严格要求自己,不仅要领会书的要旨,并且还进行独立思考。

一次在课堂上,老师给大家讲授《大学》中的章句,当先生讲到孔夫子的言行时,先生照本宣科地念,戴震便问:"先生,我们怎么知道这是孔子的话呢? 而且又怎么知道是由他的学生记录下来的?"

先生回答说:"这是大理学家朱熹说的呀?"

"朱熹是什么时代的人呢?"戴震又问。

"南宋人。"

"孔子又是什么时代的人呢?"戴震又问。

"周朝人。"

"周朝和南宋相隔多少年?"戴震又继续问。

先生掐指一算说:"大约有两千年吧。"

"既然相隔得那么远,那朱熹又根据什么做出那样的判断呢?"戴震又问(图 10-7)。

老师被他问得张口结舌,但却连声赞叹道:"戴震真是一个了不起的孩子啊!"

图 10-7　善于提出问题

【小提示】　戴震在一生的治学过程中,就爱这样刨根问底,最终成为中国思想史上具有重大影响的一代宗师,使中国的训诂学达到了登峰造极的境界。大师的治学精神对今天的人们也是颇有教益的。

对每个人来说,要想有所创新,就必须学习和掌握前人的知识和经验。然而,在创新的过程中,如果一味相信现有的都是正确的,就只能是在原地踏步。善于提出问题就是要能在习以为常的事物中发现不寻常的东西,在"大家都这么认为"的问题上提出自己独到的看法。

五、创新能力测试

(一)下面是 20 个问题,要求根据自己的实际情况回答。如符合自己的情况,则在括号里打"√",不符合的则打"×"。

1. 听别人说话时,你总能专心倾听。　　　　　　　　　　　　　　(　)

2. 完成了上级布置的某项工作,你总有一种兴奋感。　　　　　　　(　)

3. 观察事物向来很精细。　　　　　　　　　　　　　　　　　　(　)

4. 你在说话以及写文章时经常采用类比的方法。　　　　　　　　(　)

5. 你总能全神贯注地读书、书写或者绘画。　　　　　　　　　　(　)

6. 你从来不迷信权威。　　　　　　　　　　　　　　　　　　　(　)

7. 对事物的各种原因喜欢刨根问底。　　　　　　　　　　　　　(　)

8. 平时喜欢学习或琢磨问题。　　　　　　　　　　　　　　　　(　)

9. 经常思考事物的新答案和新结果。　　　　　　　　　　　　　(　)

10. 能够经常从别人的谈话中发现问题。　　　　　　　　　　　　(　)

11. 从事带有创造性的工作时,经常忘记时间的推移。　　　　　　(　)

12. 能够主动发现问题,以及和问题有关的各种联系。（　　）
13. 总是对周围的事物保持好奇心。（　　）
14. 能够经常预测事情的结果,并正确地验证这一结果。（　　）
15. 总是有些新设想在脑子里涌现。（　　）
16. 有很敏感的观察力和提出问题的能力。（　　）
17. 遇到困难和挫折时,从不气馁。（　　）
18. 在工作遇到困难时,常能采用自己独特的方法去解决。（　　）
19. 在问题解决过程中有了新发现时,你总会感到十分兴奋。（　　）
20. 遇到问题,能从多方面、多途径探索解决它的可能性。（　　）

评价标准:

如果 20 道题答案都是打"√"的,则证明创造力很强;如果 16 道题答案是打"√"的,则证明创造力良好;如果有 10～13 题答案是打"√"的,则证明创造力一般;如果低于 10 道题答案是打"√"的,则证明创造力较差。

（二）下面是 10 个题目,如果符合你的情况,则回答"是",不符合则回答"否",拿不准则回答"不确定"。

1. 你认为那些使用古怪和生僻词语的作家,纯粹是为了炫耀。（　　）
2. 无论什么问题,要让你产生兴趣,总比让别人产生兴趣要困难得多。（　　）
3. 对那些经常做没把握事情的人,你不看好他们。（　　）
4. 你常常凭直觉来判断问题的正确与错误。（　　）
5. 你善于分析问题,但不擅长对分析结果进行综合、提炼。（　　）
6. 你审美能力较强。（　　）
7. 你的兴趣在于不断提出新的建议,而不在于说服别人去接受这些建议。（　　）
8. 你喜欢那些一门心思埋头苦干的人。（　　）
9. 你不喜欢提那些显得无知的问题。（　　）
10. 你做事总是有的放矢,不盲目行事。（　　）

评分标准:

题号	是	否	不确定
1	−1	0	2
2	0	1	4
3	0	1	2
4	4	0	−2
5	−1	0	2
6	3	0	−1
7	2	1	0
8	0	1	2
9	0	1	3
10	0	1	2

建议（仅供参考）：

得分 22 分以上，则说明被测试者有较高的创造思维能力，适合从事环境较为自由、没有太多约束、对创新性有较高要求的职位，如美编、装潢设计、工程设计、软件编程人员等；

得分 11～21 分，则说明被测试者善于在创造性与习惯做法之间找出均衡，具有一定的创新意识，适合从事管理工作，也适合从事其他许多与人打交道的工作，如市场营销；

得分 10 分以下，则说明被测试者缺乏创新思维能力，属于循规蹈矩的人，做人总是有板有眼，一丝不苟，适合从事对纪律性要求较高的职位，如会计、质量监督员等职位。

（三）下面是 10 个题目，请在括号中的备选答案中选择"是"或者"否"。

1. 你在接到任务时，是否会问一大堆关于如何完成任务的问题？ （　　）

2. 你在完成任务的过程中，是否不善于思考，而习惯于找他人帮忙，或者不断来问别人有关完成任务的问题？ （　　）

3. 在任务完成得不好时，你是否会找出一大堆理由来证明任务太难？ （　　）

4. 对待多数人认为很难的任务，你是否有勇气和信心主动承担？ （　　）

5. 当别人说不可能时，你是否就放弃？ （　　）

6. 你完成任务的方法是否与他人不一样？ （　　）

7. 在你完成任务时，领导针对任务问一些相关的信息，你是否总能回答上来？ （　　）

8. 你是否能够立即行动，并且工作质量总能让领导满意？ （　　）

9. 工作完成得好与不好，你是否很在意？ （　　）

10. 对于做好了的工作，你能否很有条理地分析成功的原因和不足？ （　　）

评分标准：

序号	肯定	否定
1	0	1
2	0	1
3	0	1
4	1	0
5	0	1
6	1	0
7	1	0
8	1	0
9	1	0
10	1	0

如果受测试者能够得 10 分，说明你有很强的创新能力；如果受测试者能够得 7 分以上，则说明你有一定的创新能力；如果受测试者得分低于 7 分，说明你的创新能力不尽如人意；如是受测试者得分低于 5 分，说明你的创新能力需要提高。

【知识吧台】

创新小知识

一、现代心理学家认为,以下 15 条方法有助于创新意识的培养:

1. 多了解一些名家发明创造的过程,从中学到如何灵活地运用知识进行创新。

2. 破除对名人的神秘感和对权威的敬畏,克服自卑感。

3. 不要强制人们只接受一个模式,这不利于发散性思维。

4. 要能容忍不同观念的存在,容忍新旧观念之间的差异。相互之间有比较,才会有鉴别、有取舍、有发展。

5. 应具有广泛的兴趣、爱好,这是创新的基础。

6. 增强对周围事物的敏感,训练挑毛病、找缺陷的能力。

7. 消除埋怨情绪,鼓励积极进取的批判性和建设性的意见。

8. 表扬为追求科学真理不避险阻、不怕挫折的冒险求索精神。

9. 奖励各种新颖、独特的创造性行为和成果。

10. 经常做分析、演绎、综合、归纳、放大、缩小、联结、分类、颠倒、重组和反比等练习,把知识融会贯通。

11. 培养对创造性成果和创造性思维的识别能力。

12. 培养以事实为根据的客观性思维方法。

13. 培养开朗态度,敢于表明见解,乐于接受真理,勇于摒弃错误。

14. 不要讥笑看起来似乎荒谬怪诞的观点。这种观点往往是创造性思考的导火线。

15. 鼓励大胆尝试,勇于实践,不怕失败,认真总结经验。

二、美国创新学家吉尔福德等人对富有创新性人才的特征进行调查分析,归纳出以下几种特征因素:

1. 有高度的自主性和独立性,不愿雷同。

2. 有旺盛的求知欲,刻苦的钻研精神。

3. 有强烈的好奇心,对事物运转的原理与原因勤于探索。

4. 知识面广,善于观察,有较强的记忆力,唯独对日常琐事不经心。

5. 工作中讲求条理性、准确性、严格性。

6. 有丰富的想象力,喜好抽象思维,对智力活动与游戏有广泛兴趣。

7. 富有幽默感,多数爱好文艺。

8. 面对疑难问题,能轻松自若,能摆脱一切外来干扰,全神贯注于感兴趣的某个问题。

三、对生活最有持续作用的动力来自于自己对未来的追求和远大的理想。这样,我们就有目标、有动力、有毅力去克服生活中的各种障碍。那么,怎样认识自己的理想呢?

1. 分析一下自己最擅长的事情是什么。

2. 找出自己最感兴趣的事情是什么。

3.分析一下自己想成为一个什么样的人。

4.问问自己最不想成为什么样的人。

5.回想一下自己最得意的事情是什么。

6.分析一下阻碍自己进步的最大障碍是什么。

7.分析一下自己的最大优势是什么。

8.分析一下自己可以在哪些方面有改善的必要和可能性。

对以上问题进行详细回答之后，你大致可以找到自己的优势、劣势及可能的理想，对自己有了进一步的认识，这样你就可以在学习中更加有目标，动力更加充足，毅力更加坚强。

四、目前国内外学者提出了许多有关思维训练的方法和技巧，下面选择几种简便易行的方法推荐给大家：

1.看看坏的艺术作品。如果你不知道好的艺术作品究竟好在哪儿，这些坏的艺术作品常常会给你提供一些线索。有人仿金圣叹之语气写读坏书之乐趣："连日来所读之书，多有平庸之作，仔细翻过，所得无几。想人可写书，我也可写书；我若写书，切忌平庸如此。人生在世，应有高远之志，人可为者，我亦能为，唯期所为必有建树。于是信心百倍，神情跃如。不亦快哉！"看来，坏的艺术作品，也能使我们的思路更开阔。

2.读些参考书。每天在睡觉前看看科普读物，是增加你的一般知识的有效方法。请记住，几乎所有真正有创新力的人，都曾经努力扩大他们的一般知识和专业知识。

3.常光顾工艺品商店。从日新月异的文具、五金百货等造型上，你也许会突然获得灵感或得到某些启示，那些商品的巧妙布局，常常会展现出许多你从未想过的作品题材。

4.培养你的想象力。找一篇你从未读过的短篇小说，读完第一段，然后试着自己接下去把小说写完。写完后，再返回来读原小说的其余部分。你会发现你的文学想象力比你预料的要强得多。

5.重新安排你的日常生活。把那些原来不相连的事物安排在一起——晚会上不常在一起的人们，午餐中不放在一起吃的食物，房间里的物品，以及每天发生的事情。通过这些变动，你往往会发现一些新的、有趣的组合。

6.抬头看看你每天经过的那些建筑物。对于那些我们认为非常熟悉的建筑物，却很少有人能描述一下它们的第二层是什么样子。你可以沿着你通常去商店、学校或办公室的路线走一次，再反向走一次，沿途仔细观察整个建筑物，仔细体味内心的不同感受。

7.玩一玩连字游戏。让你的朋友先说一个字，你马上补一个字。接着你的朋友也补一个字，然后又轮到你补。把这些字都写下来。等双方都补了十个字（或词）后，互相猜猜是什么线索使对方联想到他说出的那些字。

8.创造一门自己的课程。如果有一部莎士比亚的作品要上演，你可去买一张门票。在去看演出以前，应仔细读一遍带注解的莎士比亚的剧本。同样，在去听一个音乐会以前，先把其他乐团演奏的这些曲子的录音听一遍。当你亲临音乐会时，把这个乐团的演奏与其他乐团的演奏加以比较，不是比较演奏技巧，而是想一想这位指挥或独唱家想通过音乐"说"出什么。不管是听歌剧还是听音乐录音,都应事先读一下歌剧剧本或音乐说明,因为在演出过程中,如果你的精力集中在弄懂演出的内容上,那你是无法进行思考的。相反,你应当把全部注意力集中在体会音乐上。

9. 少睡觉,多躺着思考。静静地躺着是非常养神的,在这大脑平静的时刻,你的潜意识的创新性思维将会异常活跃。你可以漫不经心地看着某些使人安详的景物:白色的云彩,龙飞凤舞的书法,一道道帆布上的油彩,风格鲜明的东方地毯,绿色的植物,或金色的阳光。

10. 和不同年龄层次的人交往。认识一些比你大得多或小得多的人,并和他们不断地保持友谊。孩子和老人的那些宝贵的洞察力往往被我们忽略,而这种洞察力往往可以激起更大的创新力。

11. 从一个新的角度观察、考虑。用望远镜或者放大镜重新观察和发现你周围的环境或事物,从一个高建筑物上观察你生活或工作的地方将特别有益。我们是谁? 我们正在做什么? 对于这些问题,我们通常只有过于破碎和内向的认识。换一个角度看待它们,会使我们有一个更新和更广的认识。把诸如扩大、缩小、取代、重组、颠倒、合并等动词列一张表,设法把每一个动词都依次运用到你要解决的问题上,试试看是否行得通。

12. 另一种方法是把定语列成表格。比如拿螺丝刀来说,它可以有以下一些定语:圆的、钢杆的、木柄的、楔形刀头的以及用手旋转操作的。要设计一把更好的螺丝刀,你分别集中考虑这些定语,问问自己是否可以把圆形的螺丝刀杆做成六角形的,以便可以用扳手旋转,增加转矩? 如果去掉木柄,把钢杆做成适合电钻的样子行不行? 是不是可以为规格不同的螺丝刀做几种可以互相替换的钢杆? 列定语表最基本的前提是,对每一个部分提问:"为什么这东西一定要这么做?"这样提问,有助于打破无意识的固定观念。

13. 随时准备好。你最好随身带一个笔记本、一支钢笔或铅笔,如果有条件的话,最好带一架微型盒式录音机。新的念头一出现,便把它写在纸上或录在磁带上。科内尔大学的天文学家、作家卡尔·塞根每次一听到心灵的"敲门声"便记录下来。他不论走到哪里,都随身带着一台录音机,"有时敲击声彬彬有礼,也有时敲击声急促而持久。"塞根说,"总的说来,我发现自己被卷入激情,处于一种兴奋状态时,我会坐在飞机上,听整整一章的'敲门声'。"

14. 准备一个地方,专门收集存放与每个不同的科目有关的思想记录。思想库可以是文件夹、空鞋盒,或是写字台抽屉,抑或是现代的存储手段。当你有了好的念头,便把它写下来放好。然后当你准备就绪,开始认真考虑的时候,你就有许多过去的设想作为基础。

15. 让时间为你服务。启示往往是在半夜里不知不觉地溜进你的大脑的。如果你正在设法解决一个问题,你把解决问题的障碍写下来,然后把它们丢在一边去睡觉,不要再想它们,让你的潜意识起作用。当你一觉醒来时,往往已经有了新的设想或解决方法。在灵感降临时,不要找不到笔,或者找不到白纸,或者缺少颜料,或者你忙得脱不开身。随时随地组织安排好自己的工作,不论灵感何时降临,你都能够从容应付!

这些方法都贴近我们的生活,做起来并不难,要记住的是:贵在持之以恒!

【互动空间】

寻找你的创新优势

形式：班会或小组讨论

成果展示：最终形成书面的文本材料或者PPT材料并适时加以展示。

一、结合自身实际，根据本单元所学知识，总结自己的创新优势。

二、联系个人所学专业或所从事的职业，谈一谈怎样培养个人的创新素质。

三、联系自己的学习、工作实际，谈一谈你对某个问题的解决办法或某项工作的创新设想。

四、根据本单元所学知识，分析下面材料中的"小伙子"获得成功的原因。

国内有个单位的锅炉房烟囱年久失修，里面被各种废渣和煤灰给堵死了。眼看到了冬天，供暖问题迫使单位要对这根烟囱进行维修。由于本故事的时间背景是20世纪80年代末期，那时还没有专业的烟囱清洁公司，流行的方式竟然是：拆掉重新盖一座。可是，以前该厂是国企，要盖烟囱可以向国家申请拨款，现在则不同了，厂子被承包之后，重建烟囱的钱要自己出。精明的厂长琢磨："这么坚固的烟囱除了'实心'的，没有任何损坏，拆掉再建得花多少钱啊？"于是，他决定悬赏："谁把烟囱给通了，那么预算中的拆除费和重建费的10%就归那个人了。"后来厂里有个小伙子主动请缨，先向领导申请了200元钱，全部买了"二踢脚"；然后在烟囱里面燃放，没等200块钱的"二踢脚"用完，烟囱就通了。厂子省了钱，小伙子也拿到了5000元的奖金。

附 录
世界 500 强职商测试题

这是欧洲流行的测试题,可口可乐公司、麦当劳公司、诺基亚分司等众多世界 500 强企业,曾以此为员工 EQ 测试的模板,帮助员工了解自己的 EQ 状况。共 33 题,测试时间 25 分钟,最高 EQ 得分为 174 分。如果你已经准备就绪,请开始计时。

第 1～9 题:请从下面的问题中,选择一个和自己最切合的答案,但要尽可能少选中性答案。

1. 我有能力克服各种困难:_____

A. 是的   B. 不一定   C. 不是的

2. 如果我能到一个新的环境,我要把生活安排得:_____

A. 和从前相仿   B. 不一定   C. 和从前不一样

3. 一生中,我觉得自己能达到我所预想的目标:_____

A. 是的   B. 不一定   C. 不是的

4. 不知为什么,有些人总是回避或冷淡我:_____

A. 不是的   B. 不一定   C. 是的

5. 在大街上,我常常避开我不愿打招呼的人:_____

A. 从未如此   B. 偶尔如此   C. 有时如此

6. 当我集中精力工作时,假使有人在旁边高谈阔论:_____

A. 我仍能专心工作   B. 介于 A、C 之间   C. 我不能专心且感到愤怒

7. 我不论到什么地方,都能清楚地辨别方向:_____

A. 是的   B. 不一定   C. 不是的

8. 我热爱所学的专业和所从事的工作:_____

A. 是的   B. 不一定   C. 不是的

9. 气候的变化不会影响我的情绪:_____

A. 是的   B. 介于 A、C 之间   C. 不是的

第 10～16 题:请如实选答下列问题,将答案填入右边横线处。

10. 我从不因流言蜚语而生气:_____

A. 是的   B. 介于 A、C 之间   C. 不是的

11. 我善于控制自己的面部表情:_____

A. 是的   B. 不太确定   C. 不是的

12. 在就寝时,我常常:_____

A. 极易入睡　　　　　B. 介于 A、C 之间　　　C. 不易入睡

13. 有人侵扰我时,我:_____

A. 不露声色　　　　　B. 介于 A、C 之间　　　C. 大声抗议,以泄己愤

14. 在和人争辩或工作出现失误后,我常常感到震颤,精疲力竭,而不能继续安心工作:_____

A. 不是的　　　　　　B. 介于 A、C 之间　　　C. 是的

15. 我常常被一些无谓的小事困扰:_____

A. 不是的　　　　　　B. 介于 A、C 之间　　　C. 是的

16. 我宁愿住在僻静的郊区,也不愿住在嘈杂的市区:_____

A. 不是的　　　　　　B. 不太确定　　　　　　C. 是的

第 17～25 题:在下面的问题中,每一题请选择一个和自己最切合的答案,同样少选中性答案。

17. 我被朋友、同事起过绰号,挖苦过:_____

A. 从来没有　　　　　B. 偶尔有过　　　　　　C. 这是常有的事

18. 有一种食物使我吃后呕吐:_____

A. 没有　　　　　　　B. 记不清　　　　　　　C. 有

19. 除去看见的世界外,我的心中没有另外的世界:_____

A. 没有　　　　　　　B. 记不清　　　　　　　C. 有

20. 我会想到若干年后有什么使自己极为不安的事:_____

A. 从来没有想过　　　B. 偶尔想到过　　　　　C. 经常想到

21. 我常常觉得自己的家庭对自己不好,但是我又确切地知道他们的确对我好:_____

A. 否　　　　　　　　B. 说不清楚　　　　　　C. 是

22. 每天我一回家就立刻把门关上:_____

A. 否　　　　　　　　B. 不清楚　　　　　　　C. 是

23. 我坐在小房间里把门关上,但我仍觉得心里不安:_____

A. 否　　　　　　　　B. 偶尔是　　　　　　　C. 是

24. 当一件事需要我作决定时,我常觉得很难:_____

A. 否　　　　　　　　B. 偶尔是　　　　　　　C. 是

25. 我常常用抛硬币、翻纸、抽签之类的游戏来预测凶吉:_____

A. 否　　　　　　　　B. 偶尔是　　　　　　　C. 是

第 26～29 题:下面各题,请按实际情况如实回答,仅须回答"是"或"否"即可,在你选择的答案下打"√"。

26. 为了工作我早出晚归,早晨起床我常常感到疲惫不堪:

是_____　　　　　　　否_____

27.在某种心境下,我会因为困惑陷入空想,将工作搁置下来:

是_____　　　　　否_____

28.我的神经脆弱,稍有刺激就会使我战栗:

是_____　　　　　否_____

29.睡梦中,我常常被噩梦惊醒:

是_____　　　　　否_____

第 30～33 题:本组测试共 4 题,每题有 5 种答案,请选择与自己最切合的答案,在你选择的答案下打"√"。

30.工作中我愿意挑战艰巨的任务。

(1)从不　　(2)几乎不　　(3)一半时间　　(4)大多数时间　　(5)总是

31.我常发现别人好的意愿。

(1)从不　　(2)几乎不　　(3)一半时间　　(4)大多数时间　　(5)总是

32.能听取不同的意见,包括对自己的批评。

(1)从不　　(2)几乎不　　(3)一半时间　　(4)大多数时间　　(5)总是

33.我时常勉励自己,对未来充满希望。

(1)从不　　(2)几乎不　　(3)一半时间　　(4)大多数时间　　(5)总是

参考答案及记分评估:

记分时请按照记分标准,先算出各部分得分,最后将几部分得分相加,得到的那一分值即为你的最终得分。

第 1～9 题,每回答一个 A 得 6 分,回答一个 B 得 3 分,回答一个 C 得 0 分。计_____分。

第 10～16 题,每回答一个 A 得 5 分,回答一个 B 得 2 分,回答一个 C 得 0 分。计_____分。

第 17～25 题,每回答一个 A 得 5 分,回答一个 B 得 2 分,回答一个 C 得 0 分。计_____分。

第 26～29 题,每回答一个"是"得 0 分,回答一个"否"得 5 分。计_____分。

第 30～33 题,从左至右的分值分别为 1 分、2 分、3 分、4 分、5 分。计_____分。

总计为_____分。

点评:

近年来,EQ——情绪智商,逐渐受到了重视,世界 500 强企业还将 EQ 测试作为员工招聘、培训、任命的重要参考标准。

看我们身边,有些人绝顶聪明,IQ 很高,却一事无成,甚至有人可以说是某一方面的能手,却仍被拒于企业大门之外;相反,许多 IQ 平庸者,却反而常有令人羡慕的良机、杰出不凡的表现。

为什么呢?最大的原因,乃在于 EQ 的不同!一个人若没有情绪智慧,不懂得提高情绪自制力、自我驱使力,也没有同情心和热忱的毅力,就可能是个"EQ 低能儿"。

通过以上测试,你就能对自己的 EQ 有所了解。但切记这不是一个求职询问表,用不着有意识地尽量展示你的优点和掩饰你的缺点。如果你真心想对自己有一个判断,那你就不应施加任何粉饰。否则,你应重测一次。

测试后如果你的得分在 90 分以下,说明你的 EQ 较低,你常常不能控制自己,你极易被自己的情绪所影响。很多时候,你容易被激怒、动火、发脾气,这是非常危险的信号——你的事业可能会毁于你的急躁。对于此,最好的解决办法是能够给不好的东西一个好的解释,保持头脑冷静,使自己心情开朗,正如富兰克林所说:"任何人生气都是有理的,但很少有令人信服的理由。"

如果你的得分在 90～129 分,说明你的 EQ 一般,对于一件事,你不同时候的表现可能不一样,这与你的意识有关,你比前者更具有 EQ 意识,但这种意识不是常常都有,因此需要你多加注意、时时提醒。

如果你的得分在 130～149 分,说明你的 EQ 较高,你是一个快乐的人,不易恐惧担忧,对于工作你热情投入、敢于负责,你为人更是正义正直、同情关怀,这是你的优点,应该努力保持。

如果你的 EQ 在 150 分以上,那你就是个 EQ 高手,你的情绪智慧不但不是你事业的阻碍,更是你事业有成的一个重要前提条件。

参考文献

1. 刘兰明. 高等职业教育院校研究新论. 北京:高等教育出版社,2009
2. 刘兰明等. 职业基本素养. 北京:高等教育出版社,2009
3. 周文. 职场中你应该做的 你不该做的. 北京:中国言实出版社,2008
4. 严正. 成功心态成就一流员工的职业素养. 北京:机械工业出版社,2007
5. 孟森. 真正职业化的员工:与公司同呼吸. 北京:清华大学出版社,2006
6. 阿尔伯特·哈伯德. 自动自发:关于敬业、诚信的最完美读本. 北京:机械工业出版社,2003
7. 杨丽敏. 现代职业礼仪. 北京:高等教育出版社,2007
8. 朱增蕴. 夯实人格塑造的基石(诚信篇). 北京:化学工业出版社,2008
9. 杨建刚,何伟. 敬业精神——优秀员工的职业基准. 北京:中华工商联合出版社,2007
10. 李金水. 忠诚敬业没借口. 北京:海潮出版社,2007
11. 哈罗德. 勤奋敬业. 北京:群言出版社,2004
12. 王宇. 完善自己. www.du8.com
13. 骆文炎. 高职生诚信状况调查及对策分析. 职业技术教育,2004(20)
14. 徐义华. 人文素养教程. 武汉:华中科技大学出版,2007
15. 龚晓路. 员工职业素养培训. 北京:中国发展出版社,2005
16. 高宜远. 赢得机会. 北京:中国档案出版社,2005
17. 何山. 工作需要好人品. 北京:中国长安出版社,2005
18. 刘德良. 职业品牌. 北京:机械工业出版社,2008
19. 冷洋. 做雷锋式的员工. 北京:中国经济出版社,2008
20. 文柯. 每天成功一点点. 北京:蓝天出版社,2008
21. 王剑,王政. 悟透底牌. 北京:现代出版社,2007
22. 张路中. 职场新人最重要的90天. 北京:中国时代经济出版社,2008
23. 吴成林. 职场情商. 北京:新华出版社,2006
24. 张国宏. 职业素质教程. 北京:经济管理出版社,2006
25. 伍秋林. 大学生创业指导教程. 长沙:中南大学出版社,2008
26. 黄明涛. 16节职业素质课. 北京:中国致公出版社,2007
27. 雅瑟. 小故事大道理全集. 北京:海潮出版社,2007
28. 刘海飞. 最成功的142个励志故事. 北京:中国经济出版社,2007
29. 潘璋德,林增明. 高职学生人文修养读本. 杭州:浙江大学出版社,2006
30. 劳动和社会保障部组织编写. 职业道德. 北京:蓝天出版社,2001
31. 何流. 创新能力自我训练. 北京:中国言实出版社,2006
32. 朱晓蓉. 美国人的诚信. http://www.skycedu.com/ex/oblog/more.asp? name=朱晓蓉&id=1112

后　记

　　本书是 2010 年国家级精品课程——职业基本素养的配套教材,相关教学资料见课程网址:http://res.bgy.org.cn/pq/。

　　本书是校企合作的成果。特别感谢在整个写作过程中,与我们密切合作、给予我们指导帮助的许多企业界的朋友!

　　感谢教育部高等学校高职高专文化教育类专业教学指导委员会的支持帮助!

　　感谢给予我们关注理解、志同道合的许多高职院校的领导和朋友们!

　　职业基本素养从最初概念的提出、优秀论文的问世、精品课程的建设,都展现了我们这个北京市优秀教学团队杰出的职业基本素养。本书从调研的策划、视角的切入、体例的选择、内容的凝炼、团队的打造,都凝聚了我们整个团队的心血!我们的团队精神是:人人成就,成就人人!

　　在这里我们也正式表态:欢迎国内外致力于职业基本素养研究与实践的团队和个人与我们联系。我们非常愿意广泛地与各位同仁进行交流合作,共同打造世界知名、中国一流、特色鲜明的职业基本素养研究与实践工作团队!

　　联系人:北京工业职业技术学院思政部 孙丽萍
　　联系邮箱:slp@bgy.org.cn ; llm@bgy.org.cn
　　联系地址:北京市石景山区石门路 368 号
　　邮编:100042

职业基本素养团队